普通高等教育“十一五”国家级规划教材

化学与人类

Huaxue Yu Renlei

（第三版）

刘旦初

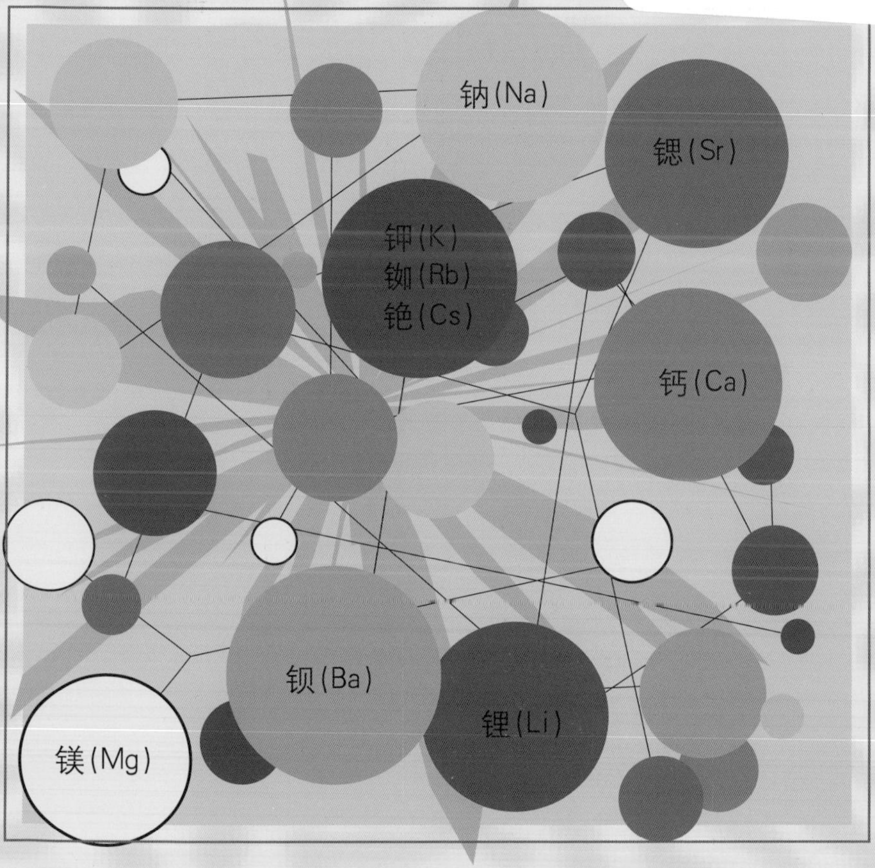

复旦大学出版社

内 容 提 要

化学是一门与人类生活有着密切关系的基础学科。本书共分7章，分别叙述化学在人类的生存、发展中的重要地位以及所作出的贡献，例如，化学在粮食、环境、能源和人口控制中的作用。同时，也阐述了化学对于提高人类生活质量所作出的贡献，即化学为人类源源不断地提供新材料、新工艺。化学还将为人类的延年益寿提供必不可少的帮助。在我们生活中往往会涉及一些易燃易爆及有毒的物质，只有掌握了它们的规律才能防患于未然，本书也为读者提供“避害”的知识。综览全书你将会对身边发生的化学现象从知其然到知其所以然，并对化学中的一些基本原理和知识有进一步的了解和认识。本书是一本非化学专业本科生的化学知识参考读物。

前　言

化学是自然科学中的基础学科之一，正如中国科学院前院长卢嘉锡院士所说："化学发展到今天，已经成为人类认识物质自然界，改造物质自然界，并从物质和自然界的相互作用得到自由的一种极为重要的武器。就人类的生活而言，农轻重，吃穿用，无不密切地依赖化学。在新的技术革命浪潮中，化学更是引人瞩目的弄潮儿"。

化学与人类的关系是十分密切的，它涉及的范围可以说是无所不包，以至于在人类的生活中，化学无处不在。正所谓"人生无处不化学"。

1985 年美国集中了 26 位化学界的最高权威，并通过他们组织了 350 位资深专家和教授，对化学的过去、现在和未来，进行了一次全面的调研和分析，出版了一本引起世人瞩目的书 *Opportunities in Chemistry*。我国已将它全文译成中文，书名为《化学中的机会》。该书不仅将化学对人类已经作出的贡献作了一个概述，更重要的是指出了化学为解决人类遇到的麻烦还要做哪些工作。书中的官方提示如是说："很多社会需要，包括那些决定我们生活质量和经济实力等方面，都要求化学来解决。"

有人说，"化学太危险，整天与易燃、易爆、有毒、致癌的危险品打交道"。其实，这是一种误解。化学研究中的确会遇到一些危险品，但这并不是化学的主要内容，更不是化学的全部内容。再说，危险品在生活中是客观存在的，要避免受它的伤害，正需要掌握一定的化学知识。

也有人说，"我的专业与化学无关，化学知识可有可无"。显然，这也是一种片面的看法。就社会学科的内容而言，许多社会热点问题都与化学有这样或那样的联系。多一点化学知识，就多一点思路。

《化学与人类》这本书，以社会热点问题为主线，讲述其中的化学道理，让你了解发生在你身边的现象，更让你从知其然上升到知其所以然，有的知识还能让你防患于未然。

本书的主要对象是非化学专业的大学本、专科学生，特别是学习社会学科的学生。也适宜于高中学历以上的干部和管理人员。这是一本知识性的高级科普教材。

全书分为7章，除第一章介绍化学学科的概况外，其余各章皆从化学与人类的关系出发，介绍化学学科对人类社会的贡献和作用。如化学为人类生存所作出的贡献，这就是第二章、第三章和第四章中讲述的能源、粮食和环境。又如化学对提高人类生活质量的作用，这就是第五章、第六章涉及的新材料、新技术和新工艺。第七章叙述化学为人类延年益寿提供的保证。全书虽然以知识为主要内容，但十分注意让读者从知识的学习中获取思维方法的收获。这是一本全新体系的化学教材，它不以化学知识的系统介绍为纲，而以社会热点问题为总线，基本的化学原理和知识穿插其中。为照顾到同时也希望学习化学系统知识的读者，在有关章节之后还附有较为系统的补充材料。文中还有“小品”插入，以方框的形式标出，这些都是相关内容的延伸、应用和插曲，以激发读者的兴趣和求知欲望。

本书的出版承蒙复旦大学教务处和化学系等主管领导的帮助和支持，也得到了化学系同仁们的指教，并得到复旦大学出版社的鼎力支持。在此表示衷心的感谢。

由于本书覆盖的知识面广，本人的水平有限，难免有不当之处，诚望专家和读者批评指正。

刘旦初
2007年3月于复旦大学

目　录

开场白——生活呼唤化学

若干年前在上海长宁区安顺路发生过一起煤气爆炸事故。一天早上一位老人起身后闻到了一股浓烈的煤气味道，然而她依然点火烧开水，结果发生了巨大的爆炸。楼板被炸坍，将两个尚未起床的人压死。这是一起本可避免的事故，由于老人缺乏有关的知识而酿成了悲剧。通常，煤气的成分为氢气、一氧化碳和甲烷等可燃性气体，一旦泄漏就会和空气中的氧混合，其浓度达到一定范围后，只要一个小火花就能引发巨大的爆炸。这个浓度范围称作为"爆炸极限"。例如，氢气的爆炸极限为 4.0%～74.8%。为了让大家能察觉到煤气的泄漏，煤气在出厂之前会有意识地添加入一些恶臭物质，以便于用户及时发现泄漏。一旦闻到煤气味道，首先要检查煤气开关，然后打开门窗，强制通风。此时千万不能动用明火，如点火或打开电源等。

小品　当煤气泄漏时

煤气本无气味，但为什么一旦煤气泄漏，我们就能闻到它的特殊气味？原来，这是人为加入的一种恶臭物质(如硫醇)。目的是让人们能警觉到煤气的泄漏。否则，因泄漏而造成空气中可燃气的浓度达到爆炸极限的话，一遇明火就会发生爆炸。此外，煤气的泄漏还存在一氧化碳使人中毒的危害。

当你闻到一股浓重的煤气味道时，此时你应该意识到，煤气发生了泄漏。你该怎么办？首先，你必须立即检查煤气阀门关了没有。然后，打开所有的门窗，强制通风，以降低可燃气体的浓度。此时千万不能动用明火，如点火或打开电源等。

关闭阀门

打开门窗

严禁明火

化学知识还会让你变得聪明一点，避免上当受骗。几年前，在全国范围内出现过一个大骗局。那就是“以水代油”的闹剧。有人声称，他发明了一种东西，放在水里，就可以让水变成汽油。一时间许多报纸和杂志纷纷报道，吹得神乎其神，似乎人类的能源危机从此就可以消失了。国务院还专门将其表演的全过程拍成录像，请上海市政府组织专家审查其内容的真伪。结果当然可想而知，被专家们一口否定。因为化学里有一条基本的定律，那就是著名的“物质不灭定律”。该定律告诉我们，世上万物，既不能自行产生，也不能自行消失，只能相互转变。大家知道，水由氢和氧组成，而汽油则是碳氢化合物。那么，由氢和氧怎样转变为碳呢？如此简单的不合乎科学道理的东西居然在全国范围内掀起了一个大骗局，究其根本，则是许多人对自然科学的知识了解得太少。

此外，尽管你的工作与化学并没有直接相关的联系，但说不定什么时候会与化学打交道。例如，一个新闻工作者，他的采访、写作、编辑、报道以及播报等，经常会涉及化学。曾在一份报上看到一篇奇文，题目叫“春寒洗澡　谨防中暑”。寒冷的天气洗澡，居然会中暑，这岂不是一件怪事？而更怪的是作者居然说，中暑的原因是水在高温时会分解出致人以死命的三氯乙烯和三氯甲烷。水由氢和氧构成，何以会分解出含氯的化合物？还有一次在观看一档智力竞赛的电视节目时，主持人问：“造成温室效应的化学元素是什么？”答曰：“氧。”“错。”又答：“碳。”“错。”最后主持人宣布正确答案为“二氧化碳”。请问：二氧化碳是化学元素吗？之所以出现这样的低级错误，就是因为缺了一点化学知识。

化学知识还会使你生活得更潇洒。在当今科技迅猛发展的时代，新的信息层出不穷，如果不具备一点化学知识，你读报看不懂，和人聊天插不上嘴。君不见，媒体上已经常出现“二恶英”、“苯并芘”，你知道它们为何物？就连政治新闻中也内含化学。例如，美朝的核争论中，有一个问题就是，当时美国只愿意提供“轻水反应堆”，而朝鲜则要求“重水反应堆”。当然，这是控制和反控制的斗争，但内涵却有化学知识。

健康也是现代人关注的内容，面对铺天盖地的保健品广告，你也许会无所适从。以“微量生命元素”为例，现代医学已证实，人体需要 16 种必需的化学微量生命元素，缺一不可。那么，是不是就一定要去买这些保健品呢？你首先得了解这些化学微量生命元素的作用，补充的渠道等，才能帮助你做出决定。化妆品也存在着同样的问题。

总而言之，化学会带给你无限的乐趣，请走进化学学科这所神圣的殿堂吧！

第一章　化学是一门使人类生活得更美好的基础学科

一、化学是研究物质变化的科学

1. 化学研究的对象和内容

世界是由物质构成的，形形色色的物质处于永恒的运动之中。自然科学就是以客观存在的物质世界作为考察对象，以它的基本属性——运动作为研究的内容。

人们把客观存在的物质划分为实物和场两种形态。化学研究的对象是实物，也就是具有静止质量的物质。就物质的构造而言，可分为下列几个层次：

宇宙天体（包括地球）

↓

单质和化合物

↓

原子、分子和离子

↓

电子、质子、中子及其他基本粒子

在这些层次中，仅有个别粒子如光子等属于场的形态，而包括其余基本粒子在内的所有层次的物质皆为实物。作为基础学科的化学来说，其研究的内容则是中间两个层次。

物质运动包含有许多形式：机械运动、物理运动、化学运动和生物运动。化学研究的内容主要是物质的化学运动，即物质的化学变化。

要了解物质的变化，首先要认识物质。如从物质 A 变化到物质 B，那么先要知道 A 是什么，B 是什么，然后才能知道从 A 到 B 的变化。因此，研究物质的化学变化首先是研究物质本身的组成、结构、性质以及发生变化的诸多外界条件。根据物质的来源，化学将物质分为无机物和有机物两大类，这形成了化学学科中的两个主要的分支学科“无机化学”和“有机化学”。认识物质是化学研究中的重要内容，于是又有了“分析化学”。同时，物理手段又是化学研究中不可或缺的内容，更因为研究从宏观发展到微观，化学和物理的联系更为紧密，就出现了“物理化学”，这便是化学学科传统的 4 个分支。

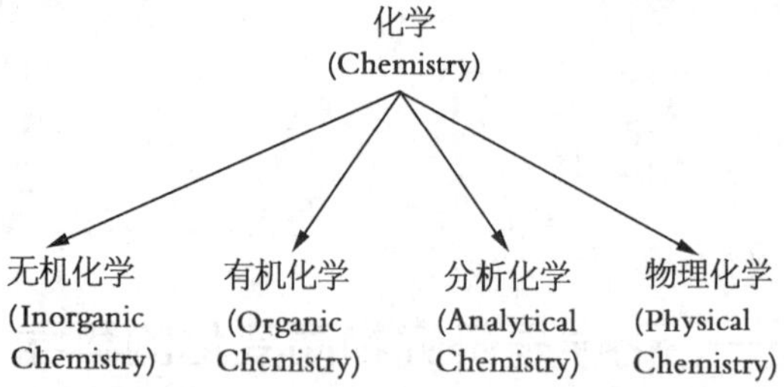

化学变化的过程实际上是分子、原子或离子因核外电子运动状态的改变而发生分解和化合等变化的过程。化学变化中也常伴有物理变化，如光、电和热的变化。因此在研究物质化学变化的同时，也必须注意研究相关的物理变化。对这些相关变化的研究有时会促进化学学科自身的发展，如研究化学反应产生电流的现象，导致了电化学的发展；对化学反应热和光的研究又导致了热化学和光化学的发展。

随着化学学科的不断发展，4 个分支的内容也越来越丰富，产生了更多的小分支。如判断化学反应能否发生的化学热力学，研究化学反应速率的化学动力学以及结构化学、催化化学、理论化学等等。加之与其他学科结合而产生的交叉学科和边缘学科那就更是举不胜举了。

综上所述，化学是一门在原子、分子或离子层次上研究物质的组成、结构、性质等变化及其内在联系和外界变化条件的科学。简而言之，化学是研究物质变化的学科。

2. 化学研究的目的

化学固然要研究大量具体的形形色色的化学反应和变化，但这并不是化学研究的目的。化学研究的目的是揭示化学反应的规律，以控制物质的变化。具体地说，从已经了解的化学反应中，归纳出反应的规律，然后再去找到所希望发生的化学反应的条件和方法。为了要合成一种新的材料，可以设计出许多合成路线，但究竟哪一条路线是真正可以实现的呢？化学热力学总结的规律，可以帮助你找到答案。例如，水是由氢和氧组成的，很多人对水发生兴趣，如果能以一种简单的方法将水分解成氢和氧，那么就可获得能量，并以此来解决人类的能源危机。然而，化学热力学告诉我们，在常温常压下，水分解成氢和氧是不可能发生的。只有在外力的帮助下，如电解，水才能分解成氢和氧。使用一个耗能的手段，就谈不上获取能量了。这种规律性的东西能让我们少走弯路，避免徒劳。再如，氢和氧在常温和常压的反应是一个自发反应，然而，当你把两个体积的氢和一个体积的氧放在一个容器中，你却看不到有水生成。原来，这是一个反应速率极慢的反应，在105亿年中仅有0.15%的水生成。但是，化学热力学告诉我们，只要是自发反应，就一定可以找到催化剂去加速反应。果然，化学家们找到了金属铂，将极细的铂粉放入容器内，你立刻看到所有的氢和氧几乎在瞬间就变成了水。科学让人类从必然王国走向自由王国，化学学科也不例外。

和任何自然科学一样，化学研究的最终目标也是为人类造福。

人类的欲望或要求大致可以分成3个层次：

首先是生存欲——人类第一个层次的欲望就是能够在地球上生存下去。化学学科肩负着保证人类生存的物质条件的重任。诸如粮食、资源综合利用、合理使用能源以及保护和改善人类赖以生存的环境。

其次是提高欲——有了生存的条件，人类必然会有第二层次的欲望，那就是提高自身的生活质量。而人类生活质量的能否提高，在很大程度上取决于有没有新材料的出现。化学恰恰是新材料的源泉。

最后是长寿欲——有了生存条件，又有了高质量的生活，人类当然就会有第三层次的欲望，那就是希望能延年益寿，充分享受这美好的人生。化学在揭示生命的奥秘和提供合成药物这两方面满足了人类的这一欲望。

由于全世界人口的猛增，地球上能够为人类所利用的资源，包括土地在内都是有限的。为了生存的需要，人们必须在有限的土地上生产出更多的粮食和农产品，化学承担着化肥和化学农药的重大责任(见第三章)；能源也是人类生存的必要条件之一，而自然界的石油、煤等矿物资源已日趋减少，如何合理而又综合地利用这些资源，正是化学家们孜孜以求的目标。在开发新的能源中，如核能、化学电源等，化学又是一支主力军(见第二章)。

新材料是人类生活质量的依托，20世纪50年代，出现了半导体材料，人类就进入了电器小型化时代，60年代发明了聚合反应的催化剂，人类就进入了高分子时代。现今，新的建材和装潢材料的出现，让人们的居住条件焕然一新。特种材料的研制成功又使人类走向了宇宙，开创了宇宙时代。每一种新材料的出现都将人类的生活质量推向一个新的台阶(见第五章)。

化学和医学的合作，加速了对生命运动奥秘的探索，人体中微量生命元素的作用正被一一探明；新的合成药物的层出不穷，大大地提高了人类的平均寿命，从1900年的45岁到现今的将近80岁。化学学科和医学一样，为人类的延年益寿做出了巨大的贡献(见第七章)。

随着经济的发展和人口的增长，人类赖以生存的环境也在受到日益严重的污染，探明环境被污染的程度，制定保护环境的对策又是化学研究的重要内容（见第四章）。

总之，化学是一门使人类生活得更美好的学科。

二、化学是一门实验科学

1. 实验是化学学科的根本

化学和其他自然科学相比，更显示出它对实验的依赖关系，它是一门离不开实验的科学。任何化学的原理、定律以及规律无一不是从实验中得出的结论。因此，只有那些思维活跃、求知欲望强烈，同时又有良好实验习惯和动手能力并善于观察的人，才能成为化学研究的成功者。

居里夫人是一个伟大的化学家，也是实验工作的典范。1898 年居里夫人在研究元素铀的放射性时发现，铀矿石的放射性比提纯后的铀化合物的放射性更强，于是她预言：在未提纯的铀矿石中，一定存在着一种新的元素，其放射性比铀更强。然而，当时的化学家中有相当一部分人对此持怀疑态度，他们要求居里夫人提供新元素的原子量。为此，在 1899—1902 年整整 4 年的时间里，居里夫妇夜以继日地在实验室里忙碌，从 8 吨沥青铀矿石中，提炼出未知元素的氯化物 0.1g。而正是这 0.1g 的氯化物，居里夫人测出了未知元素的原子量为 225。一个新的元素镭填进了元素周期表的一个空格。居里夫人也为此获得了诺贝尔化学奖。

许多新的发明也是在大量实验数据的积累中而得以实现的。如合成氨催化剂的发明，历经几百个配方，上万次的试验方才成功。这一切都说明，成功的背后是在实验室中大量的辛勤劳动。

2. 敏锐的观察是成功的基础

实验态度的一丝不苟，实验数据的认真记录和积累虽是实验中的重要环节，而实验过程中的细致观察，特别是对一些所谓的反常现象的观察和分析尤为重要，它往往会带来一些意想不到的发现。

从海藻中提取碘是一项极为简单的实验，许许多多的化学家都做过。然而，1826 年，法国青年化学家巴拉尔在进行从海藻中提取碘的实验时，却有新的发现。当他向海藻灰提取液中通氯之后，自然就会有碘析出，但是他注意到每次实验后，在母液的瓶底都会有一薄层红棕色的液体。他没有放过这一意外的发现，对该液体进行一系列测试之后，证实了这种液体是一种新的元素——溴（Br）。巴拉尔的文章发表之后，德国著名化学家李比希懊丧不已，因为早在两年前他也发现了这种红棕色的液体，但只是保留了它而没有进行深入的研究。这件事使李比希得出了一个结论："任何疏于观察和分析，必将导致失误"。为此，李比希在保存红棕色液体的那个瓶子上贴上了"失误瓶"的标签，以示警戒。

实验中的现象无论巨细，一概都是重要的，都不能轻易放过。有时，一个看似极为普通的细节或差异，却会导致一个重要的发现或结论。

18 世纪在化学界盛行由德国人贝歇尔和他的学生施塔尔倡导的燃素学说，认为任何可以燃烧的物质都含有燃素，化学反应得以进行就是这种燃素的转移。然而，金属在燃烧后变重的事实，使许多化学家不能接受燃素为负值量这一匪夷所思的概念。为证实燃素学的错误，化学家们进行了反复的测量。其中法国化学家拉瓦锡(人称化学之父)的实验有力地否认了燃素的存在。他在密闭的曲颈瓶中进行金属锡的燃烧实验，发现反应前后，重量未发生变化，然而，当他打开瓶盖时，有空气冲入瓶中，并使反应瓶重量增加。当时的化学家还不知空气为何物，有人甚至以为空气是一种元素。拉瓦锡从这一比前人多了一个瓶盖的实验中，得出了两个极为重要的结论：一是质量守恒，即反应过程中参与反应的物质既不会减少，也不会增加。换句话说，若把反应产物(包括气体、液体及固体)加起来称重，其重量一定和反应物的总重量一样。这个结论导致了"物质不灭定律"的诞生。同时也对空气有了新的认识，空气不是一个化学元素，而是一个混合物，其中的一部分在燃烧反应中与金属结合，这才有了燃烧后重量增加的后果。相似的实验早在他之前已有不少化学家做过，只不过他们都没有使用瓶盖，而拉瓦锡用了一个小小的瓶盖却得出了如此重要的结论，不要小瞧了这个瓶盖！但更不能忘了，能得出这样结论的主要原因则是拉瓦锡的细致观察和分析。

小品　先哲们对物质不灭定律的预言

在 2 400 多年前，古希腊哲学家德谟克利特曾经作过一个正确的臆测，他在一首诗里写道：

无中不能生有
任何存在的东西也不会消灭。
看起来万物是死了，但实质犹生：
正犹如一场春雨落地，
霎时失去踪影；
可草木把它吸收，长成花叶、果实，
依然欣欣向荣。

明末清初，我国唯物主义思想家王夫子(1619—1692年)明确地提出了“生非创有，死非消灭”，“聚散变化，而其本体不为之损益”，认为世界上的物质是“不生不灭”的。

另外，中国有句流行甚广的谚语——“巧媳妇难为无米之炊”，这句话其实也就是不能“无中生有”的意思。

叶永烈：《化学趣史》

20世纪70年代，在制备甲苯歧化催化剂时，已经确认，其主要成分为HM型沸石分子筛，但无论如何做不出达标的催化剂。直到后来在电子显微镜的帮助下才知道，原来当时合成的HM沸石颗粒太大。当把沸石用球磨机进行处理后，立刻就成功了。由此可见，忽略一个小的细节常常会误大事。而注意了每一个细节则常常会有事半功倍的效果。

3. 实验手段的不断进步是化学发展的关键

古人云：“工欲善其事，必先利其器”。化学实验工作往往离不开测量，因此实验手段的进步，特别是实验仪器的开发对化学研究有着重要的作用。19世纪精密天平的出现，曾为化学研究开创了一个新的局面。19世纪初曾有人提出：“任何原子的重量都是氢原子重量的倍数。”此学说是否可信，有赖于对各种元素的原子量测定。后来由于测到了氯原子的原子量为35.5，并非氢原子的整倍数，该学说就受到质疑并最终被抛弃。同样的称量工作，使化学家莱格雷发现，从空气中去除氧和其他杂质后得到的纯氮，和从氨分解得到的纯氮，两者的密度不一样，前者要大一些。由此而想到，从空气中得到的纯氮中会不会还有尚未发现的东西。果然，其后就发现了存在空气当中的，原子量比氮大的新元素——氩(Ar)。

近代化学实验手段的飞跃发展，更是将化学研究推进到一个新的时代。各种波谱，特别是红外、紫外、核磁共振和顺磁共振技术的发展，使化学家对化学物质的结构研究有了明亮的“眼睛”。各种电子能谱的发展，又使化学研究如虎添翼，将研究深入到了原子、分子的微观层面。

亚细亚刚毛草是危害粮食作物的寄生植物，长期以来一直未能找到一种有效的办法去制止它。后来，借助于核磁共振分析仪，发现了促进其生长的化学信息物质，于是这个老大难问题也就迎刃而解了。

小品　魔草上当

雷达依靠电磁波的反射去识别金属物体是世人皆知的。而在生物圈内却存在着一种更为奇妙的化学雷达。

亚细亚刚毛草是蹂躏粮食作物的一种寄生草。它曾使亚洲和非洲的粮食大量减产,以致约有4亿人口受到饥饿的威胁。故人们称它为魔草。只要粮食作物一播种,几天以后总会有亚细亚刚毛草的须根贴附在粮食作物的主根上,中途拦劫,大肆吸取营养。粮食作物就渐渐地枯萎而死。你不播种,它也不见踪影。人们始终弄不懂,这些魔草为什么会那么精准的探知粮食作物生长的时间。

通过化学家、农业学家和生物学家的合作研究,终于揭开了这个秘密。原来亚细亚刚毛草的种子有一种特殊的化学雷达,它能探知粮食作物在生长时所渗出的一些化学物质。一旦得知粮食作物已经生长,它也破土而出。关键在于它有4天的独立生长期。也就是说,在头4天里它可以不需要外来的营养,但4天之后,它必须要抓住宿主植物以继续维持它的生命。它所特有的化学雷达以及宿主植物渗出的化学信息物质使它能够如愿以偿。

科学家们的目标是必须找出这种信息物质。以便阻断这种信息传递。然而由于这种渗出的物质是极其微量的,人们竭尽全力也只能收集到千分之几毫克,所以一直未能剖析出这种物质的化学结构。直到一种称之为精密核磁共振仪的诞生,科学家们终于找到了这种物质,并把这种信息物质的化学结构全部探明。所幸它并不是一种结构十分复杂的物质,化学家们完全可以在实验室里将它合成出来。

现在轮到人们去作弄亚细亚刚毛草的时候了。化学家们合成出一大批这种化学信使物质,然后在粮食作物播种之前把它撒在大地里。亚细亚刚毛草种子的化学雷达收到信号,误以为粮食作物已经生长,于是就会迫不及待的破土而出,4天以后它们当然不可能找到宿主植物,于是就慢慢地枯萎而死,人们只要打扫一下战场,再把粮食播种下去,就再也不用担心魔草的威胁了。这是一种典型的"以其人之道,还治其人之身"的科学方法。

科学家们已经用同样的方法,识别了许多宿主植物所分泌的化学信息物质,从而制服了更多的寄生杂草。

分析检测手段的越来越精密,也创造了条件使化学研究更造福于人类。例如,用伏安溶出法测量人体毛发中的硒含量就可初步判断癌症患病的几率。曾用此法测量过 57 例健康人的毛发，他们的硒含量均在 600 ppb(1 ppb=1 ng·g^{-1})以上，而 54 例癌症病人的毛发中，其硒含量均在 400 ppb 以下，这就启发人们注意保持体内硒含量的重要性。

因此，实验手段的不断丰富和进步，是化学研究的关键所在。

总之，实践是认识世界的基础，是检验真理的唯一标准。毫无疑问，人们要想认识物质世界，必须实践。物质世界中千变万化的化学现象都可以通过化学实验观察到，而化学中的一些学说、定律既是在实验基础上经综合、归纳而得到的，也是在实验的鉴别中修正、发展而成熟的。因此，实验是化学学科的基础，也是化学学科的根本。

小品　实验结果——化学研究中的最高仲裁

和别的事物一样，在化学研究中也常常会发生争论。那么真理在哪一方呢？结论应该服从于谁呢？很显然，任何争论都应该服从于实验事实，也就是实验结果，决不是服从权威。元素钌的发现就是一个绝好的例子。

伯采利乌斯是一位瑞典化学家，被人们称颂为 19 世纪最伟大的化学家。盖斯·奥赞却是一位年轻的俄罗斯化学家，曾在伯采利乌斯的指导下工作过。1826 年他声称，在他的研究中发现了一种新的元素，并用自己祖国的名字——Ruthenia 来命名，称作为“钌”。他同时把论文寄给了伯采利乌斯。后者在重复了他的实验后，宣布：奥赞的结论是错误的。于是奥赞又重复做了一遍，承认自己做错了。然而，另一位俄罗斯化学家克拉乌斯仔细研究了奥赞的实验，证实奥赞没有错。克拉乌斯一再重复实验后确信自己的结论是正确的。面对一位举世无双的大权威的否定，他没有胆怯。他把实验结果和新元素的样品寄给了伯采利乌斯，然而却又一次地被否定。最后他把实验结果发表在“喀山大学科学报告”上，并连同样品再寄给伯采利乌斯。这一次，伯采利乌斯非常仔细地进行了鉴定，终于承认了确是一种新的元素。由此可见，实践是检验真理的唯一标准，而化学中的标准就是实验结果。

三、化学学科的发展与当今的机会

化学这门学科发展到今天，已经经历了复杂而又漫长的道路。随着时间的推移，化学家们知道的物质种类、物质的制取方法以及研究的范围都在逐步扩大。同时，关于物质组成和结构、化学变化过程中的理论和学说也在不断扩展和逐步完善。

化学学科的第一特点是它的发展受一定的社会条件，特别是经济条件的影响，是在与各种社会现象及过程的相互作用中进行的。它经历了实用和手工艺化学时期、炼金术时期、化学革命时期、原子分子学说形成时期、有机化学诞生和发展时期、物理化学时期等等。人类从遥远的古代就已经接触到了化学现象并逐步积累了化学的一些实用知识。然而，化学可以说是从炼金术时期开始逐步形成一种科学的萌芽。在这一时期内，无论是阿拉伯炼金术、西欧的炼金术以至中国的炼金术，都涉及金属的制取与提纯以及有关金属的学说。在公元8世纪时，阿拉伯各国中，炼金术甚至就是化学的代名词。13世纪相当于我国的元朝，欧洲开始了所谓的文艺复兴时期，在社会生活的各方面起了深刻的变革。自然科学受其影响也出现了一批革新的科学家，这不仅动摇了宗教经院哲学，也推动了社会生产的发展。在化学学科方面除冶金有显著发展外，还形成了化学学科另一个新的发展方向，那就是医药化学。炼金术一词在这个时期具有比过去广泛得多的含义。它可以表示加工天然原料使之适合新要求的任何过程。这使化学在成为一门自然科学的历程中向前跨了一大步。医药化学发展的代表人物如冯·浩亨海姆是一个医学博士，但有很丰富的化学知识，他建议把两者合并成一门科学。然而，他始终认为医学占主导地位，化学只是为医学服务的科学。尽管这一学派为化学的发展做出了一定的贡献，但是他们把化学的任务只局限于满足医学需要。因此，不仅没有促进，反而阻碍了工艺化学各方面的发展。更主要的是阻碍了新的理论概念的建立。

17世纪下半叶，相当于我国清朝初年，自然科学中力学、数学、天文学及物理学等均取得了重大的成就，如伽利略创立了力学，托利拆里发现了大气压，惠更斯创立了光的波动学说，牛顿对天文学和力学做出了极大的贡献。这些当然也促进了化学的发展。由于出现了一位杰出的化学家——波义耳，使化学真正成为具有自己特色的一门学科。1661年他在著名的《怀疑派化学家》一书中，对元素作出了较为科学的定义。他又是分析化学的奠基人之一。更重要的贡献在于他为化学的发展指明了方向。恩格斯曾指出“波义耳把化学确立为科学”。在这个时期中，出现了许多轰动的化学事件，如布兰德蒸馏人尿获得发光粉末，从而导致元素磷的发现；勒海里开设公开的化学课程，出版了第一本教材《化学教程》。化学理论中出现了以贝歇尔和他的学生施塔尔所创导的“燃素论”。尽管“燃素论”最终被证明是错误的，但在那个时期它在化学的发展上还是起了有益的作用，因而在一定程度上促进了化学的发展。18世纪中期，特别是下半期，在化学领域里开始迅速积累了有关复合物成分的实验资料，在化学分析研究和气体实验基础上所获得的新的实验事实与燃素论产生了尖锐的矛盾。18 世纪末，产生了所谓“化学革命”，燃素论终于被推翻了。18 世纪中，著名的化学家还有俄国的罗蒙洛索夫、法国的拉瓦锡等。

在化学理论的发展中，原子学说无疑是最重要的。英国中学教师道尔顿首先提出了原子学说。这也是化学学科发展中的一个里程碑。之后，原子学说又经化学家阿佛加德罗和贝采利乌斯等人的发展后，变得更为成熟了。

19 世纪，在化学上的另一个重大事件就是有机化学的诞生。维勒人工合成尿素彻底动摇了生命力论。从此有机化学迅猛发展，成了化学中的一个重大分支。

由于分离和分析手段的不断进步，化学元素一一被发现，于是就出现了元素周期律。俄国化学家门捷列夫提出了元素周期表（见附录 1），对元素作出了最好的归宿。

19 世纪末，奥斯特瓦尔德创办《物理化学杂志》之时，又开创了物理化学分支，它包含了分子运动学说、热力学、动力学、溶液理论等，使各种化学现象能在一个统一的理论下得到解释。

若 19 世纪可以称之为原子世纪的话，那么，20 世纪就是电子世纪。在世纪之交，发生了“知识爆炸”，首先是德国人伦琴发现了 X 射线，之后法国人贝克莱尔发现了元素的放射性。这些重大的发现不仅冲击着物理学的旧观念，也冲击了化学学科，导致了原子结构理论的诞生。更使人类掌握了利用核能的方法。

在 20 世纪中，化学各个分支都取得了丰硕的成果，其中仪器分析、催化剂及高分子材料的出现更具有划时代的意义。生物化学的诞生更将生物与化学这两门学科紧密地结合起来。

计算机技术的发展，促进了化学研究的进一步深入，使化学的研究进入到分子水平，也就是所谓的“分子设计”。分子设计的思想就是：从所需要的性能和特点出发，设计出一种最佳的工艺方案，然后再合成出目的化合物。

化学作为一门基础学科，它要承担社会各方面的需求，要为全人类提供食物；要开发资源；提供穿衣和住房；为日益减少和稀缺的材料提供代用品；征服疾病；改善人们的健康；增强国防；以及控制和保护我们赖以生存的环境。化学的基础研究则有助于我们后代赖以满足演化中的需要，赖以解决许多难以预期的问题。当今化学学科面临的机遇还是很多的，但也无时不遇到挑战，相信化学学科一定会和其他学科齐头并进，为人类社会作出应有的贡献。

四、诺贝尔(A. Nobel)及诺贝尔奖

爱弗瑞·诺贝尔1833年10月21日诞生于瑞典的斯德哥尔摩。兄弟4个,他排行第三。

诺贝尔的父亲曾是一个水手,也当过建筑工程师,热衷和擅长于发明创造,人称“发明狂”。由于一次意外的火灾,使全家陷入了经济困境,迫使老诺贝尔不得不到国外去工作。他到过芬兰,也到过俄国。在俄国工作期间,发明了水雷,受到了俄国皇室的重用。在诺贝尔8岁时,全家迁往俄国的彼得堡,此时他读过小学一年级。到了俄国之后,由于语言不通,没办法上学,只好和两个哥哥一起在家里跟母亲学,所以,诺贝尔没有正规的学历,也没有上过大学,他的学问主要是靠自学而得。

受老诺贝尔的影响,兄弟几个都热衷于发明创造,家里就有实验室,更由于老诺贝尔研究水雷的缘故,诺贝尔对炸药发生极大的兴趣。1862年诺贝尔对意大利化学家索雷多所发表的一篇论文发生了兴趣。他并不是对文章的主要内容——硝化甘油可作为心脏病的急救药而感兴趣,他是被文章末尾的一句话所吸引。索雷多在那篇文章的末尾写道:“硝化甘油是一个脾气暴烈的家伙,无论撞击或是加热都会引起爆炸。”当所有的人把硝化甘油看作为心脏病急救药的时候,诺贝尔却开始研究它能否作为一种用于工程建设的炸药。当时欧洲的经济正处于发展阶段,无论采矿、筑路还是打隧道都需要爆炸威力较强的炸药,这就是诺贝尔研究硝化甘油的原因。

然而,硝化甘油的确是一个脾气暴烈的家伙,1864年9月实验室发生了极大的爆炸事故。5个人在这次事故中丧生,其中包括他的亲弟弟老四。面对亲人的死亡,诺贝尔陷入了极度的悲痛,但他却没有放弃对硝化甘油的研究。为了不殃及四邻,他将研究转移到了郊区马拉湖中央的一艘船上进行,并最终研制成了一种爆炸威力特强的炸药。这里我们看到了一位伟大科学家所具有的优秀品质之一——极强的社会责任心。

由于这是一种油状的炸药,人们称它为“炸油”。这种炸药的威力比黑火药强得多,受到了社会的欢迎。诺贝尔办了一个工厂,专门生产炸油,当然是生意兴隆。但是,随着炸油的广泛使用,意外爆炸的事故也越来越频繁。

1865年12月美国的一家旅馆门前,发生猛烈的爆炸。地面上被炸出一个1

米多深的大坑，周围房屋的玻璃全被震碎。后来查明，当时一个德国人带着10磅[1磅(1b)=0.4536 kg]硝化甘油正向旅馆走去，不知什么原因，轰的一声就发生了爆炸。据查，这10磅硝化甘油是诺贝尔工厂生产的。

1866年3月澳大利亚悉尼城的一个货栈被炸毁，损失惨重。经查明，爆炸是由货栈中存放的两桶硝化甘油引起的，仍然是诺贝尔工厂生产的硝化甘油。

1866年4月在巴拿马的大西洋沿岸，一艘名叫"欧罗巴"号客货轮被炸毁，74名乘客无一幸免。在随船的运输货物清单中，赫然写着"硝化甘油"10磅，生产厂家"诺贝尔工厂"。

紧接着，美国旧金山，英国，法国等地都陆续发生爆炸事故。一时间，诺贝尔工厂成了众矢之的。英国、法国、葡萄牙等国政府纷纷颁布命令，禁止生产、销售和运输硝化甘油。人们纷纷指责诺贝尔，把他称作为"贩卖死亡的商人"。连意大利化学家也发表声明，对自己发表的论文表示后悔。

这一切对诺贝尔来说，当然是痛心疾首的，压力也是巨大的。但是，他却没有气馁，他想到的是，应该想方设法去防止硝化甘油的意外爆炸，而且他坚信一定可以找到答案的。日复一日，他天天沉浸在思考之中。一天傍晚，诺贝尔在海滩散步，远处一辆马车快速驶来，车上装着许多罐子，里面装的就是他们工厂的产品——"炸油"。诺贝尔正在思考为什么在这辆颠簸的马车上，"炸油"却不会炸呢？马车已经驶到了身边。马车夫却和他不一样，一脸的神态自若，根本就没担心过会不会发生爆炸。诺贝尔仔细一看，在罐子和罐子之间，隔着一些东西，罐子下面也铺垫了一层。马车夫告诉他，这是一种叫硅藻土的矿石，目的是为了防止罐子和罐子之间的碰撞，万一"炸油"流出来，还会被它吸收。原来硅藻土是一种多孔柔软的矿石，既能起到缓冲作用，又有吸收功能，真是一个好东西。马车已经驶远，诺贝尔却依然沉浸在硅藻土中。瞬间，硅藻土给了他灵感，既然吸附了硝化甘油的硅藻土在颠簸的马车上也不会爆炸，何不用硅藻土作载体来制备安全炸药呢？他立刻进行了各种配方的研究，终于获得了非常满意的结果。他用40%的硅藻土吸附60%的硝化甘油制得的炸药，平时决不会爆炸，即使在撞击或加热的情况下也不会爆炸，而当你需要它爆炸时，只要用一个引爆器即可爆炸。当然，这引爆器又是他的另一个发明专利。这里我们又一次看到了一位伟大科学家所具有的优秀品质之二——锲而不舍的执著精神。

尽管诺贝尔如是说，人们依然不相信，大家被过去的事故炸怕了。为了让事实说话，诺贝尔精心筹备了一次现场表演。1866年7月14日在英国的一座矿山上，有一场精彩的现场表演。被邀观看这场表演的有政府官员、新闻记者、科学家、工程师以及用户。首先表演的第一个项目是将一包10磅的新炸药，放在火堆上烧，没有炸！平安无事。接着，将另一个10磅新炸药，从高高的峭壁上扔下来，人们本以为炸药着地就要炸，但却没想到，炸药落地后跌得粉碎也没有炸！又平安无事。最后，将一包10磅新型的炸药埋入地下，并安置了一个引爆器。当诺贝尔说"炸"的时候，果然就发生了猛烈的爆炸。目睹如此事实，人们心服口服，就这样，欧洲国家纷纷撤销了禁运令，诺贝尔工厂又恢复了炸药的生产，当然生意依然兴隆。

尽管这种安全炸药越来越受到人们的欢迎，但诺贝尔本人却对它依然不满意。这是因为在这种炸药中加入了毫无爆炸威力的硅藻土，降低了整个炸药的爆炸威力。他一直在思考如何才能制得既保持爆炸威力又能安全的炸药。1875年的某个夜晚，诺贝尔在实验中不小心划破了手，他随手拿了一瓶"克罗酊"涂在创口上。这种被称之为"克罗酊"的东西，实际上就是硝化棉的酒精溶液，是黏稠的透明胶状液体。在创口上涂了一层后，待酒精挥发之后，硝化棉就会将创口封闭住，以避免创口感染。诺贝尔突然想到，硝化棉和硝化甘油实际上是同一类物质，于是他就想到能否将硝化程度较低的硝化棉加入到硝化甘油中去呢？他连夜进行了试验，果然不出他所料，当他把这两种东西混在一起时，又一种安全的胶质炸药诞生了。由此可见，一个优秀的科学家，绝不会躺在已有的成绩上，他们永远追求更好、更新、更优秀。我们再一次在他身上看到了一位伟大科学所具有的优秀品质之三——精益求精，追求卓越。

诺贝尔一生曾获得300多项专利，终身未娶。1896年在法国因心脏病发作而逝世。富有戏剧性的是他临终前服用的药，恰恰就是他研究了一生的硝化甘油。在他生前立下的遗嘱中写道："把我全部可变换现金的财产都捐献给政府，并以此奖励在科学上有突出成就的科学家"。瑞典政府根据诺贝尔的遗嘱，在全世界范围内设立了5个奖项，它们是：物理、化学、生理和医学、文学以及和平。分别由瑞典皇家自然科学院、皇家卡罗琳医学院、瑞典科学院和挪威议会的诺贝尔委员会等主持评选。1868年之后又增设了诺贝尔经济奖，但奖金由瑞典银行出资。诺贝尔奖的奖金逐年增加，1901年第一届为41 800美元，到2006年已增到140万美元。诺贝尔奖的评选过程是十分严格和保密的。以化学奖为例：每年的评选首先由瑞典皇家科学院，选举出5名化学家组成化学奖评选委员会。同时皇家科学院还规定了有资格提名候选人的成员，如瑞典的院士、物理和化学委员会的委员、已获得诺贝尔奖的得主，以及由皇家科学院选举出来的外籍科学家等。然后，化学奖评选委员会根据提名进行初选，委员提出推荐候选人，经委员会审定后交皇家科学院全体会议选举通过。诺贝尔奖的颁发日期就是诺贝尔逝世的12月10日。同一年得奖的得主可以是一个人，也可以是两个人最多不超过3个人。选举全部过程的资料要等到50年之后公布。

诺贝尔奖奖章

一个伟人永远会活在我们的心中，他所表现的优秀品质也永远是我们学习的榜样。最后让我们记住：瑞典伟人诺贝尔是一个化学家。

思 考 题

1. 化学研究的对象是什么？
2. 化学研究的内容是什么？
3. 化学研究的目的是什么？
4. 为什么说化学是一门离不开实验的科学？
5. 实验手段的进步对化学的发展有什么作用？
6. 为什么在化学的研究中需要敏锐的观察能力？
7. 为什么说化学无处不在，无所不包？
8. 非化学专业的大学生为什么也要掌握一些化学知识？
9. 化学学科中有哪些主要的分支？
10. 元素周期表是谁首先提出的？
11. 化学中检验真理的标准是什么？
12. 诺贝尔是谁？
13. 诺贝尔研究的主要内容是什么？
14. 请说出诺贝尔奖的来历？
15. 诺贝尔奖有几个奖项？
16. 从诺贝尔身上你看到了哪些优秀科学家的高贵品质？

第二章　化学向人类提供各种合理使用能源的方法

一、石　油

石油是自然界赋予人类的宝贵财富，目前人类使用的能源资源中，来自于石油的液体燃料占的比重最大，如汽油、煤油、柴油以及重油。

石油又可称作为原油，它的原文为 Petroleum。原意为：地底下一种称作为烃类化合物的矿物资源，它包括：原油（Crude Oil）和天然气（Natural Gas）。由于汉文“油”通常是指液态物质，故译为“石油”后，自然而然地就把天然气给排除在外了。因此，“石油”既可对应于“Petroleum”也可对应于 “Crude Oil”。

1. 石油是烃类化合物的混合物

石油不是一种化合物，而是烃类化合物的混合物。大家熟悉的甲烷就是最简单的烃类化合物。何谓烃类（Hydrocarbon）化合物？烃类化合物是由碳和氢构成的化合物，也称碳氢化合物。

按碳碳键的结构来区分，烃类化合物可分为三大类：

烷烃（Alkane），也称饱和烃。如：甲烷（CH_4）。

烯烃（Alkene），含碳碳双键。如：乙烯（C_2H_4）。

炔烃（Alkyne），含碳碳叁键。如：乙炔（C_2H_2）。

石油是以饱和烃为主的烃类化合物的混合物，从一个碳到四十几个碳的烃类化合物的混合物。正因为它是一个混合物，因此各地开采出来的石油，从外观到成分均有极大的差异。有的是淡绿色、半透明、稍带芳香气味的液体；而有的则是黑褐色、带有恶臭的黏稠液体。原因在于：它们的成分各异，所含杂质不一样。

烃类化合物随着碳的链长增加到 4 个碳后，同一个分子式就会出现结构相异的不同分子。化学中把两个物质分子式相同而具有不同结构的现象，称作为同分异构现象。同为一个分子式的所有不同结构的物质均称为同分异构体。例如：分

子式为 C_4H_{10} 的化合物就有：

$$CH_3—CH_2—CH_2—CH_3 \qquad \begin{array}{c} CH_3—CH—CH_3 \\ | \\ CH_3 \end{array}$$

按理说，4 个碳的烃类称为丁烷，但面对两个结构完全不同的物质，总不能都称它们为丁烷吧！我们把前者称为正丁烷，把后者称作为异丁烷。但是，当碳链为 5 个碳时，异构体就有 3 个了。我们可以把直链的称为正戊烷，另两个异构体就无法区别了。碳链越长，异构体越多，化学家面临化合物名称混乱的局面，给化合物取名成了当时的当务之急。

1892 年一些知名的化学家云集日内瓦制定了一个命名法，人们称它为“日内瓦命名法”，几经修改和补充，日趋完善。1979 年国际纯粹和应用化学联合会(IUPAC，化学学科的国际最高权威机构)确定了现行的命名规则。1980 年中国化学会也根据规则公布了《有机化学命名原则》。

以烷烃化合物的命名为例来了解其中的一二。不同碳链长度的烷烃，其命名方法是不同的。从 1 个碳到 10 个碳的直链烷烃，我国采用天干体系，即用甲乙丙丁戊己庚辛壬癸来代表碳的数目，如：CH_4 为甲烷，C_2H_6 为乙烷等。10 个碳以上，就直接用数字来称呼，11 个碳就称十一烷，30 个碳就称三十烷等。英语对 1 个到 10 个碳的直链烷烃都有相应的专用名字，它们是：

甲烷	Methane
乙烷	Ethane
丙烷	Propane
丁烷	Butane
戊烷	Pentane
已烷	Hexane
庚烷	Heptane
辛烷	Octane
壬烷	Nanane
癸烷	Decane

10 个碳以上也是采用数字来表示。

直链烷烃也称正构烷烃，故可在名称前加一个“正”字。如正丁烷。也可以用小写英语字母 *n*-来表示，如 *n*-丁烷，以与异构烷烃相区别。异构烷烃也称支链烃，它们的命名是以最长的碳链为母体，对主链上每一个碳原子，从离取代基最近的碳原子开始进行编号。命名时，先标出带有支链的碳原子号，再写上支链上的基团，

最后写上母体主链的名字。如：2,5-二甲基己烷

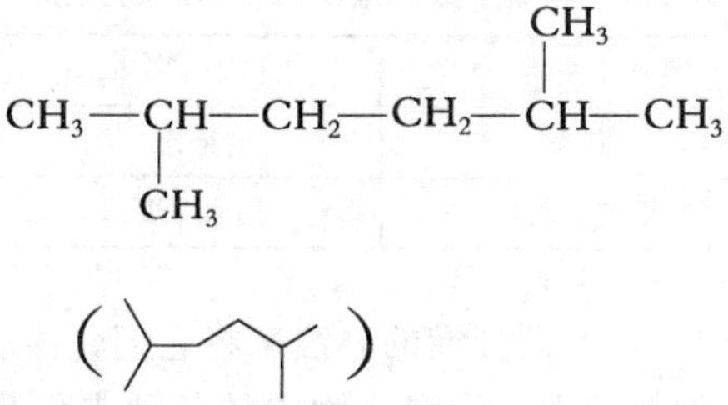

环烷烃是带有环状结构的烃类化合物,其命名可以成环的碳原子数目来命名。如

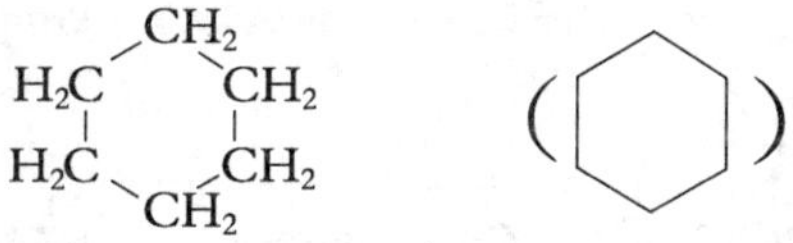

环己烷

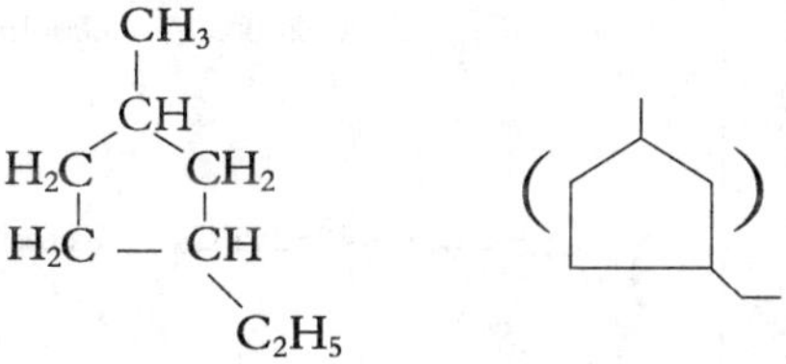

1-甲基-3-乙基环戊烷

2. 汽油的制备及其性能的表征

石油是一个庞大的混合物,将它直接作为燃料来使用是不合适的,也是不合理和不科学的。科学家们想到的是将这个庞大的混合物先进行分离,然后分别使用以达到物尽其用的目的。分离混合物都是利用混合物中各种组分在物理或化学性质上的差异,通常,利用物理性质上的差异更方便、更简单。例如,利用各种物质不同的沸点,用加热的方式即可将它们分离。

(1) 石油的分馏

石油既然是一个混合物,其中各种成分的沸点当然也就不一样了。随着碳原子数的增加,沸点也随之升高(见表 2.1)。

表 2.1 碳原子数和烃类物质形态的关系

碳原子数	1～4	5～15	＞15
物质形态	气态	液态	固态
实　例	甲烷　乙烷	汽油　煤油	石蜡

因此，我们就可以用一种所谓分馏的办法来将它们分离或加以分割。

所谓分馏就是利用加热的方法将混合物中的各种成分蒸发为气体，再利用各种物质的沸点不同而加以分开的方法。图 2.1 所示为常压分馏塔的示意图。

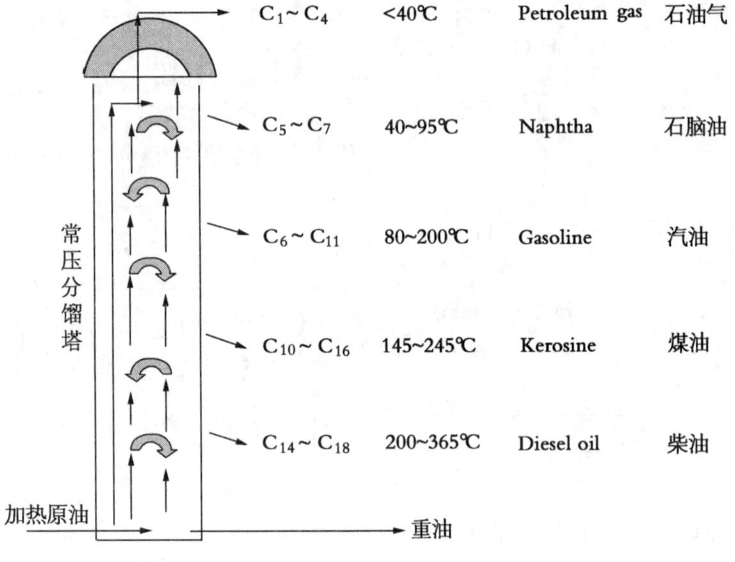

图 2.1 常压分馏塔装置示意图

在一个分馏塔中，石油被加热后送入塔的底部。那些本来在常温常压下是气态的组分立刻就挥发出来跑向塔的顶部。随着温度的升高，那些沸点低的组分也开始蒸发成蒸气向上跑。遇冷又凝聚成液态向下滴。此时塔的底部上来的热蒸气又会将热量传递给这些液滴使其再蒸发变为气态。塔底不断地加热，塔中就不断地进行着热交换。于是，沸点低的物质跑向了塔的上部，沸点高的则留在下部，分馏塔从上到下形成了一个沸点从低到高的梯度分布。这样，就可以在塔的不同高度引出不同沸点范围的不同的组分。由于此塔是在常压下操作，故称为常压分馏塔。

从图 2.1 可以看到，在常压分馏塔中我们可以拿到一系列极为有用的产品。

从上述数据中，我们也可以得到这样一些信息：首先，从常压分馏塔中出来的产品大部分是人类生活中不可或缺的液体燃料。其次，从分馏得到的各种产品仍然是一个混合物。因此，它们的沸点有一个范围，称作为“沸程”。再有，产品之间的碳原子数或沸点范围，是有交叉的。要让所有的组分都交割干净，分馏的条件就十分苛刻了，而作为生活中使用的液体燃料也没有必要去分割得如此干净。在化学实验室里，精密分馏仪是可以把混合物中的每一个组分提纯出来的。最后，我们还可注意到，温度已升高到365℃，然而得到的产品的碳原子数只有18。塔底还有好多东西呢！为什么不把它们分馏出来呢？原来碳原子数增多，其沸点更高，再提高加热温度的话，就会使其发生分解而达不到预期的效果。怎么办？为要让那些沸点高的组分既不发生分解，又要让它们变成蒸气，就必须在沸点上找办法。众所周知，物质的沸点，不是由物质本身唯一决定的参数，它还和外界的大气压有关。所谓“沸点”，即当温度被加热到使某一液体的蒸气压达到与外界气压一样时，该温度即为此液体在该条件下的沸点。由此可见，外界气压高，沸点就高，外界气压低，沸点就低。这样就可以为在常压下不易蒸出的组分，设计一个特殊的分馏塔，在这个塔内保持低气压，同样加热到365℃，照样可以使高沸点的组分变为蒸气。这种装置就叫做减压分馏塔。从减压分馏塔，我们又可得到许多有用的产品(见表2.2，见图2.2)。

表2.2 减压分馏产品

产品	润滑油(Lubricant)	凡士林(Vaseline)	石蜡(Paraffin Wax)	沥青(Asphalt)
碳原子数	16～20	液固态烃混合物	20～30	30～40

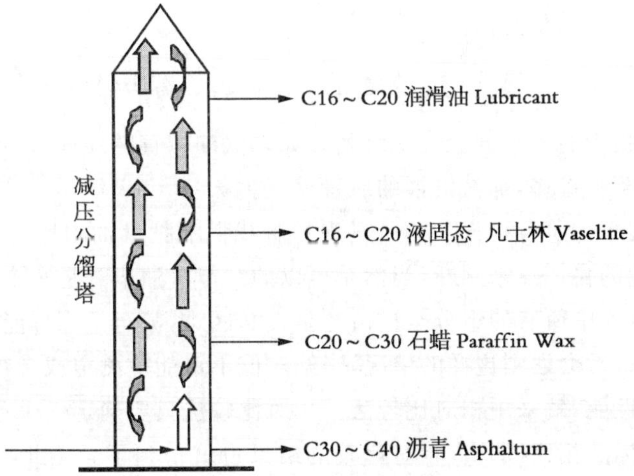

图2.2 减压分馏示意图

(2) 汽油性能的表征——辛烷值(Octane Number)

如前所说,汽油也是一个混合物。由于制备汽油的原油不一样,各个分馏塔分割的馏分也不完全一样,因此各地生产的汽油组分就有很大的差异,反映在汽油的质量就会有所不同。汽油的质量应从汽油使用过程中出现的主要问题来决定。

汽油主要用于内燃机,内燃机在运转时要经过进气、压缩、点火和排气 4 个冲程。其中,点火这一动作必须在汽缸的活塞把汽油蒸气压缩到汽缸的另一端的底处时才能实施。同时,所有的机械也与之协调动作。然而,当汽油的质量不好时,汽油蒸气在活塞只压到一半时就自己点火,把本来应该继续向前的活塞硬推了回去,造成了机械装置的严重不协调。此时汽车的发动机产生震动,发出猛烈的金属敲击声,同时,一部分燃料因不完全燃烧而排出黑烟。这就是所谓的爆震(Detonation)现象。

产生爆震现象的直接原因是过氧化物引发的,自燃点低的烃类化合物在汽缸的温度下,极易形成烃类化合物的过氧化物,而这种过氧化物会分解出自由基,从而引发爆震。因此,自燃点低的组分越多,越容易发生爆震现象,也可以说汽油的质量越差。我们可以把爆震的原因归纳为:

1) 自燃点低的烃类化合物太多。

2) 生成过氧化物。

化学家和工程师们经过反复试验,了解到化学物质的结构决定了它们的自燃点高低。按自燃点从低到高的顺序为:

$$\text{直链烃} < \text{支链烃，环烷烃} < \text{芳香烃}$$

芳香烃是指带有苯环的烃类化合物。如果汽油中直链烃多,肯定质量就差;如果支链烃或者芳香烃多,那么汽油的质量就好。

那么,如何来评价各种汽油的质量呢?若我们能把汽油中所有的组分都搞清楚,再根据它们的自燃点来判断,当然是可以的。但汽油毕竟是一个多组分的混合物,显然要把汽油中所有的组分全搞清楚是极其困难,甚至是不可能的。自然科学的研究过程中常常会遇到这样的情况,当绝对值不可能被测定或者很难被测定时,为比较两者的性能,就采用相对比较法。相对比较法只要确定一个可比的标准,被比的对象都和标准相比,那么,相对比较的结果也就得到了。由此可见,相对比较法是自然科学中的一个极为重要的手段。

为了比较汽油的质量,人为地设定了一个辛烷值(Octane Number)去相对地比较汽油质量的好坏。所谓辛烷值就是以自燃点低的正庚烷(223℃)的辛烷值为零,以自燃点高的异辛烷,即2,2,4-三甲基戊烷(418℃)为100。将被测汽油与这两种物质配制而成的混合溶液同时放在一台机械上进行试验,若被测汽油与某一个溶液的抗爆性能一样,则该汽油的辛烷值即为该混合溶液中的异辛烷的百分数。如某汽油的抗爆性能与40%正庚烷和60%异辛烷的混合溶液一样,则该汽油的辛烷值就是60。

可见,辛烷值越高,汽油的质量就越好。市场上出售的汽油,其牌号就是辛烷值,如90号汽油,它的辛烷值就是90。

小品 "二战"文献中的"辛烷值"

汽油的辛烷值不仅表示其抗爆性能,也意味着整个发动机性能的好坏。"二战"文献中就有这样一段记录:"1940年5月第二次世界大战时,法国在和德国进行空中大决战的时候,因为使用了83号汽油而大败于德国,损失了几百架战机。时隔两个月,英国使用了美国环球公司的100号汽油,结果使德国人损失了1733架战机。"

通常由常压分馏塔产出的汽油(直馏汽油)的辛烷值在55左右。显然这种汽油的抗爆性能是很差的。因此必须要采取措施以提高汽油的辛烷值。那么,如何来提高汽油的辛烷值呢?

这个问题涉及了自然科学中的又一个重要的问题,那就是当需要去克服一个困难或要解决一个问题时,应该从哪里入手?答案是:"从原因入手"。提高辛烷值的办法也必须从原因入手。前面我们已经提到了汽油质量不高的两个原因,首先从第一个原因入手,如果某汽油的辛烷值很低,这意味着汽油中自燃点低的组分较多,要提高辛烷值就必须从改变汽油的组分入手,也就是如何使汽油中的自燃点低的烃类减少或使自燃点高的组分增加。而这又必须使用化学的方法才能使直链烃变为支链烃、环烷烃,甚至芳香烃。这个方法就是所谓的"重整"。

重整是将汽油送入高温反应器,在催化剂的作用下,直链烃纷纷转变为自燃点较高的组分。在重整反应器内可能会发生下列反应。

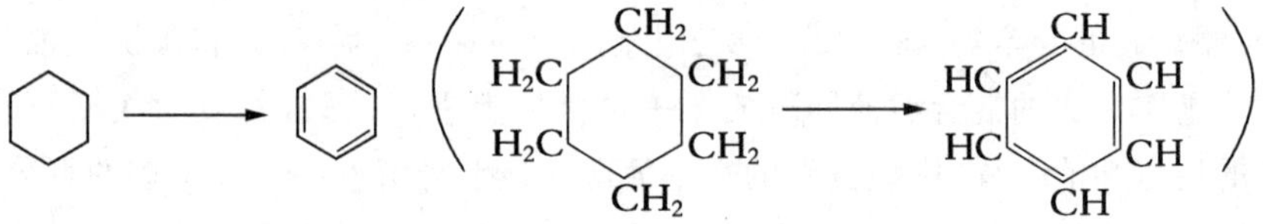

$$CH_3CH_2CH_2CH_2CH_2CH_3 \longrightarrow CH_3\underset{\displaystyle CH_3}{\underset{|}{C}}H\overset{\displaystyle CH_3}{\overset{|}{C}}HCH_3$$

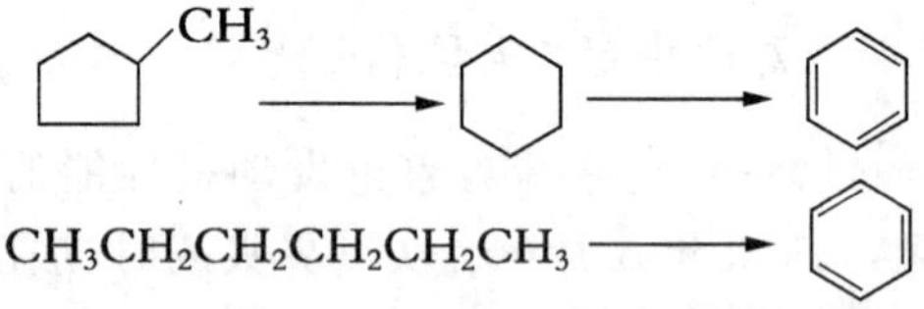

$$CH_3CH_2CH_2CH_2CH_2CH_2CH_3 \longrightarrow CH_3CH_2CH_3 + CH_3\overset{\displaystyle CH_3}{\overset{|}{C}}HCH_3$$

上述大部分反应是将自燃点低的烃类转变为自燃点高的支链烃或者芳香烃，辛烷值就大大地提高了，通常重整汽油的辛烷值为100。当然，汽油的成本要比直馏汽油高一些。

我们还可以从另一个原因去寻求提高汽油的辛烷值的方法。既然发生爆震的根本原因是自燃点低的直链烃在汽缸的温度下容易生成过氧化物，而这过氧化物又是导致爆震的关键物质，那么，是否可以想办法把这过氧化物去掉。要做到这一点，汽油本身做不到，因此就必须从外界加一点东西进去。这就是所谓的“添加剂”方法。

在众多的物质中，工程技术人员找到了一个十分理想的添加剂，那就是四乙基铅。原来四乙基铅在汽缸的工作温度下会分解成氧化铅。而氧化铅却可以将烃类的过氧化物分解成醛等有机含氧化合物，从而阻止了爆震现象的发生。在汽油中加入千分之一的四乙基铅，辛烷值可以提高13～17。质量越差的汽油，添加四乙基铅的作用越明显。如100%的正庚烷也可当作汽油，但其辛烷值为零。若在其中加入千分之一的四乙基铅，辛烷值则可达到47 。然而，这氧化铅却是固体，留在汽缸中将会损坏汽缸。因此，在加入四乙基铅的同时，还必须加入二溴乙烷，使其与氧化铅作用生成二溴化铅。二溴化铅在汽缸的温度下是气态。这样就可以在排放废气时将其带出。

尽管四乙基铅在人类使用能源的过程中起到过巨大的作用，是一个极为优秀的添加剂，但是，今天它不得不退出历史舞台。北京市率先禁用含铅汽油，紧接着上海市宣布，从1997年10月1日起全市禁用含铅汽油。最后，国务院宣布，1999年元旦起，全国禁止生产含铅汽油，2000年元旦起，全国禁用含铅汽油。

为什么？原来，含铅的废气污染了我们人类的大气环境。更因为含铅废气的比重较大，常常滞留在靠近地面的大气中，这使我们的儿童深受其害。为了保护我们的环境，更为了保护我们的下一代，再优秀的方法也必须被淘汰。因此铅添加剂法寿终正寝。为此，又引发了开辟其他方法的研究。

组合剂法是目前正在研究的一种有效方法。所谓组合剂法，就是在汽油中，加入其他组分。如在汽油中加入30%的酒精，就可以使汽油的辛烷值提高到120。改用价格更便宜的甲醇，辛烷值居然达到了130（见表2.3）。我国辽宁省率先使用加入酒精的汽油。盛产煤的山西省也在探索将煤气化制成甲醇，再加入汽油中使用。然而，由于加入组合剂的量较大，并对发动机提出了新的要求，加上成本等问题，目前此法尚未普及。但此法仍不失为制备高辛烷值汽油的一个好方法。

表2.3 含氧有机物组合剂及其辛烷值

组合剂	分子式	辛烷值
甲醇	CH_3OH	130
乙醇	CH_3CH_2OH	120
异丙醇	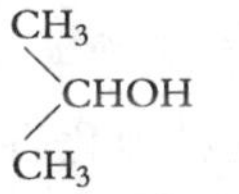	106
叔丁醇	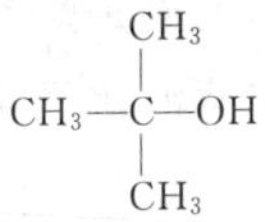	108
甲基叔丁基醚（MTBE）	$(CH_3)_3COCH_3$	115

从另一个渠道也获得了一种高辛烷值的汽油。那就是裂化汽油。制备裂化汽油的原本目的并不是为了辛烷值，而是为了提高汽油的产量。大家知道，从石油中分馏出来的汽油（直馏汽油）只有30%左右，这远远不能满足人类的要求。为此科学家们就想到了把长碳链的烃类化合物，裂解成汽油组分的烃类化合物，岂不就是增加了汽油的产量？美国率先采用热裂解的方法实现了这个愿望。然而，烃类化合物的裂解，并不以人们的意志为转移，它们到处断裂，以至于产生了大量短碳链的烃类化合物，汽油的组分只占15%～30%左右。为了提高汽油组分的选择性，人们采用了加入催化剂的方法，也即所谓的“催化裂化”。它使汽油的产量大大地提高。目前，裂化汽油的产率高达80%左右。由于裂化的条件类似于重整的反应条件，因此裂化汽油的组分中，自燃点高的组分就多一些，当然，其辛烷值也就比直

馏汽油要高出许多。

目前市场上出售的汽油，是由直馏汽油、重整汽油和裂化汽油配制而成的。通常它的辛烷值在90～93之间。

3. 液化石油气

与石油有关的另一个能源材料是液化石油气。所谓液化石油气，那就是将本来在常温常压下是气体的 C_3—C_4 经压缩而成的液体，目前已普遍地作为民用和车用燃料。有一种打火机使用的也是液化石油气，只不过是单一的 C_4，这因为 C_4 液化的压力不高，打火机就不必作成耐高压的容器。

液化石油气比城市管道煤气的燃烧热值更高，因此效率也高。然而，在燃烧时，需要更多的空气。因此，燃具与使用城市管道煤气的燃具有所不同，两者不能通用。

小品　摇一摇，为什么还会有气

当你搬入新居，而管道煤气一时还不能接通的话，也许你会使用液化石油气进行过渡。这种液化石油气罐曾被一些人称作为“压缩煤气”。其实，罐内所装并非被压缩了的煤气，而是压缩后成为液体的气态烃类化合物，主要成分为 C_3（丙烷）和 C_4（丁烷）的混合物。这种液化石油气比管道煤气（主要成分为 CO 和 H_2）有更高的燃烧热值。因此，无论是灶具还是淋浴器，在空气进量装置上有一些不一样，故而不能通用。当你从液化气转到管道煤气时，你必须更换燃具或进行改装。

使用液化石油气虽然也很方便，但罐内气体用完后，必须及时换罐以保证继续使用。有时也会遇到尴尬的局面，例如你炒菜尚未完成，罐内气体似已经用完。眼睁睁地看着火焰一点点地小下去，真急死人。因为此时换气已经来不及了。然而，在市民中有一种临时解决问题的方法。他们会大力地摇晃气罐，或者在气罐上浇一点热水，甚至在气罐上敷上一块热毛巾。于是你可以看到灶具上的火焰又慢慢地大起来了。这时你尽可以把菜炒完再去换气。

通常家用的液化石油气罐内的主要成分为 C_3 和 C_4 的烃类化合物，这些化合物在常温下是气体。经过加压后变成液体装入罐内。使用时只要打开阀门 C_3 和 C_4 就会立即气化而喷出。点燃即可使用。当所有的 C_3 和 C_4 都跑出来之后，火也就慢慢小下去。此时如果将液化气罐摇一摇，或者在罐子外浇一点热水，火立刻会大起来。这是因为我们现时使用的液化石油气中还含有一些

C_5。由于 C_5 在常温下是液体，其蒸气压随温度而升高。C_5 蒸气同样是可燃气体，和 C_3、C_4 有同样的性能。摇一摇可以帮助 C_5 挥发，加温也是帮助 C_5 气化。尽管 C_5 的数量并不多，但总有一些。因此，在烧菜进行到一半突然断气时，你不妨试试这个方法，它会让你摆脱尴尬的局面。但请注意，绝对不可用明火直接加热液化气罐，这样做非常危险。

课堂讨论——打火机的沿革

打火机的作用就是产生明火源，或点燃香烟或点燃厨房灶具。其由两部分组成，一个是燃料储存器，另一个是发火装置。从最初问世的打火机到现在，它已经历经四代。无论是燃料还是发火装置，都有改革和进步。请通过调查说出它们的沿革和进步之处。

提示：

1. 所有燃料都是来自于石油的分馏产物。
2. 易燃、方便为构建打火机的标准之一。

二、煤及其综合利用

煤是最主要的固体燃料，由一定地质年代生长的繁茂植物，在适当的地质环境中，逐渐堆积成厚层，并埋没在水底或泥沙中，经过漫长地质年代的天然煤化作用而生成。煤可根据煤化程度的不同，分为泥煤、褐煤、烟煤和无烟煤 4 类。煤的含碳量一般为 46%～97%，呈褐色到黑色，具有暗淡金属光泽。密度为 1.1～1.8 $g \cdot cm^{-3}$。煤的燃烧热根据含碳量及挥发性物质含量而不同，挥发物愈少，热值愈高。煤虽然可以直接用于工业或民用作为燃料，然而煤中尚有除碳之外的多种宝贵材料，因而最合理和最科学的方法是对煤实施综合利用。

1. 煤的干馏

既然煤和石油一样也是一个混合物，那就也应该将其进行分离后再使用。同样是以加热的方式来处理，只不过煤是固体，所以这种方法就称作为“干馏”。当将煤在隔绝空气的情况下进行加热，随着温度的升高，煤会发生一系列的变化（见表2.4）。

表2.4 煤加热过程中的变化

温度/℃	变 化
100以上	自由水被蒸发
200以上	释放出化合水和二氧化碳
350以上	开始分解，煤变软并释放出煤气和煤焦油
400～450	大多数煤焦油被释放
450～550	继续分解
550以上	固体已成焦炭，尚有气体释放
900以上	只剩下焦炭

由表2.4可见，煤的干馏可得到3种形态的产物：

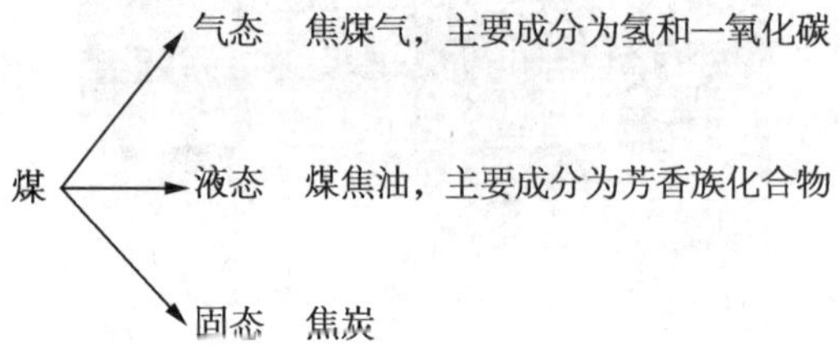

焦煤气可制作为城市管道煤气，煤焦油为化工原料，焦炭为炼铁原料。所有的产物均有使用价值，真正做到了“物尽其用”。

干馏可分为高温干馏和低温干馏两种，低温干馏的最终温度仅为700℃。它的固体产品焦炭易碎，但可生产更多的焦油。最终温度为900～1 200℃的称为高温干馏，其生产的焦炭强度高，适宜于钢铁冶炼工业的使用。它所含的挥发物质很少，热值为25 000～31 000 $kJ \cdot kg^{-1}$，坚实多孔，通常为银灰色。除用于冶金外，还可用作煤气化材料和化工原料。例如，焦炭在高温隔绝空气的条件下，可以和石灰反应，生成碳化钙，这就是用来制备气焊中乙炔的原料——电石。

$$CaO + 3C \longrightarrow CaC_2 + CO$$

$$CaC_2 + H_2O \longrightarrow C_2H_2 + CaO$$

煤焦油是化工工业芳香族化合物的原料，其中有：

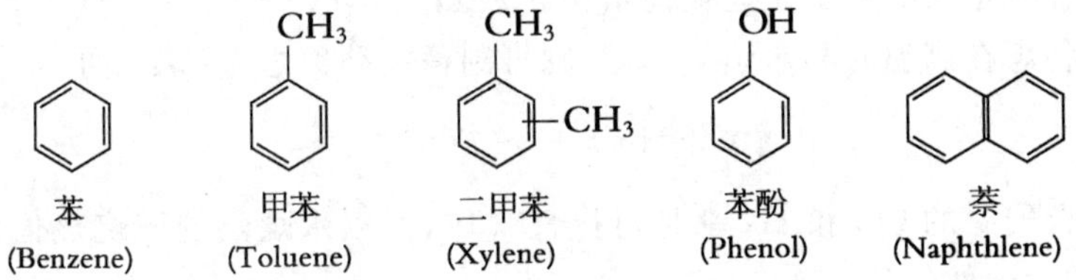

为什么煤中会有这么多的芳香族化合物呢？这和煤的结构有关，近代研究表明，煤的结构如图 2.3 所示：

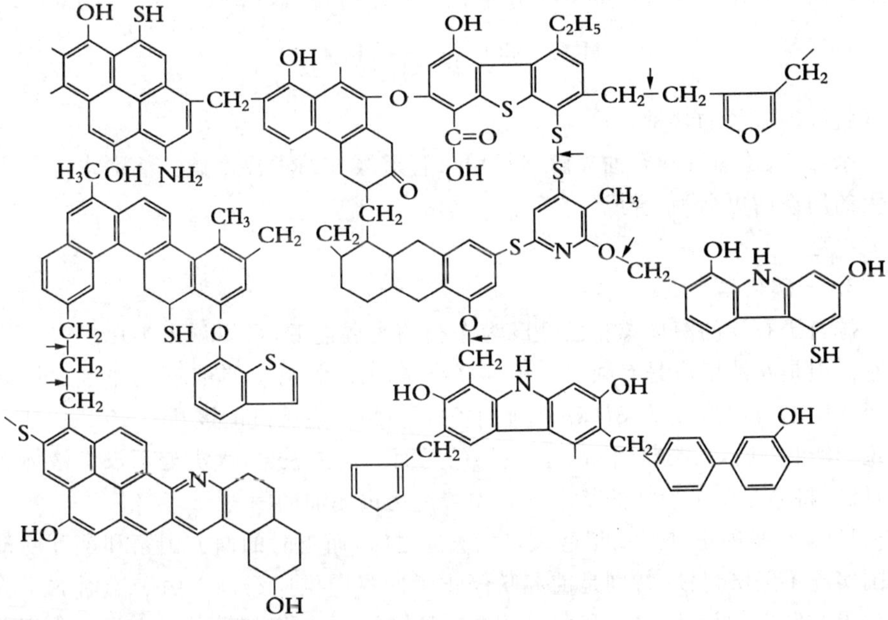

图 2.3　煤的结构示意图

2. 煤的气化

气态的燃料最适合于民用，因为它可以实现管道化，输送方便且干净。可是自然界的天然气（主要成分为甲烷）开采数量是有限的，且受地区的限制。因此，将煤气化制成气态燃料不失为一种好方法。

若将煤与有限的空气和水蒸气反应，就可得到一种称之为半煤气的气态混合物：

$$水蒸气+煤+空气 \longrightarrow CO+H_2+N_2$$

其中氮气的含量为50%左右,因此这种燃气的热值仅为天然气的1/6左右,而大量氮气的存在也无疑增加了运输的负担。

如果将煤在高温时与水蒸气作用,则可制得一种称之为水煤气的气态混合物:

$$C+H_2O \longrightarrow CO+H_2$$

该混合气中的CO和H_2都是可燃性气体,所以水煤气的燃烧热值比半煤气高一倍,约为天然气的1/3。

半煤气的另一个用途是作为小型化肥厂中的合成氨原料。然而合成氨需要高氢氮比,因此就要设法让混合气中的氢含量提高。在工业上是通过水气转换反应来实现的。利用半煤气中的CO,在催化剂的作用会有如下反应:

$$H_2O+CO \xrightarrow[催化剂]{} H_2+CO_2$$

这样就提高了氢的含量。

水煤气、炼焦气和石油裂解气是城市管道煤气的主要来源。然而水煤气因有更大的用途而更名为“合成气”。

3. 一碳化学

源自于石油的液体燃料已经成为人类的主要能源,可以说人类已经完全离不开它。但是石油毕竟是有限的。根据联合国的统计,按目前各国的采油速度以及已经探明的石油蕴藏量来计算,地底下的石油最多也不过能被开采40年。换一句话说,40年以后,人类将面临石油枯竭的局面。很难想象,人类处于没有液体燃料的日子,将会是一个怎样的状态。人类曾经历过无油的困境。

1961年我国正处于3年特大自然灾害之时,而当时的西方国家和前苏联都对我国实施了经济封锁,特别是前苏联停止了向我国供应石油。由于当时大庆等油田尚未被发现,西方国家称我国是一个无油国家。在这种情况下,上海就出现了一个前所未见的特殊景象。街上所有的公共汽车车顶上都顶着一个巨大的黑色橡皮口袋。原来汽车是用煤气来发动的。

1972年英国和中东国家发生了政治上的冲突,闹翻了脸,所有的中东国家停止向英国供应石油。于是英国伦敦街头上就出现了“马拉小轿车”的特殊场景。

然而,21世纪的人类若遇缺油又将该如何呢?其实,为匮乏石油而又要得到汽油的研究工作早在第一次世界大战之后就已经开展。从战略角度考虑,人们自然而然地想到了从相对丰富的其他资源,例如,从煤来合成汽油。早在1926年德国化学家费歇尔和托洛帕就已经成功地利用催化剂从煤的气化产物一氧化碳和氢气合成了汽油。人们称这项技术为费-托合成。当时德国在第一次世界大战中深感本土的石油远远不能满足它的需要。相对来说,煤资源还多一些。于是政府下令,要科学家们研究如何从煤来制备汽油。这个课题初看起来似乎有些不可思议,然而,1926 年费歇尔和托洛帕却发表了一篇"常压下由煤气化产物合成汽油"的专利。很多人认为,这可能吗? 然而这的确是一个事实。难怪当时欧洲一份非常有影响的杂志 *Fuel in Science and Practice* 还专门为此发表了一篇评论文章。文中说"尽管我们已经认为对含碳化合物进行了大量的研究工作。然而,费歇尔和托洛帕的专利文章使我们大家都感到了吃惊。我们还得面对现实,对含碳化合物中这个最简单的成员——一氧化碳,进行更详细的研究 "。原来,费歇尔和托洛帕是通过把煤气化,得到 CO 和 H_2,再用催化剂将其合成为汽油的。前一个反应实际上就是水煤气反应,后一个反应我们称它为费-托反应。第二次世界大战时,德国人利用这个专利在全世界范围内建立了 11 个由煤来制备汽油的工厂,其中包括我国东北地区抚顺的一个工厂。但是从 20 世纪 50 年代起,中东大量油田的发现,使油价大跌。由煤来制备的汽油价格,无法与之竞争。于是这些由煤来制备汽油的工厂纷纷倒闭。而费—托反应的研究也几乎是销声匿迹了。20 世纪 70 年代英国和中东地区的政治冲突,引发了石油危机。以美国为首的一些科学家又重新开始了费-托合成的研究。当然,历史决不会简单的重复,70 年代后期的这项研究被称作为"一碳化学"(C_1 chemistry)。最初,一碳化学是指从煤的气化产物一氧化碳的氢化来合成所希望得到的任何产品,这包括,汽油和本来要从石油而来的一些化工原料。如果说,30 年代的目标是汽油的话,那么 70 年代的目标就是以煤资源全面取代石油资源。研究取得的成果使一些无油国家首先得益,例如,南非是一个滴油全无的国家,现已可以从煤来获取全国所需的汽油。现今"一碳化学"的含义更为广义,只要是从含一个碳原料出发的合成,都被称作为"一碳化学"。例如,从甲醇、甲烷,甚至从二氧化碳开始的合成工作都归为"一碳化学"范畴。

一碳化学是当今化学领域中十分活跃和重要的研究方向,属于前沿科学。

一碳化学核心研究几乎都集中在催化剂的研究上。因为在一碳化学的领域内的反应几乎都离不开催化剂。

一碳化学所显示的另一个重要之处在于,它提出了另一个重要的能源资源——煤如何科学而又合理地被使用。很显然,煤可以被直接当燃料来使用,但那不是最科学和最合理的使用方法。煤被气化后再使用具有更多的优点。因为煤尽管主要成分是碳,但毕竟还是一个混合物,直接燃烧也许就把一些有用的物质也烧掉了,甚至污染了大气环境。现在,将煤气化之后,它的产物是一氧化碳和氢,依然是可燃性的材料，不仅可作为燃料使用，更是一碳化学的原料。

小品　不同催化剂可得到不同的产品

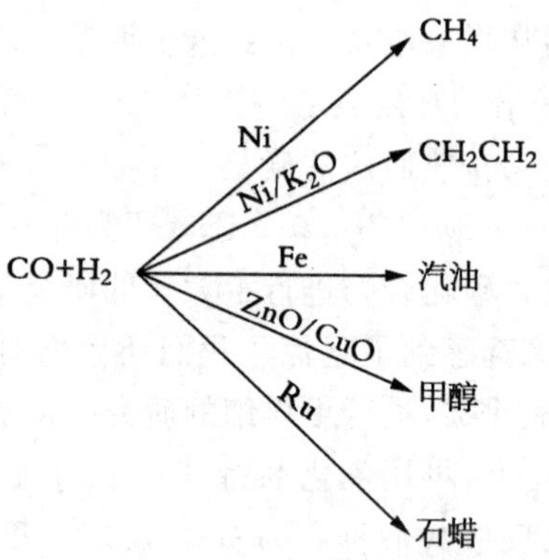

4. 煤的液化

煤和石油都是由C、H、O等元素组成的有机物。但煤的平均表现分子量大约是石油的10倍，煤的含氢量比石油低得多。所以，将煤加热裂解，然后在催化剂的作用下加氢（450～480℃，12～30 MPa），可以得到多种燃料油。这种油也称人造石油。原理似乎很简单，实际工艺还是相当复杂的，涉及裂解、缩合、加氢、脱氧、脱氮、脱硫、异构化等多种化学反应。不同的煤又有不同的要求。最近20年来美国、日本、德国等科学家都致力于这方面的研究，已有多种较好的设计方案。

上述这种先裂解再氢化的方法称直接液化法。另一类方法称为间接液化法，它就是前面提到的一碳化学——先使煤气化得到CO和H_2等小分子，然后再在一定的温度、压力和催化剂的作用下合成为液态燃料。

综上所述，煤既是能源资源，也是重要的化工原料。我国是世界上最大的耗煤国家，但70％左右的煤都是直接烧掉，既浪费资源，也污染环境。目前正在采取各种措施以改善这种状况。

三、原子核能

1. 原子结构

18世纪的化学家们都认为原子是组成物质的不可分割的最小微粒，因此不存在原子的结构或组成问题。1815年普劳特提出："一切元素都是由氢原子构成，若氢原子的原子量为 1 的话，那么所有元素的原子量均为整数。”尽管人们测出各元素的原子量并非一定是整数，但也只能持怀疑态度，而没有更有力的证据去推翻这个观点。

直到 1874 年，克罗克斯在低气压，高电压下通电时发现了一种在磁场中会发生偏转的“阴极射线”。在之后的研究中，他证实了，这种阴极射线是一群带有负电荷的质量极小而动能极大的微粒。这就告诉大家，原子中还有更小的微粒，原来原子不是不可分割的最小微粒。施冬尼也在自己的试验中证实了这种微粒的存在，并称它为“电子”(electron)。随后又测出了它所带的电荷和质子所带的电荷相反，但电荷量却相同，其质量仅为质子的 1/1 836。

1895 年伦琴在研究阴极射线荧光现象时，发现了另一种不可见的射线。这种射线是由于高速运动的阴极射线突然碰撞到被称作“对阴极”的固体上而发生的，这就是现在我们称之为“X 射线”的“伦琴射线”。X 射线的最大特点是具有强大的穿透能力，如能使黑纸包着的照相底片感光。正因为如此，它通过气体时能使气体变成带电的离子。这证实了，原子间有带电微粒的转移，而这个带电微粒就是施冬尼所说的“电子”。

1896 年贝克勒发现铀盐会释放出某种不可见射线，这种射线类似于 X 光射线，它也能穿透各种物质，使黑匣中的底片感光。接着，居里夫人在钍的化合物中也发现了这种现象，她把这种性质称作为“放射性”。放射性物质的放射性活度，只与它所含的放射性元素有关，而与该元素以何种化合物形式无关。这种射线在电场或磁场中会发生分裂和偏转，一分为三(见图 2.4)。

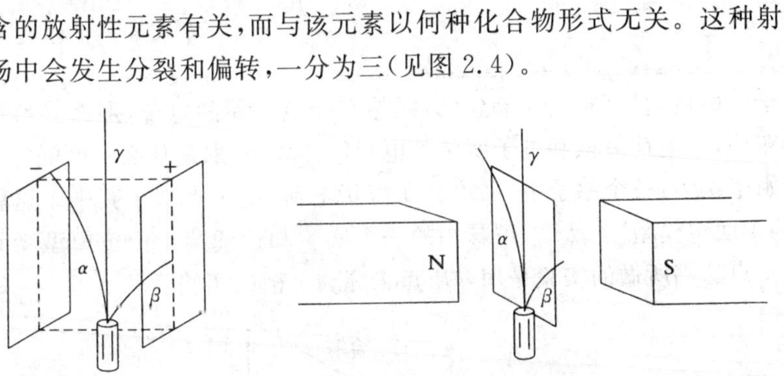

图 2.4　放射性射线在磁场中的偏转

α 射线偏向阴极，后来证实为带有正电荷的氦离子；β 射线偏向阳极，后来证明就是电子；γ 射线不发生偏转，性质与 X 光射线相似，但波长更短，穿透力更强。

由上述几项发现，完完全全地确认了电子的存在，而且是原子的一个组成部分。

小品　放射性射线的发现

1896年的一天，贝克勒把一叠包得很好的底片放在抽屉里。后来，他在冲洗底片时，拿错了一包，竟把一包尚未用过的新底片拿去冲洗。奇怪的是，冲洗出来一看，却是一把钥匙。他从来没有拍过钥匙，哪来的钥匙图像？

贝克勒百思不得其解！

贝克勒仔细回忆着，这几天什么时候用过钥匙？喔，想起来了：那天，他用钥匙锁好旁边的一个抽屉，就把钥匙顺手扔在桌子中间的抽屉里，这个抽屉就放着一包没用过的底片，钥匙正好落在底片上面。底片是用黑纸包得好好的，为什么会出现钥匙的影子呢？贝克勒顺着蛛丝马迹寻找，查明当时桌子上只有一个装着黄色结晶体的瓶子。

贝克勒经过反复研究，这才终于揭开了谜底：原来，那瓶黄色的结晶体会不断放射出一种看不见的射线，这种射线会穿透木头、黑纸，而使底片感光。

这种看不见的射线，叫做放射性射线。在那黄色的结晶体里，含有一种放射性元素，叫做铀。黄色的结晶体就是硫酸双氧铀钾（六酸铀酰钾）。

有一次，贝克勒要出去做关于放射性元素的演讲，顺手拿了一瓶铀盐插在裤袋里。演讲结束后，贝克勒感到皮肤很疼，一看，原来大腿上的皮肤被放射性射线严重地灼伤了。

叶永烈：《化学趣史》

电子的确认，科学家们立刻想到，既然有带负电荷的电子，那么必然还有带正电荷的东西，其电荷应该和电子所带的电量同样大小，那是什么东西呢？

汤姆生认为：整个原子中，平均分布着正电荷，电子点缀于其中。这就是所谓的"葡萄干面包模型"。然而，卢瑟福的一个实验却让葡萄干面包模型受到了极大的挑战。卢瑟福所做的实验是用α质点去穿透金箔的实验。

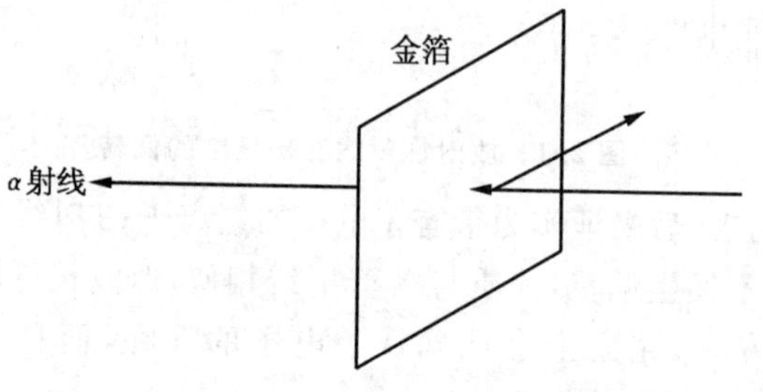

按理说具有2×10^{7} m·s^{-1}速度的α粒子会毫无阻挡地通过金箔。但是在他

的实验中却发现极个别的射线被反射回来。怎样来解释这种现象呢？只有一种可能性，那就是射线遇到了质量密度极大，体积极小，且带有正电荷的障碍物时，才会发生。这种情况绝对不会发生在葡萄干面包模型中。于是1911年卢瑟福提出了行星系式原子模型。这就是说，原子的结构犹如地球和太阳的行星体系。原子具有一个质量极为集中，而体积又极小的原子核，它带有正电荷。带有负电荷的电子则围绕着原子核运转。

那么，原子核中带有正电荷的又是什么东西呢？1919年卢瑟福又用α质点去轰击氮原子，发现了质子，并证实了质子也是原子核的组成部分。

$$^{14}_{7}N + ^{4}_{2}He \longrightarrow ^{17}_{8}O + ^{1}_{1}H$$

上述方程为核反应方程式，请注意它的写法：左上角为原子质量值，左下角则为原子的电荷数或原子在元素周期表上序数。方程两边的原子质量的总和和电荷数总和应该相等。

卢瑟福找到了带正电荷的东西，电荷平衡的问题解决了。原以为原子的结构问题已真相大白，大功告成。

然而，当人们用带正电荷的质子去计算原子量的时候却发现，除氢元素外，任何元素的质量都要比正电荷的质子总质量高一倍或几倍。原子结构的问题又处于模糊之中。

科学的发展就是如此，一个问题解决了，又会有另一个问题出现，而科学的进步也正是在解决一个又一个问题中而实现的。

问题很清楚，在原子核中还有中性但有质量的东西存在。那么这种中性的东西是什么呢？

1932年查德维克也以α粒子去轰击铍元素，从核反应中证实，有所谓的“中子”(neutron)存在。这是质量和质子一样的中性粒子。

$$^{9}_{4}Be + ^{4}_{2}He \longrightarrow ^{12}_{6}C + ^{1}_{0}n$$

中子的发现，完全解决了原子的结构问题，也就是说，原子核是由带正电荷的质子和中性的质量和质子完全一样的中子所组成。

若以符号表达：A 元素原子量；

Z 元素原子序数。

那么原子的组成为：Z 个质子；Z 个电子；$A-Z$ 个中子(见图2.5)。

原子的结构问题虽然已经解决，但科学家们却又有了新的问题产生。即，原子核中的中子数目是如何确定的？不同的元素有不同的中子数，相同的元素会不会有不同的中子数呢？因为中子数不会影响元素的性质。

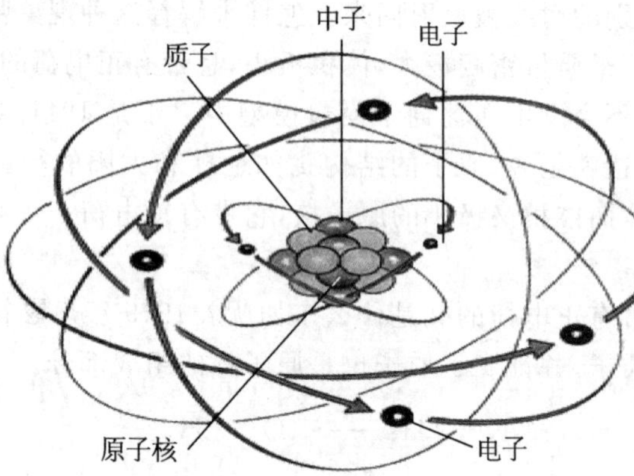

图 2.5　原子结构示意图

果然不出科学家们的预料，自然界中的确存在着同一元素却有不同中子数的现象。这种现象被称为同位素现象。

所谓同位素即原子序数相同，而原子质量因中子数不同而不同的元素。例如：氯元素的同位素有两种，原子量分别为 35 和 37。因为氯元素由一定比例的氯-35 和氯-37 组成，所以它的原子量在 35 到 37 之间，为 35.46。这说明在自然界中元素是由各种同位素组成的，但是每一种元素都有其自己的最丰元素，如碳元素有 ^{12}C，^{14}C 等，但绝大多数是 ^{12}C。所以说 ^{12}C 是碳元素的最丰元素。

2. 核结构

所谓原子核也就是质子和中子紧密的结合体。实验证明，所有元素的原子核直径只有 $10^{-13} \sim 10^{-12}$ cm。因此，几乎所有原子核具有同样的密度 $2.44 \cdot 10^{14}$ g $\cdot$ cm^{-3}。

质子和中子统称为核子(Nucleon)，核子间的吸引力为核力。这种核力的作用距离为 $3 \cdot 10^{-13}$cm 。一旦超出这个距离，核力就不存在了。原子核就是靠核力来克服具有相同正电荷的质子之间的静电排斥力。

既然原子核中除了有决定元素性质的质子之外还有中子，那么这个中子的数目是否可以随意呢？实验指出，稳定的核内，中子和质子数之间有着一定的比例。对于原子序数比较小的元素(原子序数到 20)，当中子数 N 和质子数 P 相等时，即 $N/P=1$ 时，核最稳定。对于原子序数比较大的元素，质子之间的斥力增加，引进中子有利于减小斥力。所以当原子序数增加时，稳定的核内中子数就逐渐比质子数多，即 N/P 逐渐变大。最重的核，N/P 值为 1.6，大于 1.6 时原子核就要发生自发的核裂变。

原子序数比 84(钋)小的每一种元素(锝、钷除外)都有一个或几个同位素。凡是原子序数在 84 以上的原子核,以及质子和中子过多的原子核都不稳定。

核越稳定,说明在由核子结合成原子核的过程中释放出去的能量就多。这释放出去的能量被称作为核结合能。这正是自然界的规律所决定,能量越低越稳定。

那么,从理论上来说,在核的形成过程中所释放出来的能量是从哪里来的呢?解决这个难题的是伟大的科学家爱因斯坦。他提出了一个质能转换公式,认为所释放的能量是从质量转换而来的。

爱因斯坦的质能关系式

$$E = mC^2$$

式中 E 为核形成过程中释放的核结合能;m 为核形成过程中损失的质量;C 为光速。

让我们以氦原子核为例来计算一下:

一个质子的静质量为 1.007 28 amu (1 amu = $1.660\,531 \cdot 10^{-24}$ g)。一个中子的静质量为 1.008 67 amu。

氦原子核是由两个质子和两个中子组成,其质量应该为 4.031 90 amu。但是氦原子核的静质量却只有 4.001 50 amu,比总和少了 0.030 40 amu。这个质量差叫做质量亏损。正是这失去的一部分质量,以能量形式释放出来。

两个质子和两个中子结合成一个氦核,放出的能量为

$$\Delta E = \Delta m \times C^2 = 4.536\,9 \cdot 10^{-12}\,\text{J}$$

形成一个摩尔氦的结合能总和则为 $2.732\,2 \cdot 10^{12}$ J。

每一个元素都有其自己的核结合能,且都可以从理论上去计算出来。但由于每一个元素的核子数不一样,大的元素核子数多,小的元素核子数少。因此从总能量上去比较是不合理的。于是将总的释放能量去除以核子数,得到核子平均结合能。请注意,结合能是指过程中释放出去的能量。

比较不同核的核子平均结合能,就能看出核的相对稳定性。表 2.5 列举了 3 个元素的数据。

表 2.5 3 种核的质量亏损和结合能

核	核质量 amu	核子质量 amu	质量亏损 amu	结合能 10^{-12}J	核子平均结合能 10^{-12}J
He	4.001 50	4.031 90	0.030 4	4.537	1.134
Fe	55.920 66	56.449 38	0.528 72	78.906	1.409
U	238.000 3	239.935 6	1.935 3	288.824	1.213

从上例中可以看出，铁核比另两种核来得更稳定。

将所有元素的核子平均核结合能都计算出来，并以曲线的形式画出（见图 2.6），立即可以看出，这是一个具有极大值的曲线。这说明，中等大小的原子核为最稳定。

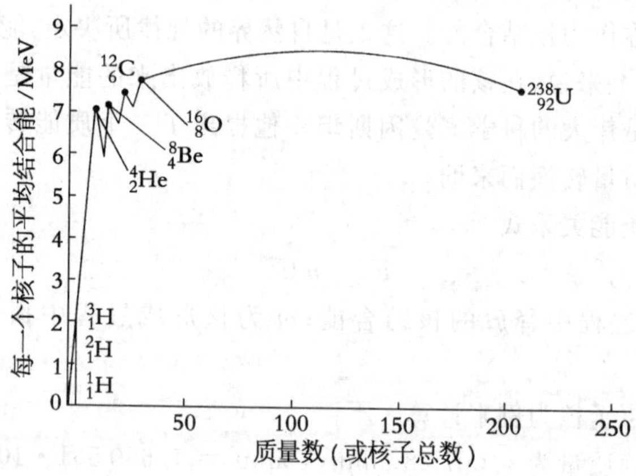

图 2.6　原子质量数（或核子总数）的平均结合能曲线

既然元素间的核子平均结合能有所不同，也就是它们的稳定性有所不同，那么从理论上就提供了这么一种可能性，即将一个相对不稳定的原子核转变为一个更稳定的原子核时，就又会释放出一部分能量。而且从图中曲线可见，我们有两种方式可以达到这个目的。一种是将大核裂变为中等大小的核，另一种是将小核聚变为大核。事实上这两种可能性都已变为了现实。前者称为核裂变（nuclear fission），后者称为核聚变（nuclear fusion ）。

3. 核反应

那么如何来实现这种核反应呢？核反应大致可以分为两类，一种是自发的核反应，另一种是诱导核反应。

自发核反应即自然界存在的核衰变，某些元素具有天然放射性，它们通过 α 衰变或 β 衰变发生核的转变。如：

β 衰变

$$^{228}_{88}Ra \longrightarrow ^{228}_{89}Ac \quad \boxed{+\beta}$$

α 衰变

$$^{228}_{88}Ra \longrightarrow ^{222}_{86}Rn \quad \boxed{+\alpha}$$

自然界共有3个天然放射系——铀/镭系、钍系、锕系。人工合成放射性元素以后，又发现了镎系(Np)。

诱导核反应则是用粒子轰击的人工方法而产生的核反应。产生诱导核反应的方法有多种，最简单的方法是利用天然放射性的α射线来对其他元素的核进行轰击。由于天然放射性的α射线的能量比较小，只能使原子序数较低的元素产生核反应。也可以用其他粒子来轰击，如：

α轰击	${}^{14}_{7}N+{}^{4}_{2}He \longrightarrow {}^{17}_{8}O+{}^{1}_{1}H$
质子轰击	${}^{12}_{6}C+{}^{1}_{1}H \longrightarrow {}^{13}_{7}N$
中子轰击	${}^{27}_{13}Al+{}^{1}_{0}n \longrightarrow {}^{27}_{12}Mg+{}^{1}_{1}H$

若利用天然放射性核金属铍所制成的中子源(如镭铍中子源)来对各种元素进行照射，亦可以发生一系列的由于中子轰击作用而产生的核反应。但由于中子强度的限制，用这样的方法产生的核反应是低能核反应。1930年之后，人们开始设计各种各样的"加速器"，用来产生加速的离子，以代替天然放射性的α射线来进行各种核反应的研究。1940年以后，开始有了"反应堆"，因而得到比普通镭、铍强好多倍的中子源。这样强的中子源，既可以做研究工作，也可用来制造同位素。今天，加速器和反应堆差不多已经成为原子核科学不可缺少的设备。

小品　一般化学反应和核反应的区别

1. 一般化学反应不涉及元素的变化，也就是说每一个参加反应的元素不变，只是它们的组合发生了变化。而核反应有元素的变化，从一个元素变到了另一个元素。

2. 一般化学反应产生的能量要比核反应小得多。

3. 核反应和元素的价态无关，也就是说，无论这个元素处于何种状态或以何种化合物形态出现，只要是这种元素，就会发生反应。而一般化学反应中的价态的变化是衡量反应发生变化的重要标志。

因此，要想获得核能，可以用适当的粒子去轰击某元素而实现。若从核结合能的角度来理解核能释放的话，那么只有将结合能小的核，转变成为结合能大的核时才会有核能的释放。

4. 核能的获得

核结构发生变化时放出的能量，称原子核能，简称原子能或核能。它比化学能大几百万倍到几千万倍。每一个铀-235 的核，在裂变时能放出约 200 MeV 的能量，1 千克铀-235 全部裂变时，产生的原子能相当于 2 500 吨左右优质煤燃烧时放出的能量。轻核聚变时放出的能量更大。

(1) 核裂变

从图 2.6 可以看到，中等大小的原子是最稳定的，原子量大的核裂变成两个中等大小的核，就会有能量释放出来。这种获得能量的方法称之为“核裂变”。

在裂变方式中，人们尝试着各种可能的反应，终于找到了一种极为理想的材料。那就是铀的同位素，铀-235。

当用中子去轰击铀-235 时，会发生下列可能的裂变反应：

$$^{235}_{92}U + ^{1}_{0}n \rightarrow \begin{cases} ^{139}_{54}Xe + ^{95}_{38}Sr + \boxed{2}\ ^{1}_{0}n \\ ^{143}_{56}Ba + ^{90}_{36}Kr + \boxed{3}\ ^{1}_{0}n \\ ^{135}_{53}I + ^{97}_{39}Y + \boxed{4}\ ^{1}_{0}n \end{cases}$$

值得高兴的是在这个裂解反应中，还产生了更多的反应所需的中子。然而，正当人们庆幸终于找到一种理想材料的时候，却又陷入了另一个困境。

因为在天然铀中铀-235 的含量仅仅只有 0.714%（铀-238 为 99.28%，铀-234 为 0.006%）。可见，铀-235 的数量是极少的。当一个中子打在铀材料上时，首先遇到的是铀-238。而铀-238 是不会发生裂变反应的。铀-238 只有在俘获能量大于 1.1MeV 的中子时，才会发生裂变。如果中子的能量小于此，它不仅不发生裂变反应，还会把中子“吃掉”，即把中子吸收掉。由于它的含量比铀-235 要多得多，使得铀-235 的裂变反应因为无缘与中子接触而无从发生。

科学家、核工程技术人员面临这种困境时是怎样想的呢？他们又是如何着手去解决这个难题的呢？请不要忘记，科学上解决问题必须是“从原因入手”，在此也不例外。

铀-235 不能发生裂变的原因有两个：

1) 铀-235 的含量太低，以至于中子与之相碰的几率几乎为零。裂变当然无从谈起。

2) 中子打在铀材料上时，很快被铀-238 吸收，以至于使铀-235 失去了和中子相遇的机会。

(2) 浓缩铀方法

首先可以从第一个原因中去寻找解决问题的方法。要提高中子和铀-235 相遇的几率，就必须提高铀-235的浓度，即提高铀-235的含量，也就是说，只要铀-235的含量足够高，那么中子就有一定的几率和铀-235相遇。而一旦中子遇到了铀-235就会产生裂变反应，在裂变反应中又会产生更多的中子，这样就有可能使裂变反应连续不断地进行下去。

提高含量的方法无疑是将该物质浓缩或提纯。然而，对铀-235和铀-238来说，显然是极其困难的。因为，这两个东西犹如一对“双胞胎”。其化学性质完全一样，仅仅只是原子量在200多的基础上相差3。然而就是利用这么一点点差别科学家们硬是将铀-235的含量从0.7%提高到了2%以上。而这个浓度已经足以引起铀-235的裂变反应。科学家们成功了。美国人在第二次世界大战中使用的第一颗名为“小男孩”的原子弹材料就是浓缩铀。

浓缩的方法是先将铀制备成气态化合物 UF_6，然后让它进行长距离的扩散，众所周知，气体的扩散速度与其质量成反比。因此，经过长距离的扩散，而且在扩散的途中还设置了多孔的分离薄膜，经过100多次的反复扩散，在另一端就可以得到浓度较高的铀-235了。通常铀-235的含量提高到2%以上，中子就有与铀-235相遇的机会了。

另一个浓缩的方法就是利用两者的质量差别，用离心机将其逐步分离。

(3) 中子降能法

从第二个原因出发，我们还可以得到另一个方法。那就是在未浓缩的铀材料上，不让铀-238吸收中子。这就需要去研究铀-238为什么会吸收中子？在什么样的条件下吸收？怎样才能阻止这种吸收？

科学家们终于发现，铀-238吸收中子的能力是随着中子的能量而改变的。当中子的能量为几十电子伏时，铀-238对它的吸收能力非常强。但当中子的能量低到只有1 /40 eV时，铀-238吸收中子的能力急剧下降。换句话说，我们只要把中子的能量迅速降低到1 / 40 eV以下，铀-238就不再吸收中子，即使在铀-235的浓度不高的情况下，中子仍有几率与铀-235相遇，而只要裂解反应一旦发生，它又会产生更多的中子而使裂解反应连续不断地进行下去。在这个方法中直接使用铀-235含量仅0.7%左右的天然铀。

中子的能量取决于中子的速度。通常情况下按能量的高低可将中子分为4类：

① 快中子——能量在100 keV以上；

② 中能中子——能量在100 eV到100 keV；

③ 慢中子——能量在1/40 eV到100 eV；

④ 热中子——能量在1/40 eV以下。

一般在裂变反应中产生的中子都是快中子，很容易被铀-238吸收，因此我们的第二个方法就是让中子减速以降低其能量。采取的措施就是在铀材料中掺入减速剂。既要使中子减速又不能将中子吸收的最好材料则是重水和石墨。故有"重水反应堆","石墨反应堆"之称。重水型由于重水的中子吸收较为有效,堆形的体积较小,但造价较贵;石墨型较便宜,堆形较大。前者较多用于研究以及制备同位素;后者则多用于动力源,如开发核电。重水是原子质量为2的氢的同位素氘构成的水。

小品　氢的同位素

名称	氕(音撇)	氘(音刀)	氚(音川)
符号	H	D	T
原子质量	1	2	3

(4) 中肯质量

裂变产生的中子都是快速的高能中子,它们的速度极快,如果铀材料的体积太小,中子还来不及与铀原子相碰就飞出了铀材料,这种情况称之为"中子的逃逸",于是裂变反应就不可能连续进行。如果铀块足够大,那么就能经过多次碰撞而变慢,以至有可能让裂变反应连续下去。当然,也还会有许多中子逃逸,但只要中子的增益系数大于1,反应就能连续。这个最低限度的铀体积,称之为"临界体积",有时也以发生链式裂变反应的最低限度的铀块质量——"中肯质量"来表示。

也正是因为有这个临界体积,才使我们有了核材料的安全制备和安全储存。因为铀材料的裂变所需中子的条件很低,任何中子,包括宇宙射线中的中子都可以引发铀的裂变反应。由于有了临界体积的限制,我们只要把铀材料制成小于临界体积即可,需要使用时再把它们合并成大于临界体积。

以原子弹的设计为例:图2.7为原子弹的构造示意图:

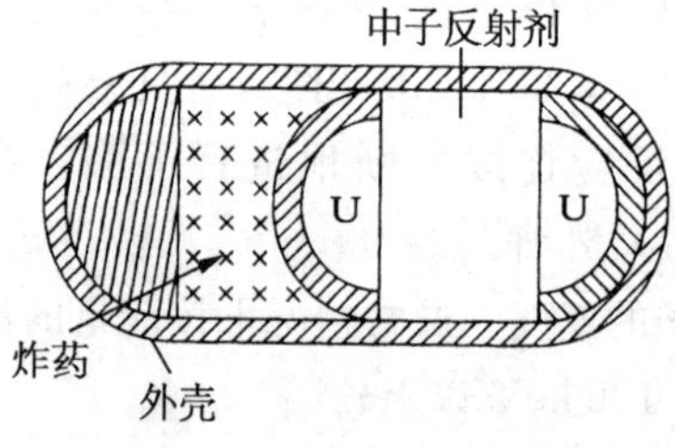

图 2.7　原子弹的构造示意图

在原子弹中的两块铀材料分别都小于临界体积,当需要它爆炸时,只要引爆填装在内的三硝基甲苯炸药,即可使两块铀材料合并为一块超过临界体积的铀材料,加上内部的中子反射层,不让中子飞出以保证有足够的中子使反应连续进行(图 2.8 为投在长崎的原子弹爆炸时腾起的蘑菇云)。

图 2.8 投在日本长崎的原子弹“胖子”及爆炸时腾起的蘑菇云

(5) 可控核反应

由于裂变反应中又会产生更多的中子,以产生两个为例,一个变两个,两个变 4 个,4 个变 8 个。裂变反应就如下所示,形成了雪崩式的反应,能量在瞬间释放。作为武器,这毫无问题,但作为能源却绝不可能。

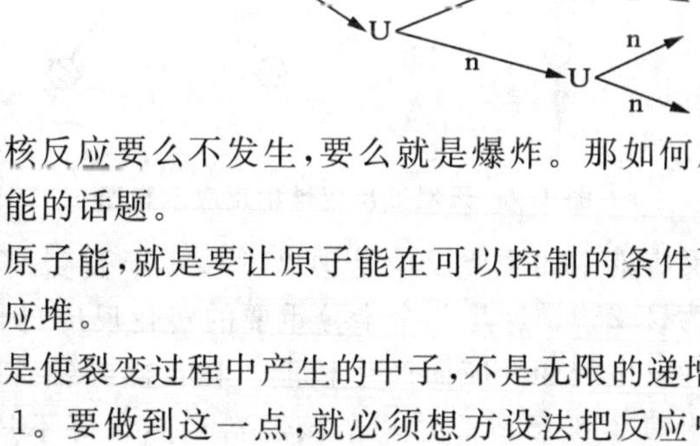

现在的问题是核反应要么不发生,要么就是爆炸。那如何应用核能呢?这就引出了和平利用核能的话题。

为了和平利用原子能,就是要让原子能在可以控制的条件下释放。这就是大家所熟悉的原子反应堆。

控制的原理就是使裂变过程中产生的中子,不是无限的递增,而是恰好控制在递增系数略为大于 1。要做到这一点,就必须想方设法把反应中产生的多余的中子“吃掉”。办法就是加一个可以吸收中子的材料去控制中子数目。中子数目多了,就多吸收,少了就少吸收,以使每次反应后还留一个中子再去引发裂变,这样反应就能够平稳地连续进行。在诸多材料中，最理想的吸收中子材料就是“镉棒”。它是一种合金材料由5％镉、15％铟和80％银所构成。

(6) 钚-239的制备

在使用天然铀材料的原子反应堆中，会发生如图2.9所示的反应。

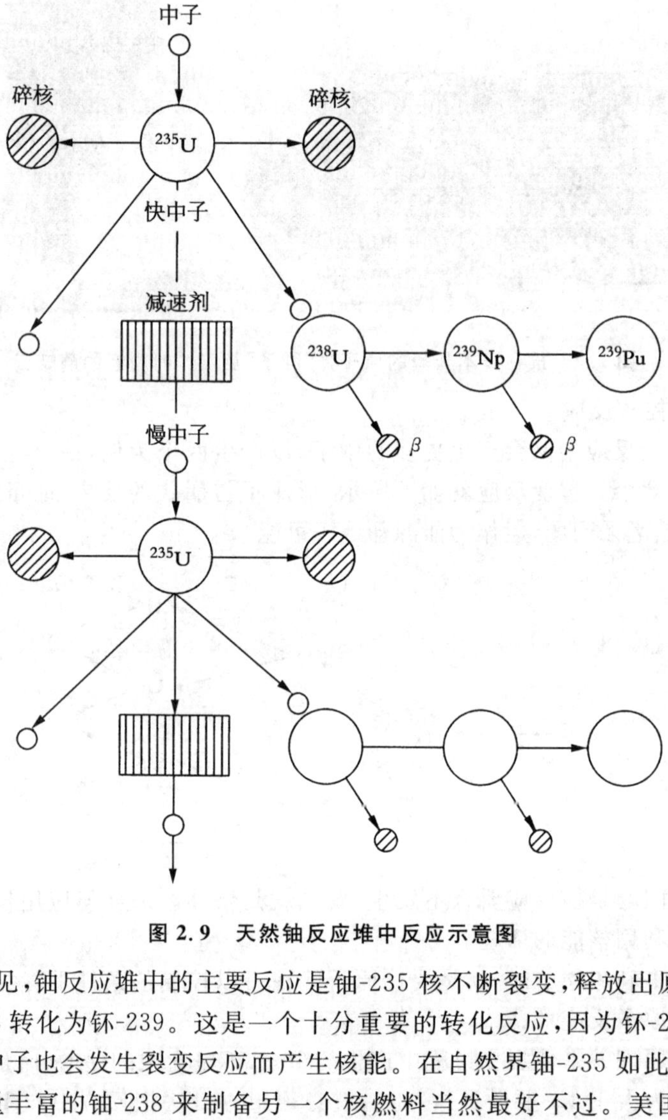

图2.9 天然铀反应堆中反应示意图

由此可见，铀反应堆中的主要反应是铀-235核不断裂变，释放出原子能；另一方面，铀-238转化为钚-239。这是一个十分重要的转化反应，因为钚-239和铀-235一样，遇到中子也会发生裂变反应而产生核能。在自然界铀-235如此紧缺的情况下，能从含量丰富的铀-238来制备另一个核燃料当然最好不过。美国1945年在日本长崎丢下的第二颗原子弹就是由钚-239制造的。当然，由于铀-235的数量有限，因此也不可能使所有的铀-238都转化为钚-239。然而，自然界中铀-235的数量有限，限制了人类对核能的利用，但铀-238却相对丰富，依靠原子反应堆可以为人类制造出更多的核能原料。

小品　世界各国核试验时间表

美国——1945年7月16日

前苏联——1949年8月23日

英国——1952年10月3日

法国——1960年10月25日

中国——1964年10月16日

印度——1974年5月18日

巴基斯坦——1998年5月28日

朝鲜——2006年10月9日

此外尚有并未宣布而外界推测已有核爆炸实力的国家。下列所示为核爆炸所产生的蘑菇云：

小品　美朝核争论焦点之一——重水反应堆和轻水反应堆

重水反应堆是直接使用天然铀材料的反应堆，利用重水作为中子的阻速剂，同时可以生产另一个核燃料——钚-239。

轻水反应堆是相对重水反应堆而言的，它是使用浓缩铀（通常铀-235的浓度在3%以上），它不能生产钚-239。

1994年10月21日朝鲜和美国，在日内瓦签署了《美朝核框架协议》。根据协议：

朝鲜：同意冻结现有的核计划。

美国：将负责在2003年底前，为朝鲜建造两座1 000 MW的轻水反应堆。反应堆建成前，美国将同其他国家向朝鲜提供重油，作为能源补偿。

朝鲜：我不要轻水反应堆，我要重水反应堆。

美国：痴心妄想。

争论的焦点虽然是政治上的控制和反控制，但内涵则在于重水反应堆是可以源源不断地制造新的核燃料。

5. 核技术的应用

随着核技术的发展，人们不仅获得了核能，还从核技术的发展中获得了更多的技术应用。这种应用大致可以分为3个方面：动力、同位素技术和医学。

（1）动力应用

动力方面的应用是利用核能作为动力，如：核电站、核潜艇等。

小品　核动力应用情况

美国第一艘核潜艇下水	1954年1月
我国第一艘核潜艇下水	1971年8月
前苏联第一座核电站建成	1954年6月
我国第一座核电站建成	1991年

目前，全世界共有400多座核电站。核电占本国总发电量的比例举例如下：

法国	72%	日本	23%
美国	21%	中国	2%

中国已有两座核电站：广东大亚湾核电站和上海杭州湾秦山核电站。以后者为例，它是一个浓缩铀核电站，使用的核燃料共有 3 种，3%、2.6%、2.4%，总计 40 吨。正常运转每年消耗总量的 1/3，即 14 吨左右。一辆卡车就可以解决了。若使用优质煤来发同样的电，则需要 100 万吨。光运输就需要万吨轮 100 艘。更何况这 100 万吨煤在燃烧过程中还会释放出 300 万吨二氧化碳、3 万吨硫的氧化物、2 万吨氮的氧化物，极为严重地污染了大气环境。

当然，核动力应用中有两个制约其发展的问题，一是投资成本较高，二是安全问题。曾发生过美国的三里岛事件（1979 年 3 月）和前苏联的切尔诺贝利事件（1986 年 4 月）。

(2) 同位素应用

核技术发展的第二个较大的应用则是同位素技术的发展和应用。核裂变反应中常产生大量的高能射线。人们应用这些射线的高能来制备同位素。其中以制备所谓的标记原子为最突出。所谓标记原子也称为示踪原子。我们可以理解为是一种贴了标签的原子。有了这种标记原子，很多过去无法了解的过程或机理都迎刃而解了。

例如：我们每天喝下去的水，究竟在人体中停留多长时间？这是医学上十分需要了解的细节。然而由于喝下去的水和排出的水是一模一样，无法区别。因而就无法知道水究竟在人体内停留多长时间。化学反应中有时需要弄清反应的机理，例如有机酸和醇的酯化反应中有水生成，这水中的氧是来自于有机酸还是来自于醇呢？同位素就可轻而易举地解决这些难题（详见补充材料 C 放射性知识）。

铀堆是强大的中子生产设备。利用其轰击钴-59，可得到钴-60。后者是 β 和 γ 放射体，半衰期为 5.2 年。广泛用于探矿、金属探伤、医学治疗以及科学研究中。

同位素的另一个重要应用则是利用 ^{14}C 同位素来测定文物的年代。碳-14 是一个放射性元素，其半衰期为 5 730 年。虽然它由于衰变而不断减少，但对于一个生物活体而言，还会从外界不断地吸收碳-14，加上它的半衰期又比较长，因此生物活体内的碳-14 的含量是基本不变的。而一旦生物体死亡之后，就失去了从外界补充碳-14 的渠道，因此其体内的碳-14 含量就会不断减少。我们从其减少的量即可推断出该生物体死亡的时间了。

(3) 医学上的应用

核技术发展的第三个应用领域则是医学。从某种意义上说，医学上的应用是占第一位的。美国认为每年至少有 1/3 的病人会和核医学发生关系。例如，从各种扫描仪到 γ 刀。如：

1) 所有重要的医学手术设备都是用射线来消毒的。

2) 用射线扫描比用 X 光扫描可早 6～18 个月检查到癌的扩散。

3) 心脏起搏器若用钚-239 来做电池，则可长期使用。

4）利用核技术来了解血流，并以此测定心脏的血流过程，大概只要花费1 000美元。从而可以在很多情况下省去作心脏的所谓搭桥手术，而这种手术的费用为2万美金到5万美金。

医学上一个极为突出的应用则数γ刀技术。这就是利用射线的能量去消除需要割除的病变部位。于是，不用手术就能完成任务。特别是对于像脑部这样的部位，可以极大地减少风险。

6. 核聚变

根据核子平均结合能图，将相对不稳定的原子量小的核合并成更稳定的大核，也会释放出能量。这个过程就称为“核聚变”。例如，四个氢核形成一个氦核，可以释放出26 MeV的能量。在自然界中，只有在太阳等恒星内部，因温度极高，氢核才有足够动能去克服核内的斥力，而自动地发生持续的聚变。太阳等恒星内部所进行着的正是氢核生成氦核的聚变过程。该过程很复杂，须经过许多中间阶段。一个可能的过程是质子-质子循环：

$$^{1}_{1}\mathrm{H}+^{1}_{1}\mathrm{H}\longrightarrow ^{2}_{1}\mathrm{H}+^{0}_{1}\mathrm{e}+^{0}_{0}\nu$$

$$^{2}_{1}\mathrm{H}+^{1}_{1}\mathrm{H}\longrightarrow ^{3}_{2}\mathrm{He}+\gamma$$

$$^{3}_{2}\mathrm{He}+^{3}_{2}\mathrm{He}\longrightarrow ^{4}_{2}\mathrm{He}+2^{1}_{1}\mathrm{H}$$

另一个可能的过程是碳-氮循环：

$$^{12}_{6}\mathrm{C}+^{1}_{1}\mathrm{H}\longrightarrow ^{13}_{7}\mathrm{N}+\gamma$$

$$^{13}_{7}\mathrm{N}\longrightarrow ^{13}_{6}\mathrm{C}+^{0}_{+1}\mathrm{e}+^{0}_{0}\nu$$

$$^{13}_{6}\mathrm{C}+^{1}_{1}\mathrm{H}\longrightarrow ^{14}_{7}\mathrm{N}+\gamma$$

$$^{14}_{7}\mathrm{N}+^{1}_{1}\mathrm{H}\longrightarrow ^{15}_{8}\mathrm{O}+\gamma$$

$$^{15}_{8}\mathrm{O}\longrightarrow ^{15}_{7}\mathrm{N}+^{0}_{+1}\mathrm{e}+^{0}_{0}\nu$$

$$^{15}_{7}\mathrm{N}+^{1}_{1}\mathrm{H}\longrightarrow ^{12}_{6}\mathrm{C}+^{4}_{2}\mathrm{He}$$

在上述反应式中：$^{0}_{0}\nu$指光子；γ指γ射线；$^{0}_{1}\mathrm{e}$指电子；$^{0}_{+1}\mathrm{e}$指正电子。两个循环总的结果都是由4个质子形成一个氦核：

$$4^{1}_{1}\mathrm{H}\longrightarrow ^{4}_{2}\mathrm{He}+2\,^{0}_{+1}\mathrm{e}+2^{0}_{0}\nu+(2\sim3)\gamma$$

循环的总结果所释放出来的能量约为26 MeV。

人工的聚变目前只能在氢弹爆炸或加速器产生的高能粒子碰撞中实现。氢弹的爆炸是利用核裂变所造成的极高温度来实现的。

由于氢弹不受临界体积的限制，它的爆炸力比原子弹大千百倍。但是可控热核反应目前尚未实现，科学家们正积极进行探索之中。

小品　冷核聚变研究中的闹剧

从核聚变取得可以利用的能量，是人类长期追求的目标，它除了在天体(例如太阳)中能稳定持久地实现外，在地球上只能以不可控制的方式(氢弹)实现，而对可控制核聚变的研究，已有了40年的奋斗史。近40年来的经验(理论与实验)告诉我们，它只能在高温(例如上亿度)下实现。

"冷聚变"(又称室温聚变)这一喜剧(姑且不称它为闹剧)开始于1989年3月23日，那天两位颇有名望的化学家、美国犹他州大学弗莱希曼教授和庞斯教授宣布在试管中实现了低温氘-氘核聚变。他们的宣布有两个特点：

1. 与高温超导体的热潮不同(当然也不同于爱因斯坦、玻尔……)，不是先发表科学论文，而是先举行新闻发布会；

2. 一开始就与能源紧密挂钩，他们宣称得到大量的"能量增益"(指输出能量与输入能量差)，"且持续时间长"。"每立方厘米电极丝可产生26W能量，为输入能量的4.5倍"(同年4月10日发表文章时改为10W)。"温升5 000℃，使水泥地烧成4英寸(1英寸=25.4 mm)深的洞。"

事隔一周后，物理学家琼斯声称测到了中子，但没有测到过剩热量。4月1日两位匈牙利科学家宣布他们也测到了聚变产生的中子。接着，美国得克萨斯州农机大学在4月10日肯定了热量的产生。但是，没有人在同一个实验中既测量到过剩的热量又测到相应的中子。

反　　应	释放能量/MeV	每1W输出对应的反应率(反应产物/s)
$D+D\to{}^5He+n$	3.27	1.90×10^{12}
$\to T+P$	4.03	1.54×10^{12}
$\to{}^4He+\gamma$	23.85	2.61×10^{11}
$D+T\to{}^4He+n$	17.85	3.53×10^{11}
$p+D\to{}^5He+\gamma$	5.49	1.13×10^{12}
$p+T\to{}^4He+\gamma$	19.81	3.14×10^{11}

原子核物理的基本知识告诉我们，氢及其同位素的聚变反应所产生的能量(热量是其中主要部分)与反应产物(中子是其中主要部分)有一一对应关系(见上表)。

即使那些声称测到中子或 γ 射线的实验组，他们测到的中子或 γ 射线的数量也远远低于上述 1W 输出所对应的数量。

1989 年 4 月 25 日热潮转退。美国一些权威实验室，例如布鲁克海文国家实验室与耶鲁大学合作组用了最精致的实验仪器，一无所得；其他国家实验室所得结论与此相似，既无中子，也无 γ 射线，更无热量。

在美国能源部的委托下，享有很高声望的化学家、罗彻斯特大学休孙加教授与诺贝尔物理奖获得者、哈佛大学拉姆赛教授作了深入的调查研究（包括微服私访），于 1989 年 11 月写出了总结报告，结论有五条：

1. 没有足够证据表明，冷聚变与能源有任何联系；

2. 没有足够证据表明，实验上测到的热量来自原子核过程；

3. 不能使人相信，有证据发现了称之为冷聚变的原子核过程；

4. 氘在固体中的已知行为，不能支持这样的假设：由于铂、钯、钛等元素的存在可以使聚变速度增大；

5. 所报道的冷聚变，与过去 50 年来对原子核过程的理解完全矛盾。

其实，弗莱希曼和庞斯并非历史上首次作这样惊人的宣布。1926 年两位德国科学家声称，他们可以用钯（与弗莱希曼、庞斯相同）产生聚变；不到一年他们即承认错误并撤回论文。1951 年，阿根廷总统宣布，他有一位在德国受训的专家，不用铀和钚实现原子能的可控释放；不久，这一计划告吹，这位专家被逮捕。还有两次发生于 1956 年与 1958 年。不过，这些“梦幻”寿命不长，也不像这次喜剧（或闹剧）那样“轰轰烈烈”。

笔者不愿称它为闹剧，而宁愿称它为喜剧，因为它毕竟促进了许多严肃的科学研究工作，也暴露了有些人急不可待的、非科学的市侩作风。不管人们怎样评价它，正直的科学家始终反对它的非科学程序：对于科学研究成果，不是先经过科学家的严格审查，而是仅以发布新闻为快。这种事例不仅在国外有，而且在中国也屡屡发生。很多“伟大”发现，不是以《中国科学》、《物理学报》、《中国物理快报》……而是以《人民日报》（甚至海外版）、某领导讲话……为依据，由此产生的笑话已不胜枚举。

杨福家：《追求卓越》

四、化 学 电 源

所谓化学电源就是利用化学反应所得的化学能直接转变为电能的装置。实际上就是我们平时普遍使用的电池。

图 2.10 形形色色的电池

电能实际上就是电流，而产生电流就是要有电子的流动。在化学反应中，有一类反应是有电子转移的。那就是类似于置换反应的氧化还原反应。

我们先来观察锌置换铜的反应：

$$Zn + CuSO_4 \longrightarrow ZnSO_4 + Cu$$

在这个反应中，锌是“活泼”金属，铜是“不活泼”金属，所以锌将铜从硫酸铜中置换了出来。

所谓“活泼”金属是指，它很容易失出核外电子，而变成带正电荷的阳离子；所谓“不活泼”金属是指它的阳离子更容易得到电子而变成中性的金属原子。可见，在这个置换反应中，锌失去电子，铜离子得到电子而变成中性的铜原子。这是一个有电子得失的反应，反应过程中有电子的转移。然而，我们并没有在这个反应中看到电流，这是因为它们之间的电子转移是就地转移。

若要想让这个反应产生电流，除非把给电子的反应和得电子的反应，分别放在两个区域内进行，让电子通过外部转移。这样就有可能得到电流。

1. 原电池

在图 2.11 中我们可以看到，锌和锌离子构成一个体系，我们不妨称它为锌电极；铜和铜离子构成一个体系，也可以称为铜电极，分别放在两个地方。中间用一根导线连接。就锌电极而言，如果锌失去电子而变成锌离子，溶液中阳离子增多，造成溶液中离子电荷的不平衡；同样，铜离子如果得到电子变成铜原子，也因溶液中阳离子减少而造成溶液中的离子电荷不平衡。图中硫酸钾盐桥跨在锌、铜两个体系之间，就能帮助它们去平衡电荷。当锌失去电子变成锌离子溶入溶液，盐桥中就会有一个带负电荷的硫酸根离子迁移到溶液中以平衡电荷；盐桥中带正电荷的钾离子，也会迁移到铜电极的溶液中去平衡电荷。于是，整个过程可以看作为，锌释放的电子变成锌离子，所释放的电子通过外部连接的导线，流到了铜电极处，铜离子得到电子变成铜原子。只要有锌电极和铜离子在，这个反应就会源源不断地进行下去。在连接两个电极的导线中也就有电子不断地流过，这就是电流，整个装置就是一个化学电源——电池。

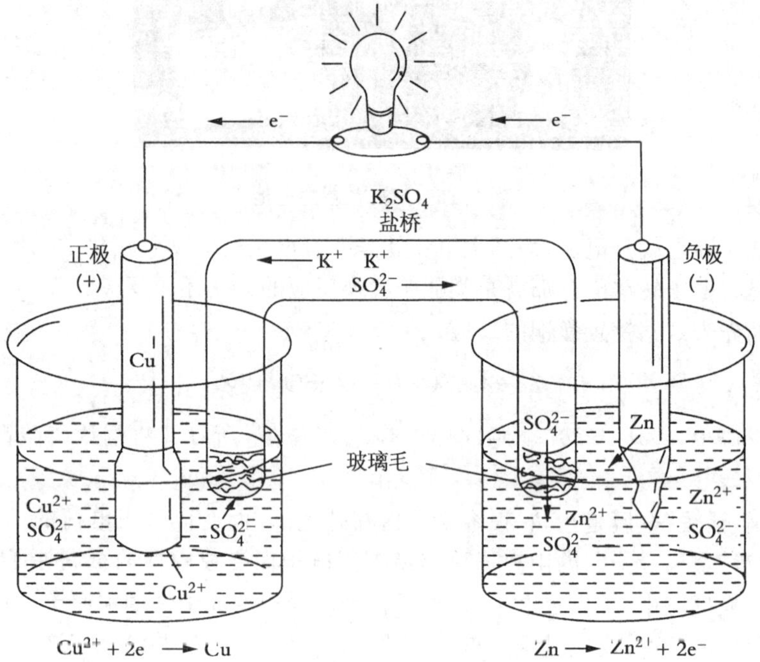

图 2.11 原电池模型示意图

根据约定的规则，电池的名称，负极（提供电子的电极）在前，正极（接受电子的电极）在后。我们称这电池为锌铜电池。或用下式表示：

$$Zn|ZnSO_4,CuSO_4|Cu$$

把负极材料放在左边，正极材料放在右边，两个竖杠中间是电解质。所有的电池都是按原电池的原理构建的。它告诉我们，要直接将化学能转变为电能，必须具备两个必要的条件：

1）必须把化学反应中失去电子的过程和得到电子的过程分隔在两个区域内进行。

2）两个电极分别发生氧化反应和还原反应，电子必须通过外电路流动。

从上述两个条件可以看出，不是什么反应都可以构建成电池的，只有有电子得失的氧化还原反应才能构建成电池。那么，什么是氧化还原反应呢？如何去判断一个反应是否氧化还原反应呢？电池的电动势由什么来决定呢？所有这些请参阅“补充材料 D　氧化还原反应及电极电势”。

电池可单个使用，也可由两个或多个以串联、并联或串并联方式组成电池组使用，其组合方式取决于用户所希望得到的工作电压和电容量。

除金属和金属离子可构成一个电极外，有金属变价的化合物也可构建成电极，因为变价的实质就是电子的得失。

2. 一次电池

所谓一次电池是指一次性的电池，即用完就必须更换新的电池。生活中常用的一次电池有下列几种：

(1) 锌锰电池——$Zn|ZnCl_2, NH_4Cl|MnO_2(C)$

这种电池，就是大家生活中常用的 1# 电池或 5# 电池。电池负极材料为锌，正极材料是二氧化锰，电解质为氯化锌和氯化铵。锌释放电子，二氧化锰中的四价锰离子接受电子变为二价锰离子。锌不仅是电池的负极材料，还是电池的外包装材料。中间突出的小铜帽为正极，外壳为负极。由于二氧化锰是粉末，所以小铜帽下插入一根碳棒以帮助导电。两层隔膜中间的电解液制成糊状，以限制其流动，但又可实现离子的迁移。其中氯化铵的作用是促进化学反应的进行。

在正极上发生如下反应：

$$MnO_2 + H_2O + e \longrightarrow MnOOH + OH^-$$

在负极上则发生如下反应：

$$Zn \longrightarrow Zn^{2+} + 2e$$

$$Zn + 2NH_4Cl \longrightarrow Zn(NH_3)_2Cl_2 + 2H^+ + 2e$$

总反应为：

$$Zn + MnO_2 + 2NH_4Cl \longrightarrow 2MnOOH + Zn(NH_3)_2Cl_2$$

这种电池有两个缺点：其一，随着电流的消耗，外包装的锌皮会越来越薄，甚至洞穿。虽然是糊状的，酸性的电解液也会渗漏出来，造成器件的损坏。其二，因在糊状电解液中离子的迁移速度受到了限制，加上锌皮的表面积有限，这种电池难以产生大电流。因此，这种电池使用在间隙性的电器上较为合适。如：手电筒、电喇叭和收音机等。

(2) 碱式锌锰电池——$Zn|KOH|MnO_2$

这是老式锌锰电池的改进型电池。其改进处有二:首先是将锌皮改为锌粉,大大地提高了锌电极的表面积,也就是提高了单位时间里参与化学反应的锌原子数,这样就可以产生大电流。另选其他的金属材料作外包装材料,并做成全封闭状态,电解液不再会渗漏,用户可放心使用。其次,电解液直接使用 KOH 的水溶液,加快了离子的迁移速度。同时,这种电池的储存性能好,20℃下,一年才损失 5%~10%。

它的电池反应如下。

正极反应:

$$MnO_2 + H_2O + e \longrightarrow MnOOH + OH^-$$
$$MnOOH + H_2O + OH^- \longrightarrow Mn(OH)_4^-$$
$$Mn(OH)_4^- + e \longrightarrow Mn(OH)_4^{2-}$$
$$Mn(OH)_4^{2-} \longrightarrow Mn(OH)_2 \downarrow + 2OH^-$$

负极反应:

$$Zn + 4OH^- \longrightarrow ZnO_2^{2-} + 2H_2O + 2e$$

(3) 锌银扣式电池—— $Zn|KOH|Ag_2O$

为适应很多微小电器的需要,一种如同纽扣大小的电池问世了,它们就是锌银扣式电池。目前,手表、笔记本电脑,以及有液晶显示的小型电器里都使用这种电池。它的电池反应为:

正极反应:$Ag_2O + H_2O + 2e \longrightarrow 2Ag + 2OH^-$

负极反应:$Zn + 2OH^- \longrightarrow ZnO + H_2O + 2e$

总反应:$Ag_2O + Zn \longrightarrow ZnO + 2Ag$

扣式电池的原理十分简单,但制造工艺复杂,所以价格相对高一点。

3. 二次电池

人们对电池带来的方便感到满意之余,更希望能有一个可以不报废而一直使用下去的电池,以免经常更换新电池。能否在电池用完之后再复生呢?从理论上讲,在一定条件下,很多化学反应都是可逆的,这意味着当电池用完之后,应该可以用充电的方式让电池再生的。然而,实际并非如此。这种复原不仅是化学体系的复原,还必须让电极的物理状态也复原。即原先是一块板状的电极,复原之后仍然应该是一块板,而不是粉末。

人们终于找到了一些十分理想的材料而构成了可再生的电池。大家称它为"蓄电池"。这种电池在电用完之后,可以以充电的方式而被复原,于是可以再次使用。所以这种电池也被称作为"二次"电池。这里的二次不是讲只可以使用两次，而是指可以重复不断地使用。称它为可充电电池(rechargeable cell)更合适。

(1) 铅蓄电池——$Pb|H_2SO_4|PbO_2$

铅蓄电池就是最早出现的一个二次电池。

电极反应如下：

负极反应：$Pb+HSO_4^- \underset{充电}{\overset{放电}{\rightleftharpoons}} PbSO_4+H^++2e$

正极反应：$PbO_2+3H^++HSO_4^-+2e \underset{充电}{\overset{放电}{\rightleftharpoons}} PbSO_4+2H_2O$

总反应：$Pb+PbO_2+2H_2SO_4 \underset{充电}{\overset{放电}{\rightleftharpoons}} 2PbSO_4+2H_2O$

从上述反应可以看出,放电时在正负极上都生成了硫酸铅。硫酸在电池中,不仅传导电流,而且参与了电池反应,所以也是反应物之一。随着放电的进行,硫酸不断减少,与此同时又有产物水的生成,这样就使硫酸浓度不断降低;而在充电时,随着硫酸的生成,硫酸浓度不断增加。这种电池的使用者可以用比重计测量硫酸的比重来估计电池的荷电状况。

铅蓄电池由于体型笨重,只能用于功率较大的汽车、电动助动车等处,无法用在小型的电器上。

(2) 碱式镉镍电池——Cd|KOH|NiOOH

碱式镉镍电池是一种可以做成 5# 电池大小的可充电电池,使用于小型电器。它以金属镉(Cd)为负极,氢氧化氧镍(NiOOH)为正极。氢氧化钾或氢氧化钠的水溶液为电解液。其电极反应为：

正极反应：$2NiOOH+2H_2O \underset{充电}{\overset{放电}{\rightleftharpoons}} 2Ni(OH)_2+2OH^-$

负极反应：$Gd+2OH^- \underset{充电}{\overset{放电}{\rightleftharpoons}} Gd(OH)_2+2e$

总反应：$Gd+2NiOOH+2H_2O \longrightarrow 2Ni(OH)_2+Gd(OH)_2$

镉镍电池具有使用寿命长(充放电循环次数高达数千次)、机械性能好、自放电小、低温性能好等优点。它的额定电压为 1.2 V。

使用这种电池必须注意两点：

1) 和其他可充电电池一样,充电时必须使用小电流、长时间的方法。因为让体系各方面都复原的话,必须是慢慢实现的。切勿图快而为之。

2) 这种电池必须在电量全部用完之后再充电,切勿用到一半就充电。因为这种电池有所谓的"记忆"效应。

(3) 氢镍电池

选择氢作为负电极材料是因为它的原子质量小的缘故。由于电池的放电量与电极的质量无关，电极材料愈轻，电池的重量就愈轻或体积就可做得小些。这对航天事业是至关重要的。然而氢气却是气态的，重量虽然很轻，但体积却很大。所以第一代氢镍电池是被做成高压密闭球形的电池。为了能适应小型电器的使用，做成5[#]电池大小，技术人员看中了吸氢材料，这种材料能让氢大量地吸附在电极材料的表面上，而吸附富集的氢已足以构成一个氢电极。与其相匹配的正极仍然是氢氧化氧镍(NiOOH)。

它的工作状态可分为3种：正常工作状态、过充电状态和过放电状态。在不同的工作状态下，电池内部发生的电化学反应是不同的。表2.6列出了不同状态下的电极反应及其相应的电极点位。

表2.6 氢镍电池的电极反应及对应的标准电位 $E^\ominus$

工作状态		电极反应	$E^\ominus$/V
正常	镍电极	$NiOOH+H_2O+e \underset{充电}{\overset{放电}{\rightleftharpoons}} Ni(OH)_2+OH^-$	+0.490
	氢电极	$\frac{1}{2}H_2+OH^- \underset{充电}{\overset{放电}{\rightleftharpoons}} H_2O+e$	−0.829
	总反应	$\frac{1}{2}H_2+NiOOH \underset{充电}{\overset{放电}{\rightleftharpoons}} Ni(OH)_2$	1.319
过充电	镍电极	$2OH^- \longrightarrow 2e+\frac{1}{2}O_2+H_2O$	+0.401
	氢电极	$2H_2O+2e \longrightarrow 2OH^-+H_2$	−0.829
	电池反应	$H_2O \longrightarrow H_2+\frac{1}{2}O_2$ 氧氢化学复合： $\frac{1}{2}O_2+H_2 \longrightarrow H_2O$	+1.23
	总反应	不产生	
过放电(反极)	镍电极	$H_2O+e \longrightarrow OH^-+\frac{1}{2}H_2$	−0.829
	氢电极	$\frac{1}{2}H_2+OH^- \longrightarrow e+H_2O$	−0.829
	总反应	不产生	0

表 2.7　氢镍电池实测电位和理论电动势值

工作状态	正　常		过充电	过放电	开路**
电动势 $E^{\ominus}$/V	1.319		1.23	0	1.319
实测电位* E/V	充电	1.5	1.52	−0.2	1.339
	放电	1.2			

*　该数值随不同条件有变化。

**　在氢气压力 5×10^5 Pa 的实际条件下。

这种电池的突出优点是循环寿命很长。1977 年起在地球同步轨道条件下工作寿命超过 10 年。此外，它承受过充电和过放电的能力很强。但它的初始成本较高、自放电速度较快以及还存在爆炸的可能性，所以至今尚未普及。尽管如此，这种电池的前景十分乐观，随着不断地改进，最终将全面取代镉镍电池。

(4) 锂电池

选择金属锂作为电极材料当然也是因为它的重量轻。和氢镍电池一样，它也是首先出现在宇航领域内。同时又因为它的电负性极低，选择适当的正电极与之相匹配，可获得较高的电动势。这种电池应该具有最高的比能量，也就是单位重量的电极物质能释放的电能量极大。

然而，和金属钠和钾一样，金属锂也是不能见水和空气的金属。所以电解液不能用水溶液，必须采用非水溶液。正极材料常选用 MnO_2、CuO 或碳酸锂等。日本三洋公司最初推出的 Li/MnO_2 电池，其电极反应为：

负极反应：$Li \longrightarrow Li^+ + e$

正极反应：$MnO_2 + Li^+ + e \longrightarrow MnO_2(Li^+)$

总反应：$Li + MnO_2 \longrightarrow MnO_2(Li^+)$

反应结果，Li^+ 进入 MnO_2 晶格中。

锂电池作为一种新颖电池，其性能十分吸引人们，主要是比能量高、温度使用范围广以及放电电压平坦。一固体电解质制成的锂电池，其体积小、无电解液渗漏、电压随放电时间缓慢下降以及预示电池寿命等优点，特别适用于诸如心脏起搏器的使用。但是，在短路或重负荷下，有发生爆炸的可能性这是锂电池的一大缺陷。

(5) 燃料电池

利用燃料和氧化剂的氧化还原反应也可构成一个电池。所谓燃料电池，是通过电化学过程将燃料中的化学能直接转化为电能的电池。燃料电池工作期间，燃料和氧化剂不间断地分别输送到分开的两个电极上，使电池连续稳定地放电。图 2.12 为氢—氧燃料电池的原理示意图。

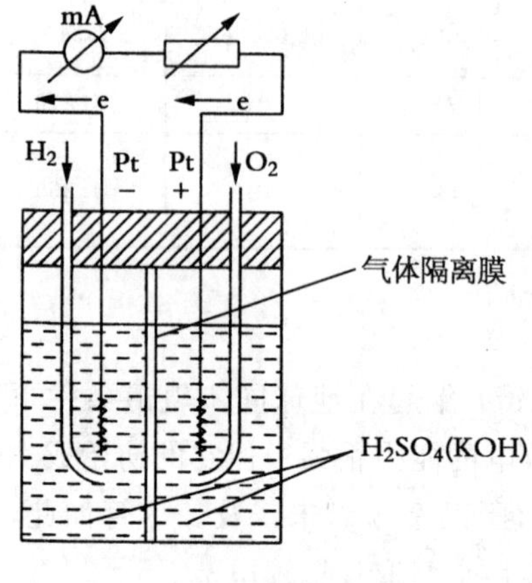

图 2.12 氢-氧燃料电池原理示意图

该装置中，两片铂电极浸入导电性良好的酸性或碱性电解液中，外界分别向两个电极提供氢和氧，就会发生电极反应并提供电流。中间有一个隔膜是为防止两种气体的扩散相混而设，但电解液的迁移不受隔膜的影响。实际应用时，氧电极往往有过氧化氢（H_2O_2）和金属氧化物组成。因此，这些电极反应均如图 2.13 所示：

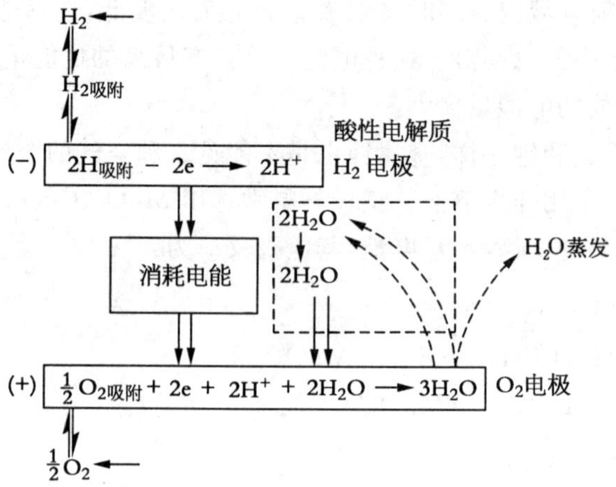

图 2.13 氢氧电池反应的完整过程

这是一种不同于传统的电池。有两个特点，其一是它的电极材料不在电池内部，而是从外部送进去的。其二，这是一个连续电池，不存在充电的问题。这种电池最早也被使用于航天事业，由于它的产物为水，因而还附带解决了宇航员的部分用水问题。

4. 废电池的定点回收

小品　痛　痛　病

1955 年到 1957 年期间，日本中部富山平原地区，出现了一些奇怪的病人。开始是腰、手、脚疼痛，继而全身骨痛，行动困难，出现骨萎缩，骨弯曲和骨软化症状，并会莫名其妙地发生骨折。病人日夜卧床，不断喊痛，在“痛呀……痛呀……”的叫喊声中死去。日本人称这种病为“痛痛病”。解剖尸体时发现，有的病人全身有 72 处骨折，有的病人身高缩短了 30 cm。

直到 1968 年才查明，这种“痛痛病”是由于日本三井金属公司排放含镉废水所致。他们排放的污水直接污染了河流和农田。当地居民每天喝的是“镉水”，吃的是“镉米”，久而久之，有些人就得了痛痛病。现医学已经证实，这种病症为急性镉中毒症状，并将此病定名为“骨痛病”。

当今全民的环保行动之一就是废电池的定点回收。为什么要定点回收废电池呢？这是因为可充电电池——镉镍电池的问世而出现的新问题。也许你不会想到电池会和“痛痛病”有联系吧？

20 世纪 70 年代，人们开始普遍使用一种经过充电可以反复使用的新电池——镉镍电池。其中，负极材料为镉（Cd）。镉是一种对人体有害而无益的金属，它会引起极为严重的骨痛病。如果把这种报废的电池随便乱丢，势必造成环境污染。

为此，世界各国相继制定了定点回收这种废电池的相应措施。我国在 20 世纪 90 年代也广泛进行了宣传，并建立了相应的回收措施。

小品　镉（Cd）

镉（Cadmium），元素周期表第Ⅱ副族（锌族）元素。原子序数为 48，相对原子质量为 112.411，银白色微带蓝色光泽的金属，质软易切割，密度 $8.64\,g\cdot cm^{-3}$，熔点 321.07℃，沸点 767℃，主要化合价＋2。在空气中迅速失去光泽，形成氧化膜，不溶于水，溶于硝酸。在自然界中存于硫镉矿，也有少量存于闪锌矿（与锌共生）。常用于制镉盐，镉蒸气灯，烟幕弹，镉汞齐，电池电极。还是核反应堆控制棒中的主要成分。许多镉化合物毒性极大。

小品 水俣事件

20世纪50年代初日本水俣湾附近发现了一种奇怪的病。这种病症最初出现在猫的身上，病猫步态不稳，抽搐，麻痹，甚至跳海自杀。被称为“猫舞蹈症”。

1953年，人群中也出现了这种病症。患者由于脑中枢神经和末梢神经被侵害，轻者口齿不清，步履蹒跚，面部痴呆，手足变形，重者精神失常，或酣睡，或兴奋，很快就会身体弯弓，惨叫而死。尸体解剖发现患者的肝脏中积聚了大量的汞，日本政府花了6年时间，终于弄清楚死亡原因为急性汞中毒。

这些汞是来自于流经水俣湾的一条河流上游的一家氮肥公司。这家化工公司在生产氯乙烯和醋酸乙烯时使用了氯化汞催化剂，排放的废水中含有氯化汞。含汞污水入海后与海草中的有机物作用，生成了剧毒的甲基汞。海中的鱼和贝类摄入这种毒物后不能化解而富集在体内。人一旦食用这些鱼和贝类，汞就转移到了人体内。据家属反映这些患者都是鱼和贝类的极度嗜好者，难怪会得此急性汞中毒。自此之后，人们对汞更加关注，尽量减少汞的使用量，控制含汞废物的排放。

在回收镉镍电池的同时，我们也回收一次性电池。这是因为大多数一次性电池都是以锌作为负电极，例如，我们常用的1#或5#锌锰干电池以及扣式电池，都是以锌为负极。作为一种活泼金属，锌会溶解在酸性或碱性溶液中，并产生氢气。因此，当电池不在使用状态时，就会由于氢气的产生而导致电池的膨胀，乃至爆破。为了防止这种现象的发生，通常在锌电极上覆盖一层汞。为此，所有以锌为负极的一次性电池也必须定点回收而不能随便乱丢，否则电池中的汞又会污染我们的环境。

小品 汞(Hg)

汞(mercury)，俗称水银，属周期表IIB族元素，符号Hg、原子序数80、相对原子质量为200.59、是一种易流动的银白色液态金属，熔点−38.87℃，沸点356.58℃，密度13.546 g·cm^{-3}(20℃)。Hg在空气中稳定，溶于硝酸和王水，常用于制造汞灯和汞整流器，并广泛应用于科学测量仪器中，测量体温的温度计中也使用了汞(见图2.14)。Hg很容易和别的金属形成合金，称作为“汞齐”。汞蒸气剧毒，会引发口腔炎，肌肉震颤和精神失常。

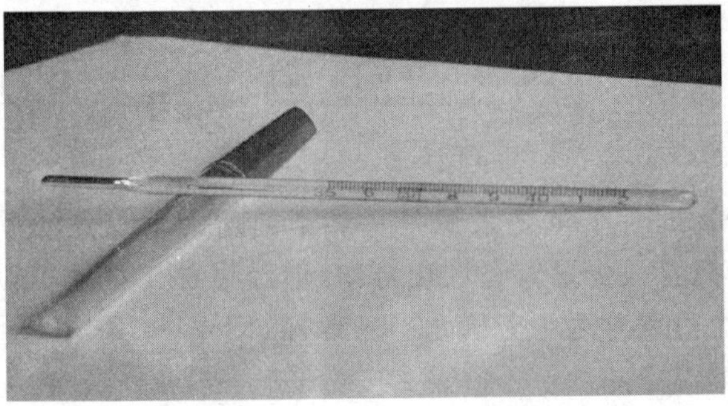

图 2.14 体温计内的介质也是汞

补充材料 A 芳香族化合物

有机化合物除脂肪族化合物外还有芳香族化合物。最初这一类物质是从香树脂中提取出来的，具有香味，因此得名，如

桂皮醛 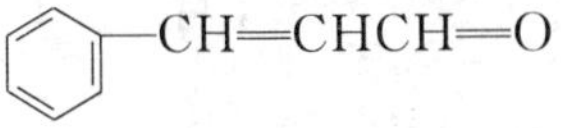

香豆素 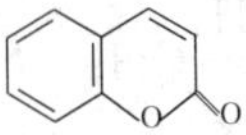

后来研究这些化合物的分子结构时，发现它们都含有苯环，因而就把凡含苯环的有机化合物称为芳香族化合物。芳香烃就是含苯环的碳氢化合物。如

苯(C_6H_6)  萘($C_{10}H_8$) 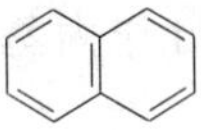 蒽($C_{14}H_{10}$) 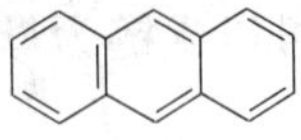

这样，芳香族化合物这个名称已失去原来的意义。因为有些不带苯环的化合物也有香味，而带苯环的化合物不一定芳香，有的甚至有不良气味。但是有苯环的化合物有一个共同的特性，称之为芳香性：

① 环很稳定；

② 容易发生取代反应。如：

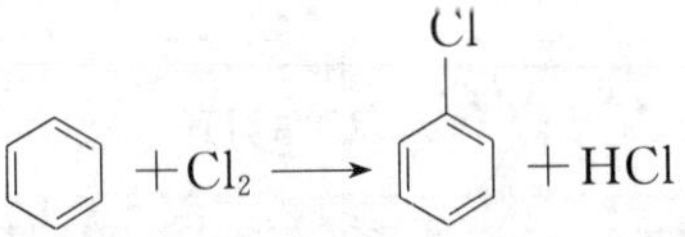

这里一个氯原子取代了苯环上的一个氢原子，而不是两个氯原子加成在苯环上的一个双键上。只有当苯与氯气在光作用下才会生成六氯环己烷。该化合物曾作为杀虫剂广为使用，因为有 6 个碳原子、6 个氯原子、6 个氢原子，所以俗名称六六六。

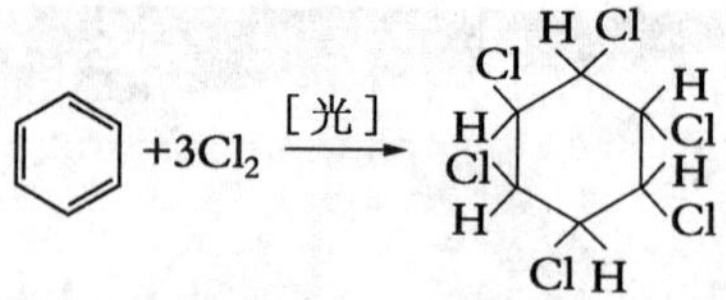

芳香族化合物的一个重要来源是从煤干馏所得的煤焦油以及石油重整产品。原油中通常只含很少量芳香烃化合物，但经过加工处理可以使非芳香烃转变为芳香烃，这个过程称之为芳构化。通常有如下一些反应。

1. 环化脱氢

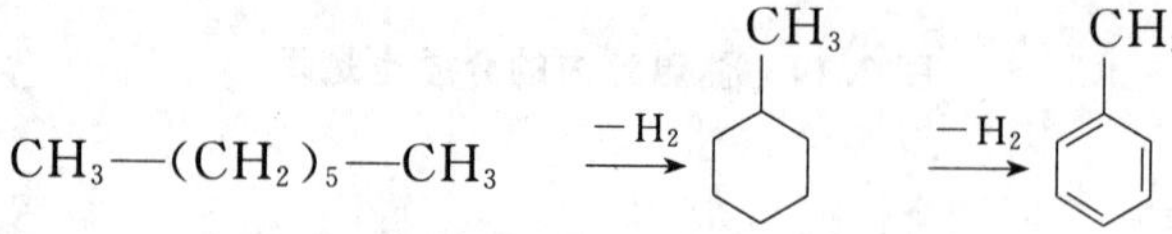

2. 环烷烃脱氢

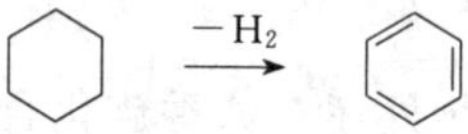

3. 环烷烃异构脱氢

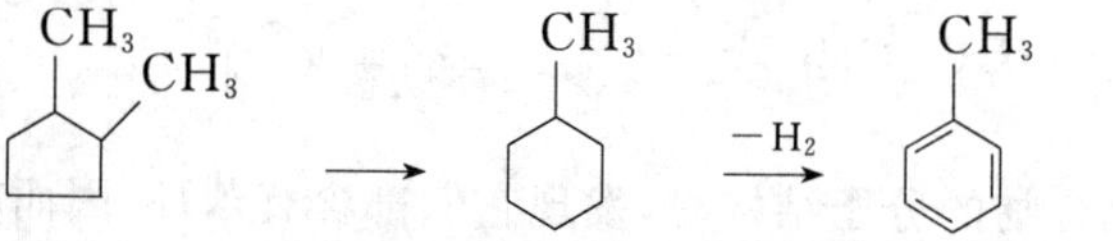

芳香族化合物的命名一般以芳香环部分为母体，支链为基，在支链比较重要的情况下，可以支链为母体，芳香环部分作为基。

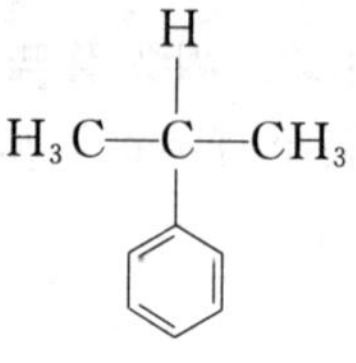
异丙苯

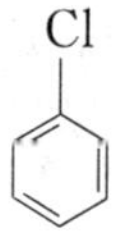
氯苯

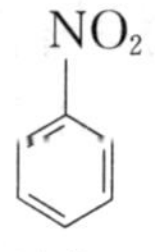
硝基苯

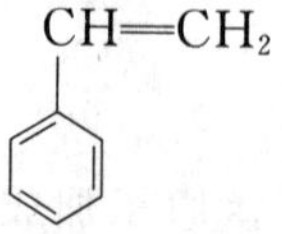
苯乙烯

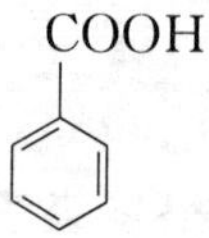
苯甲酸

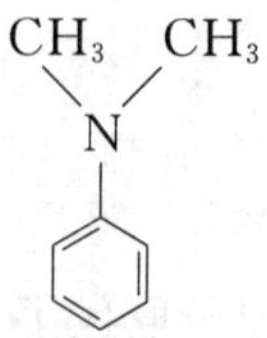
N,N-二甲基苯胺

含羟基芳香化合物的命名有些特殊：

(1) 凡羟基在支链上称醇

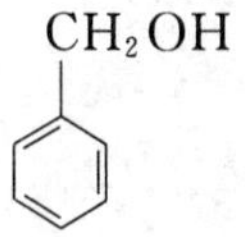

苯甲醇

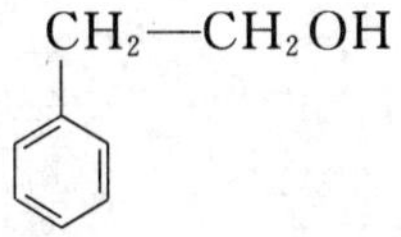

β-苯乙醇

(2) 凡羟基在苯环上称酚

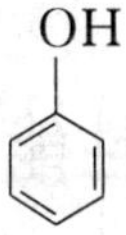

苯酚

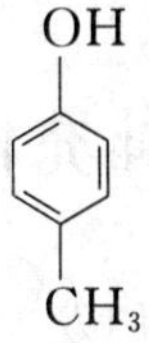

对甲基苯酚或 4-甲基苯酚

芳香环的位次,在苯环中是以给取代基最小数字为原则

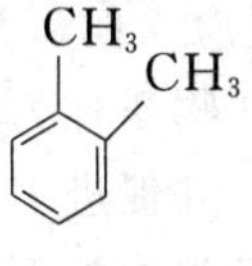

1,2-二甲基苯

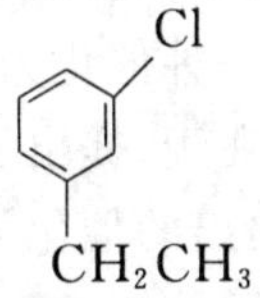

3-氯乙苯

有时不用数字而以邻、间、对来表示位次

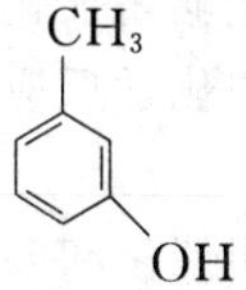

间甲酚

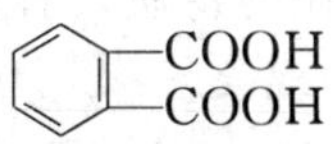

邻苯二甲酸

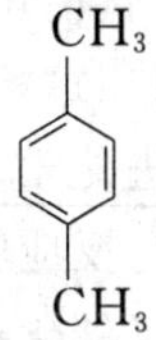

对二甲苯

3 个以上基团都用数字来定位,作为母体名称的优先次序是:酸,醛、酮,酚,胺,烃,卤素,硝基(NO_2)。如

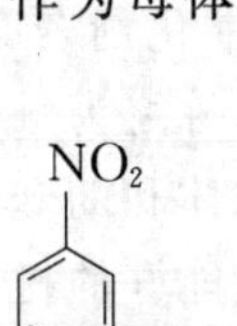

4-硝基-2-氯苯胺(不是 4-氨基-3-氯硝基苯)

芳香烃中少一个氢原子而形成的基团称之为芳香基或芳基,常用 Ar 表示。如

$C_6H_5—$

苯基(phenyl group)

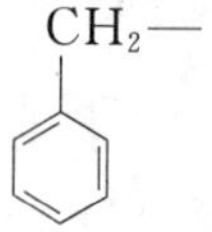

苄基(benzyl group)

补充材料 B　催化剂及其性能

19 世纪初化学家们发现一些金属有加速反应的作用，而自身并未发生变化，例如金属铂可使氨发生分解，也可使一氧化碳与氧在室温时发生燃烧作用。这些金属似乎都有一种神秘的魔力使反应加速。1836 年瑞典著名化学家柏采利乌斯总结了这些实验结果，提出了催化现象(catalysis)的概念。他认为这些能使反应加速的金属都有一种催化力，它能使反应加速，因此这些物质称为催化剂。柏采利乌斯的伟大功劳在于，提出了催化作用和催化剂的概念，并促进了对此现象的深入研究。然而，他提出的催化力观点却是形而上学的，并且很快被人们所摒弃。因为如果是催化力作用的话，那么这种金属应该对所有反应都有催化作用，事实上并非如此。使人感到十分钦佩的是柏采利乌斯当时对催化剂所作出的定义是如此的精辟，以至于人们一直沿用它来阐明催化现象。所谓催化剂是能够增加化学反应达到平衡的速度，而在过程中不被消耗的物质。有催化剂参与的化学反应称为催化反应。催化剂促进化学反应速度的现象就称之为催化作用。

根据催化剂与反应物的状态不同，催化作用可以分为均相催化和多相催化两大类。再广义一点催化还应包括与生物化学有关的酶催化。固体催化剂对气相或液相反应物所起的催化作用属于多相催化，是目前工业上应用最广的催化反应类型。由于这种作用是通过反应物与催化剂表面接触后发生的，因此又可称为接触催化作用。故催化剂另有一个别名，称之为触媒。

多相催化剂通常由活性部分、载体和助催化剂组成。使用载体的目的，一是可以选择多孔结构，机械强度和耐热性能好的材料，提高催化剂的性能。二是活性有效成分可高度分散地分布于整个表面，提高利用率。这对于活性组分为贵金属时尤为重要。助催化剂分结构性和电子性两种，前者主要是为提高催化剂的强度和寿命，后者则为提高催化剂的活性和选择性。固体催化剂的分类见图 B.1。

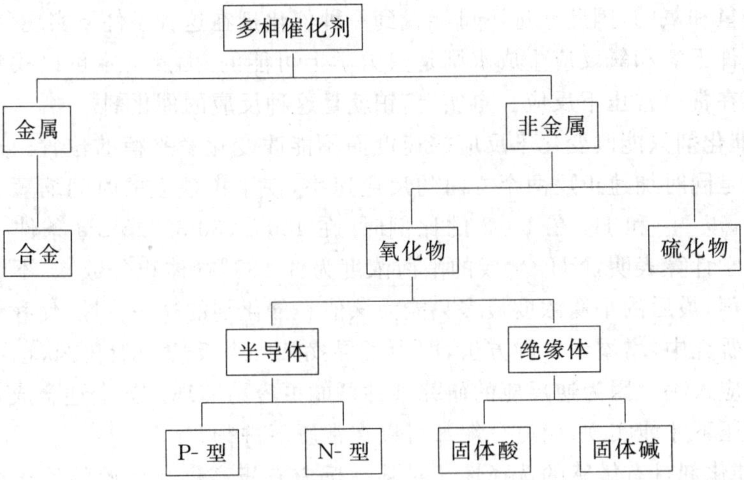

图 B.1　多相催化剂的分类

催化剂作用通常有下列特点：

1）催化剂参与反应，而本身又在反应后恢复到原来的化学状态。因此可以设想，它周而复始地进行着一个循环的过程。一方面催化剂以某种方式使反应物活化（或形成活化中间体，或使反应物发生化学变化），另一方面在反应的后继步骤中又被复原。也正是由于这一原因，在催化反应中，催化剂的用量通常都是很少的。我们可以把催化反应画成一个循环图（见图 B.2）。

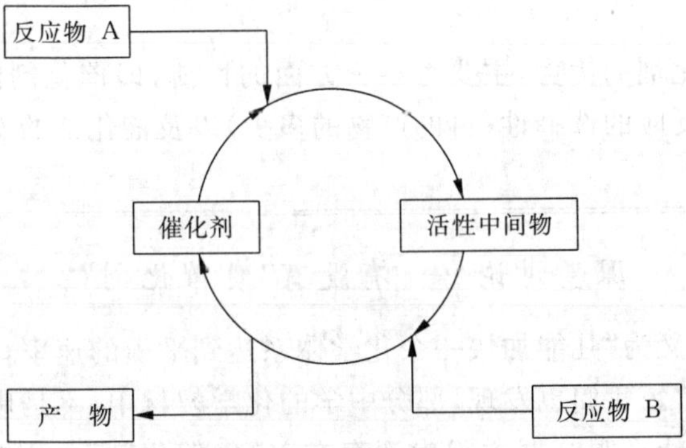

图 B.2　催化循环图

2）催化剂只是对热力学上可能进行的化学反应进行加速，而决不能对热力学上不可能进行的反应实现催化作用。例如，常温常压又无外来功的情况下，水是不能分解为氢和氧的，因此永远不可能找到一种催化剂在这种条件下实现分解反应。而同样条件下氢和氧反应生成水则是热力学上可能的，因此一定可以找到催化剂促使它们在常温常压下反应。事实上，铂就是这种反应的催化剂。

3）催化剂只能改变化学反应的速度而不能改变化学平衡的位置。这是因为催化剂只是同时加速正反两个方向的反应速率，使平衡建立的时间缩短。例如合成氨反应，以 N_2 和 H_2 在 1∶3 的比例时，在 400℃，30 397.5kPa 条件下进行反应。热力学计算表明，NH_3 生成的平衡浓度为 35.87%（体积分数）。不管使用怎样的催化剂，最后的平衡浓度最多只能为该值。催化剂的这一特性，使我们在寻找催化剂的研究中，增添了一种方法，即为了寻找某一个反应的催化剂，也可以从研究其逆反应入手。因为逆反应的研究条件可能更容易实现。如上述合成氨反应是在高温高压下才能实现，而氨分解却可以在常压下进行。

4）催化剂具有敏感的选择性。对某一反应有极高催化活性的催化剂对另一个反应可能完全没有催化性。因此利用不同的催化剂可以使反应有选择性地朝某一个所需的反应方向进行。例如乙烯氧化反应，可以很容易地深度氧化（即燃烧），也可浅度氧化生成乙醛（CH_3CHO），而要生成环氧乙烷（ 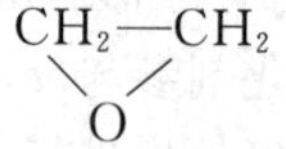 ）就更难。然而当我们选择不同的催化剂就可得到所需的产品。如果采用银催化剂而且控制乙烯与催化剂的接触时间，就能得到主要是环氧乙烷的产品。而采用钯作为催化剂，就可得到乙醛。

催化剂的作用，主要是改变了原来反应的途径，降低了原反应所需的活化能。

评价一个催化剂的优劣，主要考察三方面的性能，即催化剂的活性（常用反应速度表示）、催化反应的选择性（目的产物的多少）以及催化剂的寿命（耐热稳定性，机械强度……）。

课堂讨论——有没有“负催化剂”？

催化剂的定义为“凡能加快一个化学体系达到平衡的速率，而自身在反应中不被消耗的物质”。我们也发现，部分中学的化学教材中，不是用“加快”一词，而是用“改变”。为什么呢？据说因为还存在着“负催化剂”。用“改变”似乎更全面。究竟存在不存在“负催化剂”呢？请你根据催化剂的本质作用和催化反应的特点来判断。

提示：

1. 催化剂的本质作用是改变化学反应的途径，降低化学反应的活化能，那么，负催化剂的本质作用是不是提高活化能呢？

2. 负催化剂是否参与反应呢？

补充材料 C　放射性知识

1. 放射性活度单位及放射性操作

一个物质有多少强“放射性”即放射性强度，又称放射性活度，是指它在每秒钟内发生多少次蜕变。举例说，1 克镭在每秒钟内发生3.70×10^{10}个 α 蜕变，也即有同样多的放射性活度数目的 α 粒子射出。这里所指 1 克镭，不管镭以金属形式存在还是以氯化镭、溴化镭或硫酸镭存在，也不管任何物理和化学条件的影响。1 克镭就是 1 个 Ci(居里 Curie)。说“1 克镭”和“1 个居里”的不同是在于，前者指有那么多的质量，后者是指有那么多的放射性或放射性核。放射性元素任何的量(镭是 1 克，其他放射性元素则不是)，只要它在 1 秒钟内发射出3.70×10^{10}个 α 粒子或 β 粒子，其放射性活度为 1Ci。

1Ci 的放射性是很强的，操作时要求特殊的防护。强放射性的操作，要放在水泥厚壁的隔离实验室中，用远距离自动装置操纵。通常处理的量比较小，用毫居里(千分之一个居里)或微居里(百万分之一个居里)的数量级。毫居里级的操作，也要注意防护，用铅室等加以隔离。就是微居里的操作，也要把放射性物质放在铅玻璃的后面。我国法定计量单位采用 Bq(贝可勒尔)为单位，即 1Bq 等于 1 秒钟内发生一次衰变，故 $1Ci=3.7\times10^{10}Bq$。

γ 射线对其他物质效应的大小一般用伦琴(R)为单位。1 个伦琴的照射量，是能在 1mL 的正常状态的空气中产生 2.08×10^{9} 对离子。相当于在游离室中处于“饱和电流”时的一个静电单位的电荷。同样，千分之一的伦琴叫做毫伦琴，百万分之一的伦琴叫做微伦琴。我国法定计量单位采用照射量 C/kg 为单位，C 为库仑，1 伦琴等于2.58×10^{-4}C/kg。

γ 射线和中子具有很大的穿透性，特别是中子还会产生核反应，操作时应特别注意防护。人体在 24 小时内容许承受的 γ 射线照射量是 0.1 伦琴，中子射线的容许照射量是 0.01 伦琴。在放射性操作中一般还使用橡皮手套，有时使用防护衣，把人体套在里面，另有呼吸设备。手要受到检验，身上也应佩带笔状的检验器。抛弃含有放射性的污物时，不论是固体还是溶液，需放入金属桶中运至远地深埋。必须特别注意带有放射性的气体或蒸气，防止吸入体内。

2. 半衰期

设有 1mg 镭，它不断射出 α 粒子而蜕变为氡。镭的量愈来愈少，也就是放射性强度也愈来愈小。所有放射性元素都有这一情况。既然放射性活度是和放射性元素的存在量成正比，那么放射性强度就代表单位时间内放射性元素的损失部分。因此有下列关系：

$$-\frac{\mathrm{d}N}{\mathrm{d}t}=\lambda N \qquad (\text{i})$$

式中 N 为放射性核的数目，λ 为比例常数，也称为蜕变常数。它代表一个放射性元素在单位时间内的蜕变分数。

积分上式，得：

$$\ln N=-\lambda t+\alpha \qquad (\text{ii})$$

其中 α 为积分常数。在开始时 $t=0$，$N=N_0$，那么从(ⅱ)得出：

$$N=N_0\mathrm{e}^{-\lambda t} \qquad (\text{iii})$$

这个式子就表明在任何时间 t 时剩下的放射性核的数目 N。它是放射性基本定律的数学表达形式。

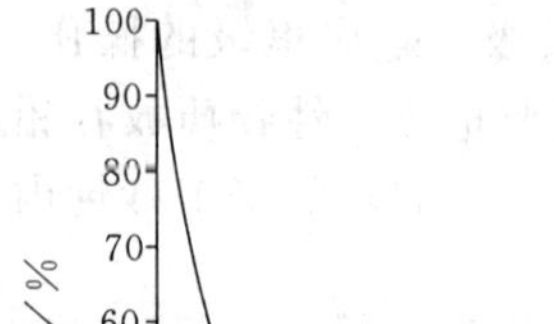

图 C.1 氡的蜕变曲线

用半衰期 σ 的概念来描述一个放射性元素的放射性强弱是很方便的。半衰期是一个放射性元素蜕变到原来一半数量所需的时间。在(ⅲ)式中，只要 $N=N_0/2$ 就得出：

$$\sigma=\ln 2/\lambda=0.693/\lambda \qquad (\text{iv})$$

可见 σ 是和 λ 成反比的。一个元素的放射性越强，就是它的蜕变常数 λ 越大，那么它的半衰期 σ 就越短。半衰期和蜕变常数一样，对一定的放射性元素来说是特征的。举例说，镭的半衰期是 1622a，氡的半衰期是 3.825d。氡的蜕变曲线如图 C.1 所示。隔了 3.825d，放射性强度剩 50%，再隔 3.825d 放射性强度落到 25%，依此类推。

讲到半衰期,应当说清楚是某元素的哪一个同位素的半衰期,因为1个元素的各个放射性同位素的半衰期是不同的。通常不指明哪一个同位素时,就被理解为最熟悉的那一个同位素。在上述的例子中,镭指^{226}Ra那个同位素,氡指^{222}Rn那个同位素。^{228}Ra同位素不但半衰期是6.7a,而且它是一个β放射体。^{212}Rn同位素虽然也是1个α放射体,但是它的半衰期是23min。

在天然放射性元素中,半衰期最长的是^{232}Th,它是1个α放射体,半衰期是1.4×10^{10}a;半衰期最短的是^{212}Po,为α放射体,半衰期只有3.0×10^{-7}s。

3. 标记原子及应用

物质在变化过程中究竟经过什么步骤和途径,在30年前是一件不容易回答的事情。譬如说,水在人体中究竟停留多少时候?这一问题的解决,必须使现在饮入的水和人体中原有的水有所区别,但是必须仍然是水。同位素恰好能够满足这一要求。如果饮入稀的重水,例如说1% D_2O的水,开始计时,只要检验排出的尿中到什么时候就没有重水了。这段时间就意味着水在人体内停留的时间。实验结果确定它是两星期。在这个实验中,氘就扮演着标记原子的角色。因为它比氢较重,可以从水的密度加以精密测定。以上是使用稳定同位素的1个例子,标记原子有着显示踪迹的作用,因此也叫做示踪原子。

利用放射性同位素作为标记原子,更为便利,因为放射性的测量比较灵敏而方便。用放射性磷作为标记原子,可做实验得出结论:磷在骨骼中停留的时间是1个月。

标记原子的应用范围是多种多样的,例如化学反应历程、化学结构、键的极性、化学分析、扩散现象、医学检验等等。下面介绍常用的标记原子并举出一些典型的例子来说明标记原子的用途。

(1) 常用的同位素

原则上,尽可能使用放射性同位素,因为如上所述,放射性容易测定,例如用计数管。但是,像氮和氧的放射性同位素,半衰期太短。最长寿命的氮放射性同位素^{12}N的半衰期是10.05min;而最长寿命的氧放射性同位素^{15}O的半衰期是118s,都不适用,因此必须用到^{15}N和^{18}O。其次,放射性氢同位素T的β能量很弱,较难测定,而D则方便多了。^{13}C也是比较方便的,同时^{14}C的β能量也比较弱些。稳定同位素D、^{15}N和^{18}O是广泛应用的,^{13}C则有时代替了^{14}C的应用。

(2) 同位素在研究化学反应历程中的作用

同位素作为标记原子,在解决化学反应历程的问题中起着不可替代的作用。下面举出两个例子加以阐明。

① 酯化反应　在下列酯化和水解的可逆反应中:

$$CH_3COOC_2H_5 + HOH \rightleftharpoons CH_3CO\,O\,H + H\,O\,C_2H_5$$

究竟是：(Ⅰ)酸的羟基和醇的氢结合为水呢(在上式中用实线框标明)？还是(Ⅱ)酸的氢和醇羟基结合为水呢(在上式中用虚线框标明)？如果不用标记原子，这一问题是无法解答的。普莱义于 1934 年用^{18}O水作为标记原子，即用 $H_2{}^{18}O$ 来水解酯，发现^{18}O仅进入酸中，就证明了(Ⅰ)的历程(实线框)，就是说，酸的羟基和醇的氢相互作用而成为水：

$$CH_3COOC_2H_5 + H^{18}OH \rightleftharpoons CH_3CO^{18}OH + HOC_2H_5$$

② 植物光合作用　在植物的光合作用中，用^{18}O证明 1 个分子二氧化碳是和 2 个分子水作用的：

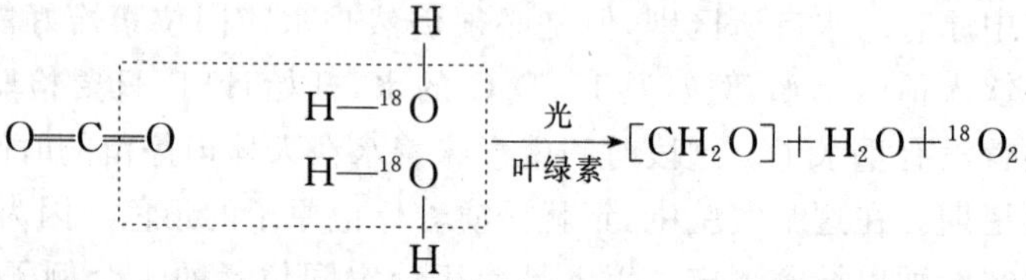

这个结论是根据所用的重氧水 $H_2{}^{18}O$ 中的^{18}O全部进入氧分子中得出的。假使是像先前所假定的 1 个 CO_2 分子和 1 个 H_2O 分子相作用，那么只能有一半的^{18}O原子进入氧分子，这是和实验结果矛盾的。

从植物光合作用中还得出非常有意义的结果。今将 1,2,3 等数字标明葡萄糖中碳的位置如下。卡尔文于 1949 年发现由放射性碳标记的 C^*O_2 出发，所得葡萄糖中各个位置的碳原子的放射性分布如下：

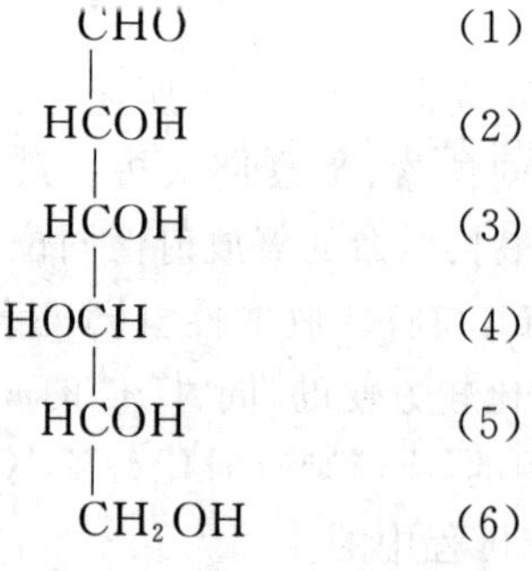

碳　　位	% 放 射 性
3,4	61
2,5	24
1,6	15

由 6 个碳位的放射性分布，可以证明光合作用中所生成的葡萄糖，是由两个三碳糖连接生成的。

用标记原子法还否定了甲醛作为中间产物的假定。

(3) 同位素交换和化学结构

重氢与水间不发生交换(除非有催化剂存在)，而水和重水间就立即发生交换，这是和键的极性有关。强极性的键容易断开，发生交换，例如：

$$C_2H_5OH + D_2O = C_2H_5OD + HDO$$

有的强极性键本身已有电离存在，例如醋酸，当然容易和重水交换：

$$CH_3COOH + D_2O = CH_3COOD + HDO$$

除—OH 基中的 H 外，—NH 基中的 H 也能立刻发生交换：

$$NH_3 \cdot H_2O + 5D_2O \longrightarrow ND_3 \cdot D_2O + 5HDO$$

卤化氢中的 H 也能立刻发生交换。反之，像甲基或乙基中的氢就不发生交换。

丙酮$(CH_3)_2CO$中的甲基不和重水中的氘交换，但若有碱存在时，就能发生交换。

标记原子应用来解决若干化学结构问题，也举两个例子来做说明。

① 次磷酸盐　KH_2PO_2 由于和 D_2O 没有交换，就证明了它具有下列结构：

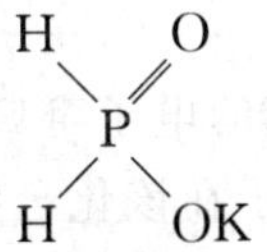

就是两个氢原子是和磷以共价键直接连接的。如果有羟基(—OH)存在，那么其中的 H 就能立刻和 D_2O 中的 D 发生交换了。

② 硫代硫酸盐　令放射性$^{35}S^*$ 和 Na_2SO_3 溶液作用，生成硫代硫酸根。用硝酸银沉淀出硫代硫酸银，令水解，得硫化银和硫酸；只有硫化银有放射性，硫酸没有。整个过程，可以写出如下：

$$Na_2SO_3 + S^* \longrightarrow Na_2SS^*O_3 \xrightarrow{AgNO_3} Ag_2SS^*O_3 \xrightarrow{\text{水解}} Ag_2S^* \downarrow + H_2SO_4$$

由此证明在硫代硫酸根结构中，两个硫原子是处于不同地位的，并且它们之间没有交换。如果两个硫原子在结构中地位相同，或两者之间发生交换，那么产物硫酸中就应当有一半的放射性。上述硫代硫酸根的结构如下：

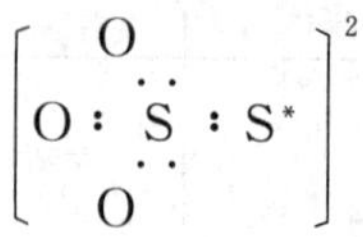

补充材料D　氧化还原反应及电极电势

1. 氧化还原反应

化学反应可以分为两大类：一类是参加反应的各种物质在反应前后没有电子的得失，例如酸碱反应、沉淀反应等；另一类是参加反应的各种物质在反应前后有电子的得失，失电子的过程称为氧化，得电子的过程称为还原。例如在下列反应中：

$$Zn+Cu^{2+} \xlongequal{} Zn^{2+}+Cu$$

Zn 失去电子被氧化，Cu^{2+} 得到电子被还原。在这一类反应中，氧化过程与还原过程同时发生，叫做氧化还原反应。

然而在一些常见的氧化还原反应中，例如：

$$C+O_2 \xlongequal{} CO_2$$

电子只是在元素的原子之间进行重排，并没有发生电子的得失，因而也就难以判断氧化和还原作用。这样我们必须改用另一种概念来加以判断，这一概念就是氧化数。

氧化数是假设把化合物中成键的电了都归电负性更人的原子，从而求得原子所带的电荷数，此电荷数即为该原子在该化合物中的氧化数。例如在 NaCl 中，氯元素的电负性比钠元素大，因而钠的氧化数为＋1，氯的氧化数为－1；又例如在 NH_3 分子中，3 对成键的电子都归电负性大些的氮原子所有，则氮的氧化数为－3，氢的氧化数为＋1。确定元素原子氧化数的规则有以下 4 点：

① 单质的氧化数为零。

② 所有元素的原子，其氧化数的代数和在多原子的分子中等于零；在多原子的离子中等于离子所带的电荷数。

③ 氢在化合物中的氧化数一般为＋1。但在活泼金属的氢化物（如 NaH、CaH_2 等）中，氢的氧化数为－1。

④ 氧在化合物中的氧化数一般为－2。但在过氧化物（如 H_2O_2、BaO_2 等）中，

氧的氧化数为-1；在超氧化合物（如 KO_2）中，氧化数为$-\frac{1}{2}$（注意氧化数可以是分数）；在 OF_2 中，氧化数为$+2$。

根据氧化数的概念，氧化数升高的过程称为氧化，氧化数降低的过程称为还原。在化学反应过程中，元素的原子或离子在反应前后氧化数发生了变化的一类反应称为氧化还原反应。例如在$2KClO_3 \longrightarrow 2KCl+3O_2$的反应中，氯的氧化数从$+5$降低到$-1$，这个过程称为还原，或称氧化数为$+5$的氯被还原了；氧的氧化数由$-2$升高到0，这个过程称为氧化，或称氧化数为$-2$的氧被氧化了。这个反应是一个氧化还原反应。

假如氧化数的升高和降低发生在同一个化合物中，这种氧化还原反应就叫做自氧化还原反应。

在氧化还原反应中，若一种反应物的组成原子或离子的氧化数升高（氧化），则必有另一种反应物的组成原子或离子的氧化数降低（还原），氧化数升高的物质叫做还原剂，还原剂是使另一种物质还原，本身被氧化，它的反应产物叫做氧化产物。氧化数降低的物质叫做氧化剂，氧化剂是使另一种物质氧化，本身被还原，它的反应产物叫做还原产物。在下列反应中：

$$\underset{(\text{氧化剂})}{Na\overset{+1}{Cl}O} + \underset{(\text{还原剂})}{2\overset{+2}{Fe}SO_4} + H_2SO_4 \longrightarrow \underset{(\text{还原产物})}{Na\overset{-1}{Cl}} + \underset{(\text{氧化产物})}{\overset{+3}{Fe}_2(SO_4)_3} + H_2O$$

元素符号上面的数字，代表各相应元素的氧化数。在这个反应中，次氯酸钠是氧化剂，氯的氧化数从$+1$降低到-1，它本身被还原，使硫酸亚铁氧化。硫酸亚铁是还原剂，铁的氧化数从$+2$升高到$+3$，它本身被氧化，使次氯酸钠还原。在这个反应中，硫酸虽然也参加了反应，但没有改变氧化数，通常称硫酸溶液为介质。另外也可能有这种情况，某一种单质或化合物，它既是氧化剂又是还原剂，例如下列两个反应：

$$Cl_2+H_2O \longrightarrow HClO+HCl$$

$$4KClO_3 \xrightarrow{\triangle} 3KClO_4+KCl$$

这类氧化还原反应叫做歧化反应，是自氧化还原反应的一种特殊类型。

在第一个反应中，一半氯是氧化剂，一半氯是还原剂。

$$Cl_2+Cl_2+2H_2O \longrightarrow 2HClO+2HCl$$

在第二个反应中，$\frac{3}{4}$的 $KClO_3$ 是还原剂，$\frac{1}{4}$的 $KClO_3$ 是氧化剂。

$$3KClO_3 + KClO_3 = 3KClO_4 + KCl$$

在氧化还原反应中，氧化剂在反应过程中氧化数降低，其产物具有较低的氧化数，具有弱还原性，是一个弱还原剂；还原剂在反应过程中氧化数升高，其产物具有较高的氧化数，具有弱氧化性，是一个弱氧化剂。例如在 $Cu^{2+} + Zn = Zn^{2+} + Cu$ 的反应过程中，氧化剂 Cu^{2+} 氧化数降低，其产物 Cu 是一个弱还原剂；还原剂 Zn 氧化数升高，其产物 Zn^{2+} 是一个弱氧化剂。这样就构成了如下两个共轭的氧化还原体系或称氧化还原电对：

Cu^{2+} / Cu　　　　Zn^{2+} / Zn
（氧化剂）（还原剂）　（氧化剂）（还原剂）

在氧化还原电对中，氧化数高的物质叫氧化型物质，氧化数低的物质叫还原型物质。

氧化还原反应是两个（或两个以上）氧化还原电对共同作用的结果，例如：

$$Cu^{2+} + Zn \longrightarrow Zn^{2+} + Cu$$

氧化还原电对在反应过程中，如果氧化剂降低氧化数的趋势越强，它的氧化能力越强，则其共轭还原剂升高氧化数的趋势就越弱，还原能力越弱。同理，还原剂的还原能力越强，则其共轭氧化剂的氧化能力越弱。例如在 MnO_4^-/Mn^{2+} 电对中，MnO_4^- 氧化能力强，是一个强氧化剂，其共轭还原剂 Mn^{2+} 的还原能力弱，是一个弱还原剂。在 Sn^{4+}/Sn^{2+} 电对中，Sn^{2+} 是一个强还原剂，Sn^{4+} 则是一个弱氧化剂。在氧化还原反应过程中，反应一般按较强的氧化剂和较强的还原剂相互作用的方向进行。

氧化剂和它的共轭还原剂或还原剂和它的共轭氧化剂之间的关系，可用氧化还原半反应式来表示。例如 Cu^{2+}/Cu 和 Zn^{2+}/Zn 两电对的半反应式分别为：

$$Cu^{2+} + 2e \longrightarrow Cu$$

$$Zn \longrightarrow Zn^{2+} + 2e$$

又例如

$$MnO_4^- + 8H^+ + 5e = Mn^{2+} + 4H_2O$$

$$SO_4^{2-} + 2H^+ + 2e = SO_3^{2-} + H_2O$$

2. 电极电势

如图 D.1 所示，当把金属 M 棒放入它的盐溶液中时，一方面构成金属 M 表面晶格的金属离子和极性大的水分子互相吸引，有一种使金属棒上留下过剩电子而自身以水合离子的形式进入溶液的倾向，金属越活泼，溶液越稀，这种倾向越大；另一方面，盐溶液中的金属离子又有一种从金属 M 表面获得电子沉积在金属表面上的倾向，金属越不活泼，溶液越浓，这种倾向越大。这两种对立着的倾向在某种条件下达到暂时的平衡：

$$M \rightleftharpoons M^{n+} + ne$$

在某一给定浓度的溶液中，若失去电子的倾向大于获得电子的倾向，到达平衡时的最后结果将是金属离子 M^{n+} 进入溶液，使金属棒上带负电，靠近金属棒附近的溶液带正电，如图 D.1 所示。这时在金属和盐溶液之间产生电位差，这种产生在金属和它的盐溶液之间的电势叫做金属的电极电势，金属的电极电势除与金属本身的活泼性和金属离子在溶液中的浓度有关外，还决定于温度。

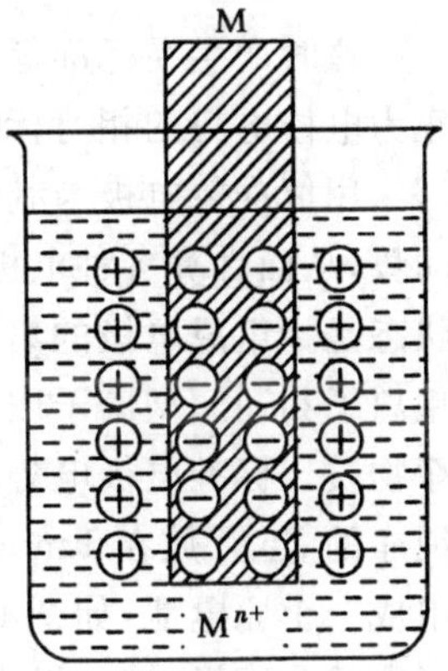

图 D.1 金属的电极电势

在铜锌原电池中，Zn 片与 Cu 片分别插在它们各自的盐溶液中，构成 Zn^{2+}/Zn 电极与 Cu^{2+}/Cu 电极。实验告诉我们，如将两电极连以导线，电子流将由锌电极流向铜电极，这说明 Zn 片上留下的电子要比 Cu 片上多，也就是 Zn^{2+}/Zn 电极的上述平衡比 Cu^{2+}/Cu 电极的平衡更偏于右方，或 Zn^{2+}/Zn 电对与 Cu^{2+}/Cu 电对两者具有不同的电极电势，Zn^{2+}/Zn 电对的电极电势比 Cu^{2+}/Cu 电对的要负一些。由于两极电势不同，连以导线，电子流(或电流)得以通过。

电极电势的绝对值无法测量，只能选定某种电极作为标准，其他电极与之比较，求得电极电势的相对值，通常选定的是标准氢电极。

如图 D.2 所示，标准氢电极是这样构成的：将镀有铂黑的铂片置于氢离子浓度(严格地说应为活度 α)为 $1\,mol \cdot L^{-1}$ 的硫酸溶液中，如图 D.2。然后在 298 K 时不断地通入压力为 101.325 kPa 的纯氢气，使铂黑吸附氢气达到饱和，形成一个氢电极，在这个电极的周围发生了如下的平衡：

$$H_2 \rightleftharpoons 2H^+ + 2e$$

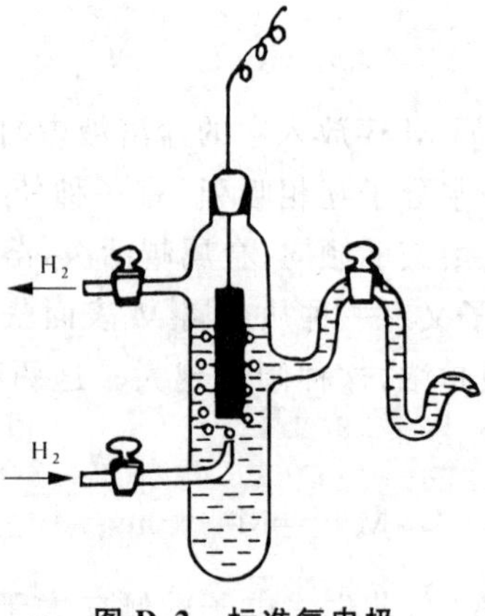

图 D.2　标准氢电极

这时产生在标准氢电极和硫酸溶液之间的电势，叫做氢的标准电极电势，将它作为电极电势的相对标准，令其为零。

用标准氢电极与其他各种标准状态下的电极组成原电池，测得这些电池的电动势，从而计算各种电极的标准电极电势，通常测定时的温度为 298 K。所谓标准状态是指组成电极的离子其浓度为 1 mol・L^{-1}(对于氧化还原电极来讲，为氧化型离子和还原型离子浓度比为 1)，氢气的分压为 101.325 kPa，液体或固体都是纯净物质。标准电极电势用符号 $E^{\ominus}$ 表示。例如测定 Zn^{2+}/Zn 电对的标准电极是将纯净的 Zn 片放在 1 mol・L^{-1} $ZnSO_4$ 溶液中，将它和标准氢电极用盐桥连接起来，组成一个原电池，如图 D.3 所示，用直流电压表测知电流从氢电极流向锌电极，故氢电极为正极，锌电极为负极。电池反应是：

$$Zn+2H^+=Zn^{2+}+H_2$$

原电池的电动势(E)是在没有电流通过的情况下，两个电极的电极电势之差：

$$E=E_{正极}-E_{负极}$$

在 298K，用电位计测得标准氢电极和标准锌电极所组成的原电池的电动势($E^{\ominus}$)为 0.7628V，根据上式计算 Zn^{2+}/Zn 电对的标准电极电势。

$$E^{\ominus}=E^{\ominus}_{正极}-E^{\ominus}_{负极}=E^{\ominus}_{H^+/H_2}-E^{\ominus}_{Zn^{2+}/Zn}$$

$$0.7628V=0-E^{\ominus}_{Zn^{2+}/Zn}$$

$$E^{\ominus}_{Zn^{2+}/Zn}=-0.7628V$$

用同样的方法可测得 Cu^{2+}/Cu 电对的电极电势。在标准Cu^{2+}/Cu电极与标

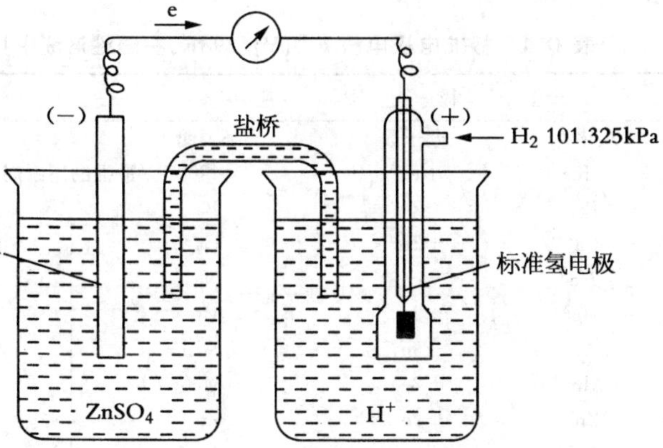

图 D.3　测定 Zn^{2+}/Zn 电对标准电极电势的装置

准氢电极组成的原电池中，铜电极为正极，氢电极为负极。在 298K，测得铜氢电池的电动势为 0.34V，依：

$$E^{\ominus}=E^{\ominus}_{正极}-E^{\ominus}_{负极}=E^{\ominus}_{Cu^{2+}/Cu}-E^{\ominus}_{H^+/H_2}$$

$$0.34V=E^{\ominus}_{Cu^{2+}/Cu}-0$$

$$E^{\ominus}_{Cu^{2+}/Cu}=0.34V$$

从上面测定的数据来看，Zn^{2+}/Zn 电对的标准电极电势带有负号，Cu^{2+}/Cu 电对的标准电极电势带有正号。带负号表明锌失去电子的倾向大于 H_2，或 Zn^{2+} 获得电子变成金属 Zn 的倾向小于 H^+。带正号表明铜失去电子的倾向小于 H_2 的，或说 Cu^{2+} 获得电子变成金属铜的倾向大于 H^+ 的。也可以说 Zn 比 Cu 活泼，因为 Zn 比 Cu 更容易失去电子转变为 Zn^{2+} 离子。

如果把锌和铜组成一个电池，电子必定从锌极向铜极流动，电池的电动势$E^{\ominus}$为：

$$E^{\ominus}=E^{\ominus}_{Cu^{2+}/Cu}-E^{\ominus}_{Zn^{2+}/Zn}=0.34-(-0.76)=1.1V$$

上述原电池装置不仅可以用来测定金属的标准电极电势，它同样可以用来测定非金属离子和气体的标准电极电势，对某些剧烈与水反应而不能直接测定的电极，例如 Na^+/Na，$F_2/2F^-$ 等电极则可以通过热力学数据用间接方法来计算标准电极电势。表 D.1 及表 D.2 列出了一些物质在水溶液中的标准电极电势。

表 D.1 标准电极电势 $E^{\ominus}$(V)(298K,在酸性溶液中)

	电极反应				$E^{\ominus}$(V)
	氧化型	电子数	还原型		
最弱的氧化剂	K^+	$+e$	K	最强的还原剂	−2.925
	Ba^{2+}	$+2e$	Ba		−2.91
	Ca^{2+}	$+2e$	Ca		−2.87
	Na^+	$+e$	Na		−2.713
	Mg^{2+}	$+2e$	Mg		−2.37
	Al^{3+}	$+3e$	Al		−1.66
	Mn^{2+}	$+2e$	Mn		−1.17
	Zn^{2+}	$+2e$	Zn		−0.7628
	Fe^{2+}	$+2e$	Fe		−0.44
	Ni^{2+}	$+2e$	Ni		−0.25
	Sn^{2+}	$+2e$	Sn		−0.14
	Pb^{2+}	$+2e$	Pb		−0.126
得电子或氧化能力依次增强 ↓	$2H^+$	$+2e$	H_2	失电子或还原能力依次增强 ↑	−0.0000
	Cu^{2+}	$+e$	Cu^+		+0.17
	Cu^{2+}	$+2e$	Cu		+0.34
	I_2	$+2e$	$2I^-$		+0.535
	$H_3AsO_4+2H^+$	$+2e$	$HAsO_2+2H_2O$		+0.56
	O_2+2H^+	$+2e$	H_2O_2		+0.69
	Fe^{3+}	$+e$	Fe^{2+}		+0.771
	Ag^+	$+e$	Ag		+0.7994
	Br_2	$+2e$	$2Br^-$		+1.08
	$2IO_3^-+12H^+$	$+10e$	I_2+6H_2O		+1.19
	$Cr_2O_7^{2-}+14H^+$	$+6e$	$2Cr^{3+}+7H_2O$		+1.33
	Cl_2	$+2e$	$2Cl^-$		+1.358
	$MnO_4^-+8H^+$	$+5e$	$Mn^{2+}+4H_2O$		+1.51
	$H_2O_2+2H^+$	$+2e$	$2H_2O$		+1.77
最强的氧化剂	F_2	$+2e$	$2F^-$	最弱的还原剂	+2.87

表 D.2　标准电极电势 $E^\ominus$(V)(298K,在碱性溶液中)

电极反应					$E^\ominus$(V)
	氧化型	电子数	还原型		
得电子或氧化能力依次增强 ↓	$ZnO_2{}^{2-}+2H_2O$	$+2e$	$Zn+4OH^-$	失电子或还原能力依次增强 ↑	−1.216
	$2H_2O$	$+2e$	H_2+2OH^-		−0.8277
	$Fe(OH)_3$	$+e$	$Fe(OH)_2+OH^-$		−0.56
	S	$+2e$	S^{2-}		−0.48
	$Cu(OH)_2$	$+2e$	$Cu+2OH^-$		−0.224
	$CrO_4{}^{2-}+4H_2O$	$+3e$	$Cr(OH)_3+5OH^-$		−0.12
	$NO_3{}^-+H_2O$	$+2e$	$NO_2{}^-+2OH^-$		+0.01
	$ClO_4{}^-+H_2O$	$+2e$	$ClO_3{}^-+2OH^-$		+0.17
	Ag_2O+H_2O	$+2e$	$2Ag+2OH^-$		+0.342
	O_2+2H_2O	$+4e$	$4OH^-$		+0.401
	$ClO_3{}^-+3H_2O$	$+6e$	Cl^-+6OH^-		+0.62
	ClO^-+H_2O	$+2e$	Cl^-+2OH^-		+0.90

为了能正确使用标准电极电势表,现将几项有关的问题概述如下:

① 在 $M^{n+}+ne\longrightarrow M$ 电极反应中,M^{n+} 为物质的氧化型,M 为物质的还原型,即氧化型$+ne\rightarrow$还原型。例如表 D.1 中 Na^+、Cl_2、$MnO_4{}^-$ 是氧化型,而 Na、Cl^-、Mn^{2+} 是对应的还原型。它们之间是互相依存的。同一种物质在某一电对中是氧化型,在另一电对中也可以是还原型,例如,Fe^{2+} 离子在

$$Fe^{2+}+2e\rightarrow Fe \quad (E^\ominus=-0.44V)$$

中是氧化型,在

$$Fe^{3+}+e\rightarrow Fe^{2+} \quad (E^\ominus=+0.771V)$$

中是还原型。所以在讨论与 Fe^{2+} 离子有关的氧化还原反应时,若 Fe^{2+} 离子是作为还原剂而被氧化为 Fe^{3+} 离子,则必须用还原型的 Fe^{2+} 离子相对应的电对的 $E^\ominus$ 值(+0.771V)。反之,若 Fe^{2+} 离子是作为氧化剂而被还原为 Fe,则必须用与氧化型的 Fe^{2+} 离子相对应的电对的 $E^\ominus$ 值(−0.44V)。

② 从表 D.1,表 D.2 看出,氧化型物质获得电子的本领或氧化能力自上而下依次增强;还原型物质失去电子的本领或还原能力自下而上依次增强。其强弱程度可从 $E^\ominus$ 值大小来判别。比较还原能力必须用还原型物质所对应的 $E^\ominus$ 值大小来判别。比较氧化能力必须用氧化型物质所对应的 $E^\ominus$ 值。

③ 标准电极电势和得失电子数多少无关，即与半反应中的系数无关，例如 $Cl_2 + 2e \rightarrow 2Cl^-$，$E^{\ominus} = 1.358V$。也可以书写为 $\frac{1}{2}Cl_2 + e \rightarrow Cl^-$，其 $E^{\ominus}$ 值 (1.358V)不变。

④ 表 D.1 和表 D.2 均为 298K 时的标准电极电势，由于电极电势随温度变化不大，故在室温下可以借用表列数据。

思考题

1. 能源在人类生活中的重要作用如何？
2. 何为石油？
3. 何为烃类化合物？
4. 何为同分异构现象？请举例说明。
5. 烷烃化合物的命名原则有哪些？
6. 汽油是何物？它是如何被提炼的？
7. 汽油、煤油、柴油的主要区别在哪里？
8. 表征汽油抗爆性能的指标是什么？
9. 辛烷值是如何被确定的？
10. 提高辛烷值有哪些方法？
11. 汽油中为什么会含有铅？
12. 政府为什么要禁用含铅汽油？
13. 为什么要进行汽油的重整？
14. 裂化汽油是如何得来的？
15. 为什么说直接烧煤是不科学和不合理的？
16. 煤的干馏产品有哪些？
17. 何为干馏？
18. 煤的气化有哪些方法？
19. 半煤气的成分为何？有什么重要的应用？
20. 水煤气是如何制备的？
21. 为什么水煤气又叫合成气？
22. 何为一碳化学？
23. 催化剂是一种怎样的物质？
24. 催化反应有怎样的特点？

25. 原子核是由什么构成的?
26. 何为同位素?
27. 何为质量亏损?
28. 何为平均核子结合能?
29. 是不是所有的原子核都能发生核反应?
30. 在核反应中为什么要控制中子的能量?
31. 为什么在受控核反应中要控制中子的数量?
32. 何为裂变? 何为聚变?
33. 何为中肯质量?
34. 核能在哪些方面可以得到利用?
35. 何为半衰期?
36. 什么是标记原子? 有什么应用?
37. 除了铀-235可以作为核能的原料外,是否还有别的元素?
38. 何为电极电位?
39. 怎样的化学反应才能构成化学电源?
40. 何为氧化还原反应?
41. 何为氧化数?
42. 如何从氧化数的计算来确定一个反应是否氧化还原反应?
43. 何为一次电池? 常用的一次电池是什么材料构成的?
44. 何为二次电池?
45. 发展中的新型电池有哪些?
46. 何为芳香族化合物?
47. 芳香族化合物有什么特点?
48. 芳香族化合物是如何命名的?

第三章　化学使人类丰衣足食

一、化 学 肥 料

农业出现在12 000年之前。当时的人口仅为1 500万。到1850年全球人口增为10亿，到1970年则猛增到50亿。而20世纪尚未结束，人口已突破了60亿。

随着人口的猛增，人类拥有的可耕地面积却在急剧地减少。我国的情况尤为严重，人口占全球的21%，可耕地面积只占11%。1983年全球有2 000万人（占总人口的0.5 %），因饥饿而死亡。更有5亿人（占总人口的12 %）处于严重营养不良。据2005年报载，全球仍然每天饿死2万人。消除饥饿成了全球的责任和难题。这个难题呼唤着科学给予可供选择的知识领域和解决方案。面对这个危机，化学学科是首当其冲的一门学科。它之所以重要，是因为化学学科能够有效地提供增加食物的手段，例如，提供化肥和农药。它们能确保在有限的土地上去提高单位面积的产量。

1. 化学氮肥

农作物的生长需要从土壤中吸收多种养分，其中以氮、磷、钾3种元素为最重要，需要量也最大，故称之为肥料三大要素。氮是植物体内蛋白质的重要成分，吸收适量氮肥能使枝叶茂盛，叶片增大，促进叶绿素的形成，从而有利于光合作用，可以提高农作物的产量。由于长年累月地从土地里吸取养分，土地中的自然肥会消耗殆尽。因此就必须不断地向土地施肥。

众所周知，空气中有取之不尽的氮气，但是除少数豆类植物和三叶草外，作物一般没有能力直接从空气中吸收氮气作为氮素营养。植物所需的营养是靠植物根部从土壤中吸取的。为此农业耕种的要素之一就是要不断地向土壤施肥。传统的方法则是施用农家肥。所谓农家肥，实际上就是人和牲畜的粪便。这种肥料有两个缺点：其一农家肥中真正的氮肥含量很低，因此需要大量泼施；其二由此而带来对环境的污染。化学家们早就希望能有一个化学物质来取代农家肥。当然，这种化学物质必须符合以下几个条件：

① 这是一种简单的化合物，易于合成。

② 原料丰富，价格低廉。

③ 这种化合物必须有极好的水溶性。

根据这几个条件，人们很快就想到了氨（ammonia）。氨是一个十分简单的化合物，理论上由氢和氮即可合成。而氮气则是取之不尽用之不竭的东西，氢气的来源也十分丰富，很容易得到。再加上氨在水中有极大的溶解度。在0℃时，一个体积的水可以吸收1 200体积的氨，在20℃时也可吸收700体积的氨。最为突出的优点则是氨分子中含氮量达到了82%以上。这是一个极为理想的化学氮肥。

然而，这个貌似简单的反应，实际上却是不简单。起初，人们采用各种条件企图以氢和氮来合成氨，都以失败而告终。究竟是什么原因呢？原来，化学反应是一个破旧立新的过程，先是原有的化学键断裂，然后再建立新的化学键。在这个反应中，先要分别打开氢原子的H—H单键和氮原子的N≡N三重共价键。其中，欲打开氮原子的三重键，需要极高的能量，在现有的条件下是无法实现的。这犹如相距不远的A和B两地，从A到B本来轻而易举，但却有一座喜马拉雅山横在路中，因而使两地相通成为不可能。合成氨反应也是如此，反应过程中的能位如图3.1所示：

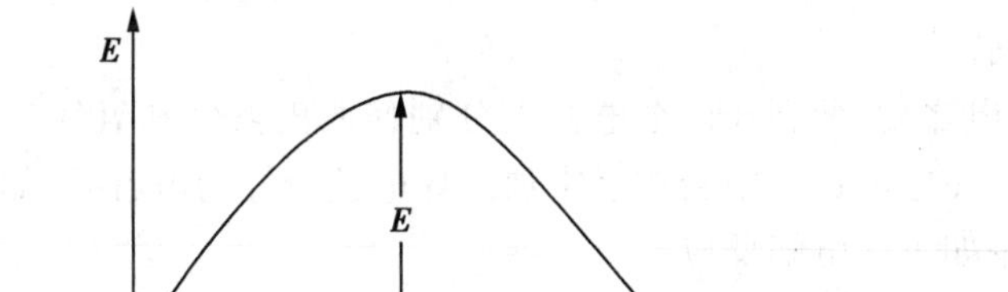

图3.1　合成氨位能示意图

图中E为反应所需的活化能，也就是说，参与反应的分子，必须具备这能量，反应才得以实现。怎样才能实现这个合成氨反应呢？正如我们需要从A地到B地一样，既然有座跨越不了的高山，我们就绕道走。1910年德国化学家哈伯尔成功地以氢和氮合成了氨。他所使用的方法就是"绕道走"。在他的方法中采用了一种被称之为催化剂的αFe，成功地实现了氨的合成。由于催化剂的存在，改变了原有的反应途径，大大地降低了反应所需的活化能(见图3.2)。

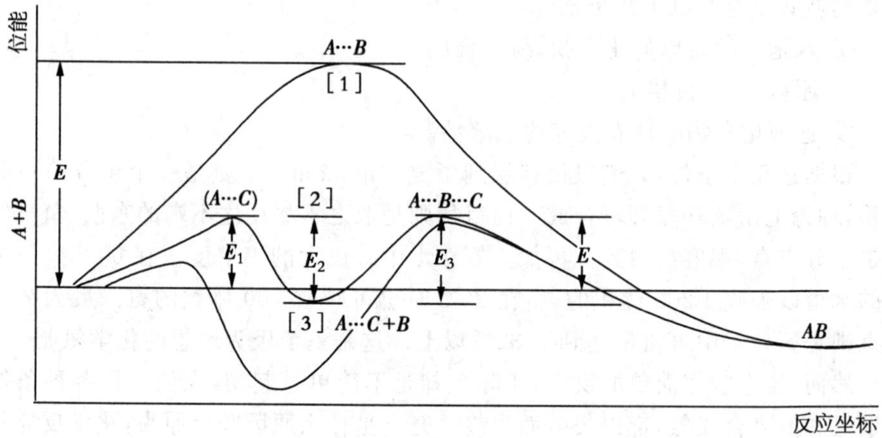

图 3.2　催化合成氨反应位能示意图

图中合成氨的反应不再需要去爬喜马拉雅山，它沿着路线[2]或路线[3]就实现了氨的合成。由此可见，改变反应途径是手段，其实质是大大降低了反应所需的活化能。

合成氨所需的原料是氮和氢，其中氮存在于空气中，是取之不尽，用之不竭的材料。因此，合成氨的关键在于找到廉价的氢。氢的来源有如下几种途径。

(1) 电解水

在水中通电之后，便会在两个电极上分别释放出氢气和氧气。由于纯水的导电性极差，通常在电解过程中会在水中加入导电性较好的电解质，如酸或碱。在酸性介质中，发生如下的电解反应：

阴极上：

$$2H^+ + 2e \longrightarrow H_2\uparrow$$

阳极上：

$$H_2O \longrightarrow 2H^+ + \frac{1}{2}O_2\uparrow + 2e$$

在碱性解质中，则

阴极上：

$$2H_2O + 2e \longrightarrow H_2\uparrow + 2OH^-$$

阳极上：

$$2OH^- \longrightarrow H_2O + \frac{1}{2}O_2 \uparrow + 2e$$

由于酸性介质会带来腐蚀等问题，一般电解水都采用氢氧化钠（NaOH）或氢氧化钾（KOH）溶液。以电解水制取氢的同时，还可得到纯氧。

（2）焦煤气

炼焦过程中的焦煤气中含有52%的氢气，经纯化处理后可作为氢源。

（3）烃类裂解

烃类化合物在高温的裂解反应也会产生氢气。

（4）天然气制氢

天然气中的主要成分是甲烷，因此可利用下列反应来制取氢：

$$CH_4 + H_2O \longrightarrow 3H_2 + CO$$

（5）水煤气

利用高温时碳和水的反应可制取氢：

$$C + H_2O \longrightarrow H_2 + CO$$

在小型合成氨工厂中，常使用水煤气法。先通空气使煤燃烧，达到一定温度时再通入水蒸气，这样交替操作后就得到一种混合气，含有 N_2、H_2 和 CO。其中 CO 在催化剂的作用下一步与水发生反应生成氢气 H_2 和 CO_2，除去 CO_2 后即为合成氨的原料。

氨是无色气体，具有特征的刺激臭味。当冷到零下33.4℃，即凝聚为液体，并在零下77.7℃时，凝为无色结晶固体。氨在室温即可被压缩成液体，这样就便于储存和运输。一般情况下，氨不会和空气发生反应。

氨在水中的溶解度极大，氨溶于水即为氨水，可以直接作为氮肥使用，但使用中必须注意安全，氨具有刺激性，使用浓度不能太高，也不要直接浇在植物的茎叶上。

使用更为方便的是由氨制成的各种铵盐，它们都是白色的晶体粉末，极易溶于水，被农民喜称为“肥田粉”。它们有：

硫酸铵	氯化铵	硝酸铵	碳酸氢铵
$(NH_4)_2SO_4$	NH_4Cl	NH_4NO_3	NH_4HCO_3

然而使大家预料不到的是，这些铵盐使用时间长了之后，土壤中会积累大量的阴离子，尤其是硫酸根和氯根，它们使土壤酸化，严重时还会让土壤发硬板化。这

严重地影响了农业的操作和作物的生长。

人类社会始终是在追求完美中发展的，氮肥的发展也是如此。氨水和“肥田粉”所暴露出来的问题迫使化学家们要提供更好的化学氮肥。当化学家们将液氨和二氧化碳在高压下进行反应，得到了一种白色的晶体物质，它们和从人尿提取出来的白色晶体物质一模一样，那就是尿素。

$$2NH_3 + CO_2 \longrightarrow CO(NH_2)_2 + H_2O$$

尿素的化学名称为碳酰二胺，分子式为：

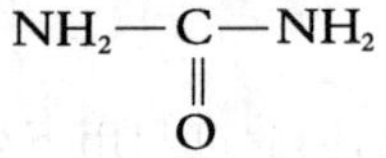

尿素的相对分子质量为 60.06，含氮量为 46.65%，是一种无色、无味、无臭的针状或棱状结晶体。它是一种有机化合物，最初是从人和动物的尿液中提取出来的晶体物质。尿素也是易溶于水的物质。在土壤中，尿素会慢慢地释放出氨让作物吸收，且不会对土壤造成任何不良影响。

综观尿素的性质，作为化学氮肥，它又如下优点：

1）尿素的原料就是氨，合成的条件也不困难，只要有氨就能合成尿素。

2）尿素易溶于水，农业上操作十分方便。

3）尿素在各种化学合成的氮肥中含氮量是最高的（见表 3.1）。

表 3.1　各种合成化学氮肥的含氮量

化学氮肥名称	含氮量/%
尿素	46.65
硫酸铵	21.21
氯化铵	26.10
硝酸铵	35.00
碳酸氢铵	17.72

含氮量意味着氮肥的肥分，含氮量愈高，肥分也愈高，同样重的化肥，其肥效就高。1 kg 尿素的含氮量几乎等于 2.2 kg 的硫酸铵，1.3 kg 的硝酸铵，1.8 kg 的氯化铵，2.6 kg 的碳酸氢铵。

4）尿素是中性的，使用与各种土壤及各种农作物，不会产生对土壤有害的化学基团，长期使用不会使土壤酸化、变硬、甚至板结。在土壤中，尿素水解后，除含氮部分被作物吸收作为养分之外，还产生二氧化碳供作物吸收利用。

尿素可作为基肥，也可作为追肥，还可以在根外施肥和叶面上喷洒。所欠缺的是它不能作为种肥。因为在尿素中会含有一些缩二脲，它会阻滞种子的发芽，对催种不利。这也就是为什么在较先进的尿素生产中，要控制缩二脲含量的原因。目前，尿素中缩二脲的含量一般控制在1%左右，只要低于2%，其产生种子发芽的阻滞作用就不明显。

小品 轰动科学界的白色粉末

19世纪初一种广为流传的"生命力"论认为：有机化合物是通过一种只存在于活体动植物中的生命力产生的。在实验室里，或在酿造啤酒和葡萄酒的作坊里，这种有机物能够变成其他化合物，而绝对不可能用组成这种有机化合物的元素来合成它们。当时的化学研究也正是局限在无机化合物及其反应的范围内，谁也没见过有人工合成的有机物出现。

然而，德国化学家弗·武勒的一个实验，彻底改变了这一状况，生命力论受到了严重的打击。武勒是靠近法兰克福的一所学校校长的儿子，曾在马堡和海德尔贝格学医，他在海德尔贝格时的出色工作，引起了德国化学家盖莫林的注意，最终是盖莫林使武勒对化学产生了强大的兴趣，并最终放弃了学医，而以化学作为自己的终身的专业。在柏林大学任职期间，他的研究当然也是无机化学的领域。

1828年他打算合成氰酸铵(NH_4OCN)。他用氯化铵(NH_4Cl)溶液处理氰酸银，结果得到一种白色晶体。他对白色晶体进行了性质鉴定之后发现，它丝毫没有氰酸盐的性质，也就是说似乎并没有氰酸根(—OCN)。于是他又用氢氧化铵处理氰酸铅，分离掉氧化物后也得到了这种无毒的白色晶体，使他感兴趣的是，这种物质似乎具有有机物的性质。因为是含氮化合物，武勒猜想会不会是生物碱呢？然而经过测试，它也不具备生物碱的特性。查阅资料后突然发现，这种物质与普劳特和普鲁斯特等人所描述的从人和动物尿液中提取出来的白色晶体——尿素的性质十分相似。经过反复的试验和进一步的确认，武勒肯定他合成的物质就是尿素。于是武勒兴奋极了，立即给当时化学界的大权威——瑞典的化学家柏采利乌斯写了一封信，信中得意洋洋地说"我可以不用人或狗的肾脏，也能获得尿素……"。武勒的兴奋是由道理的，因为在他之前没有任何人可以从无机物去合成有机物。尽管他并不是刻意去合成有机物，但所获得的结果却是令人兴奋的。一次歪打正着却使"生命力"论晕头转向了。这种合成出来的白色粉末，轰动了整个化学界，同时也开创了一个极为重要的领域——有机

合成。生命力论当然就不攻自破了。现在,我们已经清楚,武勒当时的化学反应是这样的:

$$AgOCN + NH_4Cl \longrightarrow AgCl\downarrow + NH_4OCN \longrightarrow NH_2{-}\overset{\overset{\displaystyle O}{\|}}{C}{-}NH_2$$

当然,现代化学工业生产尿素绝不会用它当时的合成方法。

2. 化学磷肥和钾肥

(1) 磷肥

磷是农作物种子里含量较多的营养元素,在数量上仅次于氮和钾。

土壤中的磷含量不多,一般含有 0.05%～0.35%,其中可为农作物吸收的有效磷只占 30%左右。为此必须不断地向土壤补充磷肥,以满足农作物的生长需要。磷肥施入土壤后,农作物吸收利用的只有当年施用量的 20%～40%,其余部分将被土壤固定,一年或几年后才能显示出肥效。

含磷物质作为肥料可以追溯到久远的古代,当时尚未意识到磷酸盐就是植物所需的营养成分。人们认为动物的尸骨、鸟粪以及鱼屎等才是肥料。他们在发生过战争的战场上挖掘尸骨来补充土地的肥分。这实际上就是补充磷肥,因为尸骨中含有大量的磷酸盐。1831 年奥地利化学家库勒利用硫酸来处理尸骨,使其转变为可溶解的形式,并称之为过磷酸盐。1843 年拉乌斯用同样方法去处理磷矿石,也可以得到过磷酸盐:

$$\underset{\text{(不溶性)}}{\underset{\text{磷矿石}}{Ca(PO_4)_2}} + 2H_2SO_4 \longrightarrow \underset{\text{(可溶性)}}{\underset{\text{过磷酸钙}}{Ca(H_2PO_4)_2}} + 2CaSO_4$$

目前,作为磷肥的原料多为磷矿石,虽然自然界里有许多磷矿石,但可供选择的并不多。这是因为对磷肥的要求是含磷量要达到一定的比例。五氧化二磷是磷肥中的有效成分,所以常以五氧化二磷的含量来衡量矿石的磷肥效率。此外作为农肥,必须是水溶性的,因此这种矿石最好是能溶于水的含磷化合物,或经过一定的化学处理后有足够的可溶性磷。

将矿石磨成细粉即可作为磷肥的被称之为磷矿粉肥。这是一种慢效肥料。这可以理解，因为在这种磷肥中多为不易被农作物吸收的难溶性磷，它必须借助于土壤中的各种化合物，特别是酸根以及微生物的作用，将其转变为可溶性而被植物吸收，这当然需要足够的时间。但是这种磷肥有后劲，肥效可持续数年。

磷酸盐按其溶解性可分为水溶性、枸溶性和难溶性 3 种，前两种在磷肥中称之为有效磷。水溶性磷肥的主要成分为：磷酸二氢钙[$Ca(H_2PO_4)_2$]。枸溶性磷肥是难溶或不溶于水，但可溶于酸度相当于 2%枸橼酸（即柠檬酸）溶液的磷肥，其成分为：磷酸一氢钙（$CaHPO_4$）。难溶性的如磷酸钙[$Ca_3(PO_4)_2$]。计算磷肥肥效是只计有效磷。

磷矿石常用酸洗处理，如用硫酸（H_2SO_4）、硝酸（HNO_3）、盐酸（HCl）及磷酸（H_3PO_4）处理，所得产品称为酸洗法磷肥，制成品有：

重过磷酸钙（磷酸处理）　　有效磷为 45%～52%

过磷酸钙（硫酸处理）　　有效磷为 16%～18%

沉淀磷肥（用硫酸、盐酸等分解矿石，然后加石灰中和而得）　　有效磷 25%～35%

磷矿石也可用高温处理，所得产品为热法磷肥。

有如下产品：

脱氟磷肥（加 SiO_2 后升温至 1 400℃去氟）　　有效磷 28%～30%

钙镁磷肥（以含镁硅酸盐为配料，升温到 1 400℃）　　有效磷 14%～20%

此外尚有：

安福粉（以氨中和磷酸，含氮 11%～16%，含磷 45%～52%）；

钢渣磷肥（含磷高的铁矿炼出的渣）。

(2) 钾肥

钾肥对农作物也是不可缺少的，与氮和磷同为植物营养三要素之一。

土壤中的含钾量一般在 0.3%～2.5%左右，比氮和磷要多得多。如果这些钾都能被利用，则土壤中的钾于植物所需是足够的，可以用上一二百年。然而，土壤中钾主要是以矿物形式存在，绝大部分（98%以上）不能为植物所用，这迫使人们不得不向土壤施有效钾肥。

钾肥的来源主要也是含钾的矿石，如可溶性的钾盐——氯化钾、硫酸钾以及它们的复盐。自然界存在有氯化钾含量极高的矿，称之为钾石矿，其中还含有氯化钠。加拿大盛产这种矿石。用这种矿石制作钾肥，加工流程简单，生产成本低，所以这种矿石是钾肥工业的主要原料。

以钾石矿制取氯化钾的工艺可分为两类：

其一，为化学方法，即溶解结晶法。这是根据氯化钾和氯化钠在不同温度时，在水中的溶解度不同来将两者分开的方法。氯化钾的溶解度是随温度上升的，而氯化钠的溶解度与温度的关系变化不大。如果我们在 20℃ 时，制备一种溶液，使氯化钾和氯化钠呈饱和状态，然后将该溶液加热到 100℃。此时氯化钾已呈不饱和状态，而氯化钠仍处于饱和状态。若用这种溶液去浸泡钾石盐，那么其中的氯化钾又可溶解下去，而氯化钠已饱和，不会再溶解。直到氯化钾再度饱和，就可以让溶液冷却下来，由于氯化钾的溶解度急剧下降，溶液中的氯化钾就会结晶出来。而氯化钠的溶解度随温度下降还略有升高，当然就不可能结晶出来。通过这种反复的提温溶解，降温结晶的循环过程，就可将钾石矿中的氯化钾和氯化钠分离开来。

另一个方法则为机械富集法(即浮选法和重力选法)。浮选法是利用氯化钾和氯化钠的颗粒表面被水润湿程度不一样来将两者分开的。在一般情况下，水对两者的润湿程度相差不大，但当我们在水中加入十八胺醋酸盐($C_{18}H_{37}NH_2 \cdot CH_3COOH$)或十八胺盐酸盐($C_{18}H_{37}NH_2 \cdot HCl$)之后，两者润湿的差别就扩大了，它使氯化钾表面不润湿。我们利用这个特点，在矿石制成的浆料中加入十八胺盐，再加一些发泡剂等化学物质。当向浆料鼓入空气，产生大量气泡时氯化钾颗粒就会被气泡带到浆料的表面，而氯化钠则因润湿而仍然留在浆料中。此时只要将浆料表面的颗粒收集起来，绝大部分均为氯化钾。

至于重力选法则是根据两者的密度不一样来将两者分开的。氯化钾的密度为 $1.98\,g \cdot cm^{-3}$，氯化钠的密度为 $2.17\,g \cdot cm^{-3}$。这种差别并不明显，所以在共饱和的溶液中(密度为 $1.2\,g \cdot cm^{-3}$)很难将它们分开。只有找到一种液体，它的密度处于这两者之间，于是在重力的作用下钾盐上浮而钠盐下沉，两者自然分开。这种密度介于两者之间的液体是通过在某饱和溶液中加入磨得很细的铁粉等密度较大的矿物来达到的。

钾肥的另一个丰富来源则是海水。海水是目前已探明的含钾最丰富的资源。粗算其含钾量可达 500 万亿吨，但由于海水的量大，因此海水中钾的浓度确实很低，每吨海水仅 0.38 kg 钾。因此，从海水中直接提取钾肥的经济成本使其工业化的可能性不大。尽管如此，海水这么丰富的钾资源总是一种潜在的钾肥来源。

生产水泥过程中产生的窑灰也含有钾，把窑屋及烟囱中排出的灰尘收集起来就是很好的钾肥。

最后，还得提一提农村中常用的草木灰，这也是一种钾肥。草木灰中一般含有 5％的钾。施用草木灰时，不要在大雨前施撒，施撒后也不要大量浇水。因为草木灰中的钾盐主要是碳酸钾，极易溶于水，很容易流失。此外，草木灰是碱性的，不宜和酸性的化肥，如硫酸铵等混用。

3. 微量元素肥

如果我们将植物煅烧成灰，从灰中可以分析出，除碳、氢、氮、磷、钾这样的常量元素外，还有一些其他的元素。它们的数量虽然极微，但植物既然含有这些元素就证明这些元素必然是植物生长过程中所必需的元素。它们是：硼、锰、锌、铜、钴、钼、铁等元素。

在土壤里通常是会含有这些植物所需的微量元素，由于植物对这些元素的需求量极微，所以人们并不在意这些元素的作用。但是如果一旦土壤里缺少了某种微量元素，则植物的生长就会受到影响，此时少量元素肥料的施撒则会出现奇迹。

> **小品　皮靴带来的郁郁葱葱**
>
> 新西兰的一位牧民，种植了一大批三叶草。然而，这片牧草长得并不怎样，稀稀拉拉，甚至叶黄枝枯。可是，就在这片不景气的牧草地中，却有一小片长得特别茂盛，郁郁葱葱，煞是好看。牧民百思而不得其解，同样的种子，同样的管理，为什么这一小片就长得如此之好？后来在科学家们的帮助下才搞清楚。原来长得好的那片牧草地上，有一条供旁边工厂的工人们通行的近路。这是一家生产钼矿粉的工厂。工人们的皮靴上常常沾有大量的钼矿粉，因此这片牧草地上就散落了许多钼矿粉，于是这片牧草就长得特别好。原来，牧草生长过程中需要钼作为营养物质，原先牧草长不好就是因为缺钼。工人们知道后，就为牧民在这片草地里到处走，可以想象，牧草还能长得不好吗？

微量元素是植物体内酶、维生素、激素等的组成部分，直接参与植物的代谢过程。

钼　我国钼矿资源丰富，凡是能够为作物吸收利用的含钼物质，都可作为钼肥。如：三氧化钼（MoO_3 含钼 66%），钼酸钠（$Na_2Mo_4 \cdot 2H_2O$ 含钼 39%），仲钼酸铵[$(NH_4)6Mo_7O_{24} \cdot 4H_2O$ 含钼 54%]。经过焙烧的辉钼矿石以及含钼的工业废料均可作为钼肥施用，其中以仲钼酸铵为最好。仲钼酸铵的生产原料为钼精矿（含 MoS_2 85%）其生产过程中的化学反应如下：

$$MoS_2 + \frac{7}{2}O_2 \longrightarrow MoO_3 + 2SO_2 \uparrow$$

$$MoO_3 + 2NH_4OH \longrightarrow (NH_4)_2MoO_4 + H_2O$$

$$4(NH_4)_2MoO_4 + 6HCl \longrightarrow (NH_4)_2O \cdot 4MoO_3 \cdot 2H_2O \downarrow + 6NH_4Cl + H_2O$$

$$(NH_4)_2O \cdot 4MoO_3 \cdot 2H_2O + 6NH_4OH \longrightarrow 4(NH_4)_2MoO_4 + 5H_2O$$

$$7(NH_4)_2MoO_4 + 8H_2O \xrightarrow{\triangle} (NH_4)_6Mo_7O_{24} \cdot 4H_2O + 8NH_4OH$$

铜 我国应用的铜肥主要是硫酸铜。这是一种天蓝色的晶体物质，其分子式为：$CuSO_4 \cdot 5H_2O$。如果脱去这 5 个结晶水，就成为白色的硫酸铜。在化学实验室里常用无水硫酸铜去检验一个体系有没有水，因为只要有水，白色的硫酸铜就会变成蓝色。硫酸铜还有杀菌作用，可作农药。生活中你还可以见到它们的踪影，如游泳池水的蓝色或卫生间用的蓝块，都是硫酸铜的作用。工业上常采用废酸和废铜屑来制备硫酸铜，先将铜放在反射炉中加温到 700℃，铜就被氧化为氧化铜，再和硫酸反应就得到硫酸铜。

锌 锌肥主要是硫酸锌。通常在水溶液中结晶出来的为 7 个结晶水的硫酸锌（$ZnSO_4 \cdot 7H_2O$），又称白矾或锌矾，是无色的针状晶体。结晶温度高于 70℃，则为一水硫酸锌（$ZnSO_4 \cdot H_2O$），温度高于 240℃ 则成无水硫酸锌。作为化肥主要是七水和一水硫酸锌。

硫酸锌的制备十分简单，只要是含锌的物料与稀硫酸作用即可。但要注意，反应中常有氢气放出，要防止氢的积聚而发生爆炸。闪锌矿（主要含 ZnS）也可用来制备锌肥：

$$ZnS + 2O_2 \longrightarrow ZnSO_4$$

锰 锰肥主要是可溶性的硫酸锰。常用的是三水硫酸锰。它由天然锰矿—软锰矿来制备。软锰矿的主要成分为二氧化锰（MnO_2）。用碳将二氧化锰还原为一氧化锰（MnO）：

$$2MnO_2 + C \longrightarrow 2MnO + CO_2$$

或

$$MnO_2 + C \longrightarrow MnO + CO$$

然后将一氧化锰的粉末投入硫酸中：

$$MnO + H_2SO_4 \longrightarrow MnSO_4 + H_2O$$

铁 铁肥主要是硫酸亚铁。作为肥料使用的是七水硫酸亚铁（$FeSO_4 \cdot 7H_2O$）。它是一种青绿色结晶体，所以又称铁矾或绿矾。它的制备也简单，只要将碎铁片溶于稀硫酸中即可：

$$Fe + H_2SO_4 \longrightarrow FeSO_4 + H_2$$

此外,还有从工业废酸洗液中提取硫酸亚铁的。因为工业废酸主要是废硫酸,当用酸溶铁制品以除锈时,就会得到大量的含铁废液,其中主要是硫酸亚铁,冷却到零下10℃左右就会有结晶析出。

硼 硼肥的品种有两大类。一类是单一的无机化合物,如硼酸、硼砂等。另一类是含硼肥料。

硼酸是从矿石中制取的,如从纤维硼镁石用酸来制备:

$$MgO \cdot B_2O_3 + 2H_2O + H_2SO_4 \longrightarrow 2H_3BO_3 + MgSO_4$$

硼砂则是采用碳碱法自硼镁矿而制得:

$$2(MgO \cdot B_2O_3) + Na_2CO_3 + CO_2 \longrightarrow Na_2B_4O_7 + 2MgCO_3$$

生产硼砂的废料(俗称硼泥)也可用来制造硼肥,既降低了成本,又防止了环境的污染,也是一举两得的好事。这种硼肥就是第二类含硼化肥。

玻璃肥 在化肥家族中还有一个奇怪的成员——玻璃肥。玻璃是无机硅酸盐,是一种不溶于水的物质,它怎么能做肥料呢?其实玻璃肥是将各种微量元素化肥与玻璃融合在一起而制成的颗粒。这是一种缓效化肥。尽管玻璃不溶于水,但在土壤以及植物根部所释放出来的化学物质的作用下,也会风化。虽然这种作用的速度极慢,但农作物对这些微量元素的需要量是极微的。因此释放出来的这一点点量已经足够了。用这种方式施肥,可以各得其所:其一,玻璃不会流动,不会溶解,所以不会流失;其二,释放量虽小,但已足够满足植物生长的需要;其三,一次施肥能管用好几年,能节省费用。

4. 近代农业与化学

农业的发展历史也是科技发展的历史。人类会将一切科技成果都应用于农业的生产实际中去,人们逐步从经验式的耕作过渡到更科学的经营中去。

随着近代植物生理学的发展,人们逐渐掌握了农业生产过程中的一些知识和规律,而这其中又有许多地方是和化学分不开的。化学领域中的发展,自然就促进了农业的发展。事物总是在不断地前进,时代的进一步发展,使得生活节奏不断加快,人们对生活品质的要求也愈来愈高。再加上人口数量的急剧增长,可耕地面积的日益减少,传统农业的长周期、低产出、口味单一等不利因素日渐显得不能适应现代人类的生活。在这种形势下，出现了近代农业的生产模式。同传统农业相比，化学在近代农业中所起的作用就更为显著了。甚至可以说是到了举足轻重的地步了。近代农业仅仅是这几十年的事，但它所表现出来的优势是传统农业所不能相比的。尽管很多地方仍然处于探索阶段，但它的前景无疑是十分宽广的，也许它还会成为农业发展史上的一个里程碑，一场革命。

(1) 气肥新概念

现代化温室大棚蔬菜栽培是指人们综合运用现代科学技术，人为创造出园艺作物生长发育的最佳环境和条件，从而获得高产、优质、高效的园艺产品的栽培方式。它涉及生物、生态、化学、物理、气象、光学、计算机、信息和市场运筹等技术。

大棚室温中的栽培与大田栽培的最大区别在于两点：首先，它是在一个近乎封闭的环境里。因此原先植物生长需要的二氧化碳，不能像在大田里那样，直接从空气中吸收。为此，必须在大棚和温室里向植物施加“气肥”——二氧化碳。其实，在大田的作物虽然可以直接从空气中吸收二氧化碳，但空气中的二氧化碳的含量也仅为0.033%(体积比)，远低于光合作用的最适宜浓度(约为大气 CO_2 浓度的3～5倍)。温室空气中的 CO_2 浓度就更低了，特别是当光照充足，作物生长茂盛，光合作用愈甚时，CO_2 的缺乏就成为提高产量中的受制因素。于是，在温室中向作物施放适量的 CO_2 气肥，就可以收到极大的效果。它带给作物的是增强抗病能力、提前上市、增加产量。

二氧化碳施肥在促进蔬菜作物生长发育、提高产量的同时也产生了许多生理效应，使作物本身光合系统吸收利用二氧化碳的能力得以提高，因而它作为温室或大棚生产的一项重要增产措施应受到重视，并应在生产中逐步得到推广和应用。

(2) 无土栽培

无土栽培(Soilless Culture)是近几十年发展起来的一种作物栽培新技术。它不是在土壤里栽培作物，而是把作物生长所需要的营养物质溶于水中，配成营养液，通过一定的栽培设施形式，在一定的栽培基质中，用这种特别配制的营养液进行作物的栽培。因为不用土壤，所以称“无土栽培”。

无土栽培有着其自身的巨大优点和经济意义。几千年来，人类所进行的农业生产，都是在大自然的支配和“恩赐”下进行的，完全处于“靠天吃饭”的依附地位。尽管农业生产技术和栽培条件不断有提高，但它仍然不能摆脱对大自然的这种依附。无土栽培技术的出现，无疑使农业生产和栽培得以从被动转为主动。此外，由于它摆脱了土壤栽培的种种局限，可以在不适宜于土壤栽培的地块上进行种植，从而扩大了作物的栽培领域，更能发挥让作物向自动化，工厂化发展的作用。

无土栽培的特点是以人工创造的作物根系环境取代土壤环境。这种人工创造的根系环境，不仅满足作物对矿质营养、水分、空气条件的需要，而且人工对这些条件还能加以控制和调整，借以促进作物的生长和发育，使它发挥最大的生产潜力，所以无土栽培的作物生长好、产量高、品质优良。

无土栽培中营养液的配制是关键，不同作物需要不同的营养液，营养液所需的常用材料大致有下列几种：

硝酸钙[$Ca(NO_3)_2$]——氮肥和钙肥源

硝酸钾（KNO_3）——氮肥和钾肥源

硝酸铵（NH_4NO_3）——氮肥源(易爆，较少使用)

硝酸钠($NaNO_3$)——氮肥和钠肥源(适合喜钠作物如甜菜)

硫酸铵[$(NH_4)_2SO_4$]——标准氮肥源

氯化铵(NH_4Cl)——氮肥源，不适宜忌氯作物，如马铃薯

尿素(NH_2CONH_2)——含氮最高的氮肥源

过磷酸钙[$Ca(H_2PO_4) \cdot H_2O + CaSO_4 \cdot 2H_2O$]——使用较广的磷肥

重过磷酸钙[$Ca(H_2PO_4)_2$]——高浓度的过磷酸钙

磷酸二氢钾(KH_2PO_4)——磷钾复合肥源

磷酸氢二铵[$(NH_4)_2HPO_4$]——磷氮复合肥源

偏磷酸铵(NH_4PO_3)——高浓度磷氮复合肥源

硫酸钾(K_2SO_4)——钾素肥源

氯化钾(KCl)——钾素肥源，不适宜忌氯作物，如马铃薯

硫酸镁($MgSO_4$)——俗称泻药，镁肥源

以上所介绍的肥源物质是供配制大量元素所选用的主要化学品。

在无土栽培中除使用供应大量元素的化学试剂外，还常需加入供应微量元素的化学品，主要有以下几种：

三氯化铁($FeCl_3 \cdot 6H_2O$)——铁肥源

硫酸亚铁($FeSO_4 \cdot 7H_2O$) 价廉的铁肥源

硫酸亚铁铵[$(NH_4)_2SO_4 \cdot FeSO_4 \cdot 6H_2O$]——不易生成沉淀

硫酸锰($MgSO_4 \cdot 3H_2O$)——锰肥源

硫酸锌($ZnSO_4 \cdot 3H_2O$)——锌肥源

硼酸(H_3BO_4)——硼肥源

硼砂($Na_2B_4O_7 \cdot 10H_2O$)——硼肥源

硫酸铜($CuSO_4 \cdot 5H_2O$)——铜肥源

钼酸铵([$(NH_4)_6Mo_7O_{24} \cdot 4H_2O$])——钼肥源

(3) 地膜技术

近代农业中的一项新技术就是应用聚合物薄膜建造的大棚或直接覆于大田的地膜技术。用于地膜技术的高分子材料常为聚氯乙烯。

使用这种薄膜有许多优点：首先，塑料薄膜的透光性能相当好，仅次于玻璃。据测定聚氯乙烯的透光率达 70%～80%(玻璃 85%～90%)。在阴雨天，光线较弱，塑料薄膜仍能透过大量的光，特别是透过紫外线，而光照则是农作物进行光合作用必不可少条件。其次，用了塑料薄膜之后起到了保温作用。不仅是因为薄膜减少了因空气流动的热量损失，更由于薄膜本身的热传导性能较差，不会轻易将热量散发出去。它的热传导率只有玻璃的 1/4。换句话说，它的保温作用比玻璃强 4 倍。这样，在阳光充足的白天，光线透过薄膜可以使膜内温度升高，夜晚薄膜又能保温，使农作物加速生长。最后，塑料薄膜质轻又薄，省料省力。通常薄膜的厚度仅 0.09 mm，比一般工业和民用的塑料薄膜(0.23 mm)薄得多。它只是玻璃厚度的 1/10 到 1/15，质量仅为玻璃的 1/40 到 1/45，成本仅是玻璃的1/6。塑料薄膜不易破碎，能展能卷，耐水、耐腐蚀、不怕冷，不怕热具有一定的牢度。制作时只需高频发生器或电烙铁即可操作，十分简便。

塑料大棚具备了暖房的条件，可以让农作物不受气候条件的影响，一年四季随时都可培植。

覆盖大田的薄膜可促进作物的生根发芽，缩短生长周期，提高存活率。例如，水稻是喜温作物，稻谷发芽的最佳温度是 28℃～32℃，最低不能低于 10℃。这样的条件，对晚稻育秧可能问题不大，然而，对早稻却带来了麻烦，因为那时的气温显然不能达到最佳，甚至不能存活。现在采用地膜育秧，温度可以保持在最佳，且秧苗发育比自然条件下的情况更好，产量也因之提高。据报道。用地膜育秧，可使温度提高 4℃～6℃，甚至更高。这就能使播种提前 10～20 天，产量也能提高 20%～30%。

还有报道说，塑料薄膜还用于养蚕事业。蚕房用塑料薄膜覆盖，不仅温暖，而且水分不易散失，桑叶可以保持鲜嫩，蚕儿长得快，长得好。

塑料薄膜还有很大的灵活性，它可以根据不同的用途，制造成不同的型式。如，为了调节温度，可以有打了孔的有孔薄膜。为了防止烈日暴晒，也可制成纱状薄膜，既可遮阳又可防止害虫进入。在储备粮食时，也有用塑料薄膜覆盖加以密封，抽去空气后再灌入氮气，以防止粮食因呼吸作用而升温并出现霉变。

总之，塑料薄膜开创了近代农业的新篇章。

二、化学农药

除了人类对粮食有兴趣之外，自然界中还有许多昆虫对粮食作物的枝叶和种子有兴趣。它们在和人类争夺粮食。如果人类对此听之任之，那么，每年就要损失 15%～30 %的粮食。这不是一个小数。人类社会本来就已经缺粮，再损失这么多，就会导致更多人因得不到粮食而死亡。唯一的办法就是奋起与虫斗争，从虫口夺粮。为此，杀虫剂就应运而生。从某种意义上说，农药是从杀虫剂开始的。

1. 合成杀虫剂

人类最早使用的杀虫剂，我们不妨把它称作为配方式杀虫剂。这是以自然界已有的物质，包括矿石和动植物为主制作成的各种配方。最有名的就是玻尔多液（硫酸铜加石灰水）及石灰硫磺合剂。可以看出，配方中的每一个组分，都或多或少对昆虫和病菌有点杀伤力。例如，波尔多液中的石灰水是氢氧化钙，具有较强的碱性，硫酸铜（$CuSO_4$）本身就有杀菌作用，生活中常见使用硫酸铜来达到杀菌的目的。然而，两者的结合所起的作用不是简单的叠加，它比每一个单独的组分有更强的杀灭作用。这就是配方式杀虫剂的特点。波尔多液的问世，曾消灭了一场蔓延甚广的葡萄园病虫害。

然而，人们对第一代杀虫剂并不满意，首先是自然界对害虫和病菌有威慑力的材料有限，配方就更有限了。其二，这种杀虫剂的效果并不十分理想。1939 年瑞士的一位医生缪勒尔向化学家们呼吁，能否主动地去合成一些化学物质，专门用来杀灭害虫。这个建议竟成了化学发展历史上的一个里程碑。因为它导致了合成农药的出现。并有人将合成农药称之为第二代农药。

(1) 有机氯农药

第一代合成农药为有机氯化合物。首先推出的就是 DDT。该化合物早在 1804 年就由德国化学家齐德勒合成出来。缪勒尔的功劳在于发现了它的杀虫活性。

DDT 的化学结构式为：

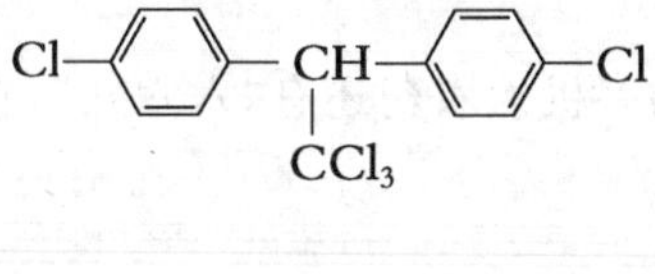

由于当时的商品名称为二氯二苯三氯乙烷,根据英语名称的字头,就称为 DDT 同时,因为该化合物中氯元素特多,人们就称它为有机氯农药。

它可以从非常廉价的原料和非常方便的合成路线来制备:

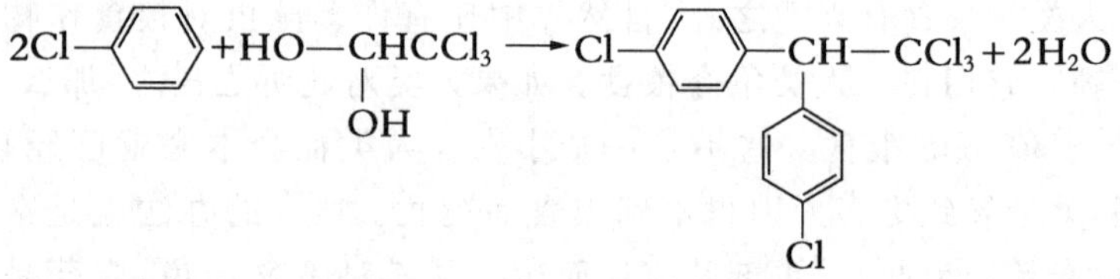

DDT 的使用曾挽救了千百万人的性命。首先,它平息了欧洲的一场大瘟疫。当时,这种瘟疫是因老鼠身上的跳蚤传播的。消灭瘟疫的关键在于消灭传播源。在 DDT 问世之前这是很困难的。而 DDT 的使用立即使所有的跳蚤全部死亡,从而一场瘟疫就戛然而止。

DDT 还在第二次世界大战中帮了美国军队的大忙。当时美国有一部分部队在东南亚丛林里作战,部分士兵在埋伏时因忍不住小虫的叮咬而暴露目标,耽误了战机。美国国防部下令所有部队配备 DDT,所到之处首先喷洒 DDT 以防止出现上述情况。结果在第二次世界大战的数据统计中发现,美国军队在第二次世界大战中,因传染病而死亡的士兵人数是所有国家中最少的,而德国因传染病死亡的士兵人数比战死的人数还要多。

20 世纪四五十年代,我国南方居民几乎家家必备 DDT,当时有一种称作为"臭虫"的小虫,身体特别扁薄,能钻在木缝或席缝中,到了晚上趁你熟睡之际咬你并吸你的血,十分可恶。一旦你发现了它,将它掐死就会闻到一股恶臭,臭虫之名也因此而生。DDT 问世之后,就用它向木缝或席缝中喷洒,所有的臭虫就会立即爬了出来,此时只要用事先准备好的开水浇上去,臭虫必死无疑。正是 DDT 让臭虫绝了迹,现今再也见不到臭虫了。

在很短的时间内,DDT 立刻在全世界范围内得到了极为广泛的应用,并取得了巨大的效果。根据世界卫生组织的统计,至少挽救了 1 500 万人的生命,更使成亿的人摆脱了传染病。就印度而言,使每年 7 500 万的伤寒症病例降到了 500 万。1954 年实施灭蚊计划之后,印度人口的平均年龄提高了 15 岁。应该说 DDT 的出现是划时代的,因为人类从此有了控制传染病的有效办法了。

和 DDT 同时被使用的有机氯农药还有"六六六",它的化学结构式为:

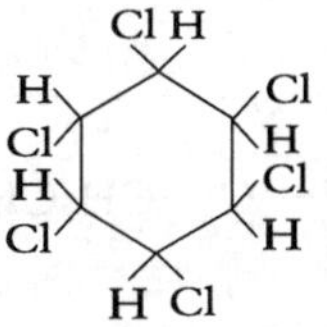

因为该化合物中正好是 6 个碳,6 个氢,6 个氯,所以才称其为六六六。与石灰拌在一起撒在阴暗潮湿的地方就可起到杀菌消毒的作用。

然而,有机氯农药的大量使用,导致了昆虫对 DDT 等的抗药性,且这种抗药性会遗传。这就迫使人们不得不加大剂量。随着 DDT 的大量使用,我们的土壤,水域都受到了污染。我们每天喝的水和吃的大米里都有 DDT,严重地威胁着人和牲畜的生命安全。最后只能选择放弃使用。但是,虫还得杀,人们期待着新杀虫剂的诞生。

(2) 有机磷杀虫剂

化学家们果然又推出了有机磷杀虫剂。最先推出的有机磷杀虫剂是“敌敌畏”。它的化学结构式为:

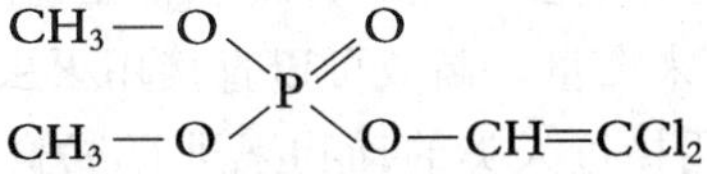

我们可以把它理解为一个磷酸酯。磷是五价的,它接有 4 个氧,其中一个是双键。3 个单键的氧各接一个氢,就是磷酸。而当 3 个单键的氧分别接上有机基团甲基和乙烯基时,就成了有机磷化合物。

敌敌畏的问世让人们见识到了更有效的杀虫剂。过去点蚊香只能让蚊子远离烟区,最多也只是暂时性的被击倒。而敌敌畏却能击毙蚊子。20 世纪 60 年代上海开展群众性灭蚊工作时就使用敌敌畏。用一个盆铺上几张软纸,再倒一点敌敌畏,放在房间的中间,紧闭门窗,然后点着软纸后离开房间。随着纸张的燃烧,敌敌畏被蒸发汽化,一小时后,就会看到屋内所有的蚊子全被击毙在地下。敌敌畏的杀虫高活性,激励了化学家们去推出更多的有机磷杀虫剂。如:

甲胺磷

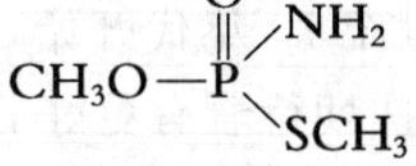

1605(对硫磷)

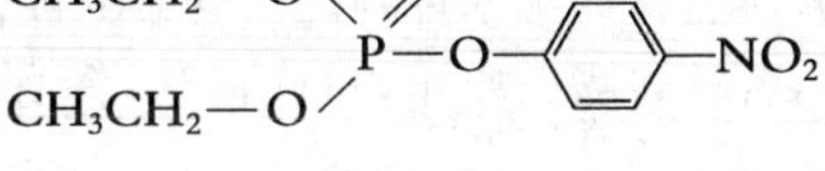

1059(内吸磷)

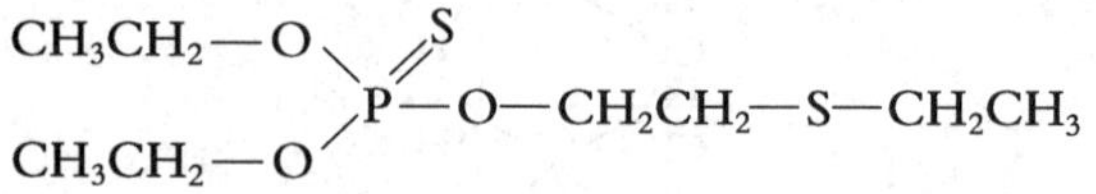

这些农药的杀虫活性比敌敌畏更甚,但它们的毒性也高,上海郊县使用过1059杀虫剂的地区,当年夏天不用点蚊香,一个蚊子都没有。当然,在河里或者湖里的鱼虾也急剧减少。人们开始担心了,这些有机磷杀虫剂在杀虫的同时,是否也会杀人?安全问题被提到首要地位来考虑了。

化学家更是意识到,一味地在实验室内合成高活性杀虫剂,于人和牲畜的安全和环境污染而不顾,既没有尽到社会责任,更是一种不科学的表现。大家达到一个共识,在农药开发中,安全是第一位的。在全球范围内提出了一个化学家们必须共同遵守的"八字方针"。这就是:高效、低毒、价廉、广谱。高效是指杀虫的活性;低毒是指对人和牲畜的毒性要低;价廉理所当然是减轻农民的负担;广谱则意味着一个农药可以杀灭各种类型的害虫。为了评价和衡量一个新开发的农药是否能投入使用,就必须以八字方针来衡量。高效可以直接用灭虫的活性来衡量,而低毒却不能直接以人来做试验。用接近人类的动物来进行试验是最好的办法,但无论是猩猩还是猴子都太过于昂贵。于是常用繁殖得最快和最廉价的动物——老鼠,来进行试验。这里就要引进一个与动物试验有关的参数——"致死中量"(LD_{50})。LD_{50}是指:能使一组被试验的生物群体50%死亡的药剂量。通常以试验动物的每公斤体重来表示。如:

杀虫剂名称	$LD_{50}/mg \cdot kg^{-1}$
敌敌畏	50～80
甲胺磷	20～30
1605	4～13
1059	2～3

从上述数据可以看出1605和1059这样杀虫剂的毒性极高,对人和牲畜的威胁太大,所以不适宜作为农药,从20世纪70年代开始,世界各国已陆续禁用有机磷农药中毒性较大的品种。人们又一次期待着有更好的农药出现。

(3) 毒豆浆的启迪——氨基甲酸酯杀虫剂的诞生

17世纪欧洲的冒险家踏上了非洲尼日利亚的卡巴拉省,在该省东南克劳斯河口见到了当地爱非克土族所盛行的巫术审判。长老命令被告喝下一杯由卡拉巴豆浸泡出的乳液,然后跑步,若被告嘴巴突出,口吐白沫,浑身颤抖而死则是有罪的;

相反若仅仅是呕吐则被视为无罪。这是纪实小说“冒险家手扎”所描述的一段情节。瑞士嘉基公司的员工在读小说时，被其中的豆浆所吸引。它们认为这种豆浆肯定是有毒的，因为被告表现的行为全是中毒症状。果然不出所料，卡拉巴豆就是生物学中属于毒扁豆的一个品种。其中有一种叫毒扁豆碱的成分为：

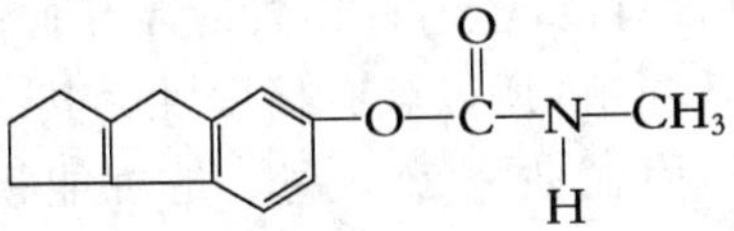

而毒性则来源于结构式右边的胺基甲酸基。

直到20世纪中叶，嘉基公司终于模拟合成出了类似的化合物，经活性测定确有较强的杀虫效果。而对于人和牲畜的毒性又很小，于是胺基甲酸酯类的化合物成为又一种新的杀虫剂。如常用的农药甲萘威就是：

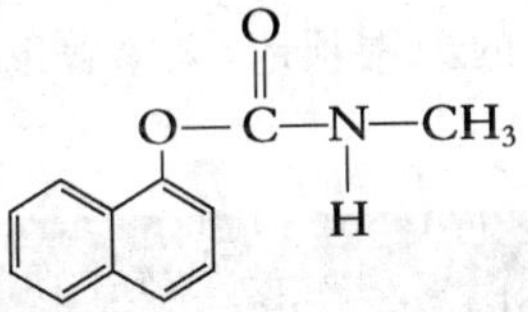

然而，在制备胺基甲酸酯的过程中却要用到一种原料异氰酸酯：

$$CH_3—N=C=O$$

这是一种剧毒的物质。空气中含量15 ppm，人吸入后就会中毒。1984年12月3日，印度博帕尔市曾发生一桩惨案。那是由于美国联碳公司的一个异氰酸酯储罐泄漏，造成了惨重的伤亡，成为世界八大灾难事件之一。

胺基甲酸酯类化合物虽然符合八字方针，效果很好，但并不是一个好农药，因为在制备过程中依然存在着潜在的危险，人们不得不去开发更安全的农药。化学家们也在积极地寻找更好，更安全的杀虫剂，他们注意到了自然界中的一种植物，天生就具有抗虫的能力，对这种植物的研究导致了新一代农药的诞生。

(4) 菊花的启迪——拟除虫菊酯的问世

印度盛产一种菊花，这种菊花在开花期间，没有一种昆虫敢停留在其花上，即使你抓一个昆虫放在花上，它也会立即挣扎着离开菊花。人们称它为“除虫菊”，并用这种花制成蚊香，就有极好的驱蚊效果。科学家们却想到，在这种菊花里一定存在着一种使昆虫感到恐惧的物质。于是对它进行了详细的研究，终于找到了一种被称之为“除虫菊酯”的化合物。就是它，让许多昆虫感到恐惧。它的化学结构式已经被化学家们破译，是一个酯类化合物：

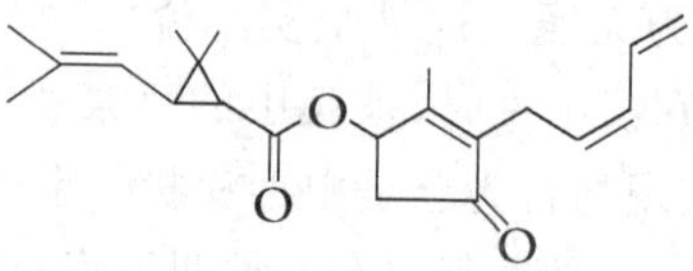

考虑到天然产物有其固有的缺点：首先数量常不能满足市场上的大量需要，栽培除虫菊受地理、气候等影响，所以就有局限性。其二，此花中的有效成分含量极低，只占干花的 1%，因而效率就不高。是否能模拟去合成这种除虫菊酯呢？

尽管这种物质的化学结构比较复杂，但化学家们还是模拟合成出了这种物质。当然也不必合成出完全一模一样的东西，所以称它们为“拟除虫菊酯”。这些化合物果然既有杀虫活性，又是对人和牲畜是安全的。至此人们终于找到了一种理想的杀虫农药。目前，拟除虫菊酯的产品已多达 50 多种，使用范围也日益扩展，家用杀虫剂（见图 3.3）几乎已是它的独占领地，大家普遍使用的喷罐杀虫剂以及电蚊香等都含有这些材料。

图 3.3　家用喷罐式杀虫剂

最初合成的丙烯菊酯化学结构式如下：

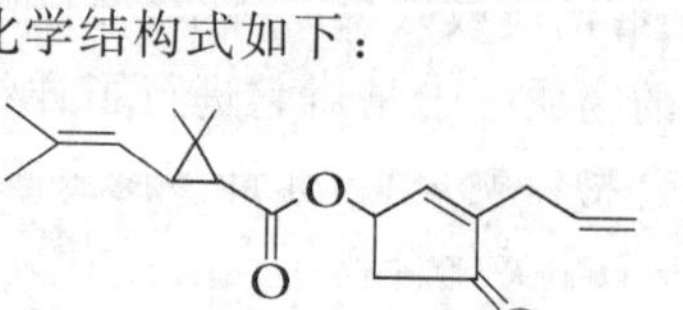

氯菊酯的化学结构式为：

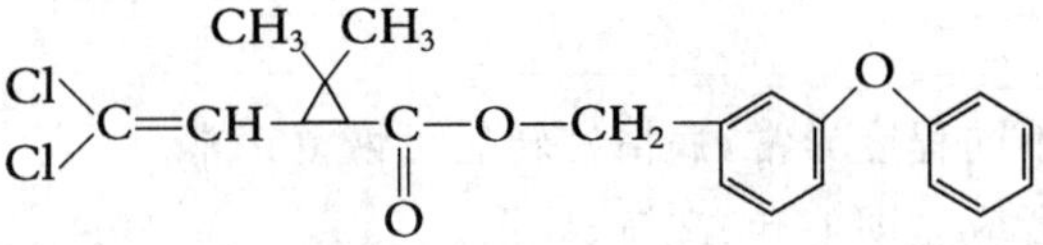

拟除虫菊酯杀虫剂虽具有高效、低毒、广谱、低残留等优点，但也存在大部分品种对鱼类毒性高的缺点。

小品　国家禁用的农药——毒鼠强

2003 年 2 月 12 日，四川省什邡市发生一起毒鼠强中毒事件，导致 20 人中毒，其中 5 人死亡。2002 年 9 月南京汤山的特大毒鼠强中毒案，曾经导致了 42 人死亡，在那以后，全国各地都在集中清理含有剧毒的老鼠药，但在甘肃、四川、海南、广东等地，还是陆续发生了将近 10 起新的毒鼠强中毒。

毒鼠强——又名没鼠命，四二四，三步倒，闻到死

化学名——四亚甲基二砜四氨

化学式——

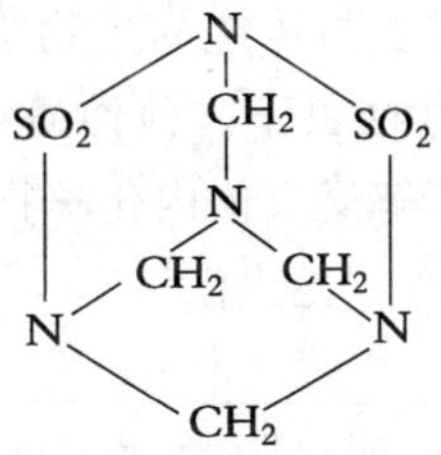

英文名——Tetramine; Tetramethylene Disulfotetramine

轻质粉末。熔点 250～254℃。在水中溶解度：约 $0.025\,g\cdot(100\,mL)^{-1}$；微溶于丙酮；不溶于甲醇和乙醇。在稀的酸和碱中稳定（浓度至 $0.1\,mol\cdot L^{-1}$）。在 255～260℃分解，但在持续沸水溶液中分解。加热分解，放出氮、硫的氧化物烟。可经消化道及呼吸道吸收。不易经完整的皮肤吸收。

LD_{50}（最低致死剂量）为 $0.10\,mg\cdot kg^{-1}$（敌敌畏的 LD_{50} 为 $50\sim80\,mg\cdot kg^{-1}$）。

本品对中枢神经系统，尤其是脑干有兴奋作用，主要引起抽搐。动物中毒后兴奋跳动、惊叫、痉挛。四肢僵直。目前多数中毒案例为口服中毒。

轻度中毒表现头痛、头晕、乏力、恶心、呕吐、口唇麻木、酒醉感。

重度中毒表现突然晕倒，癫痫样大发作，发作时全身抽搐、口吐白沫、小便失禁、意识丧失。

脑电图显示不同程度异常，病情好转后可恢复正常。

口服中毒患者应立即催吐、洗胃、导泻。

2. 把害虫扼杀在摇篮里——昆虫激素

正当大部分化学家致力于杀虫剂新品种的开发和研究时，有些化学家已经醒悟到，为了消灭害虫，一味地去研究开发杀虫剂，实在是一种治标而不治本的作法。因为无论多么高效的杀虫剂，总还是不可能把害虫消灭光，或者大部分消灭光，因为它们的繁殖速度总是超过了被消灭的速度。这也就是为什么，每年夏天，我们天天在杀灭蚊子，而仍然天天被蚊子叮咬的原因。为了更有效地去消灭蚊子，一部分化学家把研究的视角转向了昆虫自身，另辟蹊径要在昆虫身上寻找消灭它们的办法。也许有人会不理解，化学家研究什么昆虫，昆虫学家早就搞清楚了！其实，这正是视角和思维之间存在的差别。这些具有特殊视角的化学家，其高明之处就在于宽阔的视野和与众不同的思维。与传统的生物学研究不同，化学家去研究昆虫是以化学的视角和方法去研究这些虫子。他们研究了这些昆虫在不同的生长阶段，体内的化学物质有何变化；了解昆虫体内化学物质所起的作用。而正是这样的研究开发了新一代的化学农药——“昆虫激素”。

(1) 保幼激素

化学家们发现，许多昆虫都有幼虫阶段，而一旦进入幼虫阶段，体内立刻就出现了一个特殊的化学物质。而当这种化学物质一旦消失，虫子会立刻转入下一个生长阶段。如苍蝇的幼虫—蛆，就会立即进入蛹的阶段。可见，这种化学物质是主宰昆虫是否处在幼虫阶段的关键物质。大家把这种物质称作为“保幼激素”。化学家们分离和鉴定出这种物质的组成和结构，并模拟合成出了这种物质。有了这种人工合成的保幼激素，人们可以用它去扰乱昆虫的生长规律。当把这种物质洒在幼虫群中时，就能使幼虫体内一直留有这种物质，幼虫始终以为幼虫阶段尚未结束，本该离开幼虫阶段的它们却依然呆在幼虫阶段。当然，生物是有其自身的规律的，不可能永远呆在幼虫阶段，于是终因正常的生理阶段被破坏并最终导致死亡。这些昆虫还没来得及变成成虫就夭折了。这与杀虫剂的杀灭方法相比，无疑是一种事半功倍的灭虫方法，正所谓“把敌人扼杀在摇篮中”。

不仅如此，这种物质还被应用在正面效应上。众所周知蚕也是一种幼虫，靠吃桑叶长大，为了使蚕能够多产一点丝，就必须让蚕的个体长得大一点，从而可以结一个较大的茧。但是，蚕也有自身的规律，到了一定的时间，不管个儿长得怎样，它们就不再吃桑叶，抬头休眠。实际上这是蚕准备离开幼虫阶段了。现在，化学家把保幼激素交给蚕农，让他们在蚕行将休眠之前，把这些保幼激素撒在桑叶上去喂蚕。由于蚕的体内始终有保幼激素在，蚕儿们就不会急着去休眠，继续吃着桑叶。于是，蚕又可在幼虫阶段多呆几天，自然个体就会长得更大一点。这样就迫使它要结一个较大的茧才能把自己裹起来。用这种方法，中国蚕农每年可使丝的产量提高10%。

(2) 拒食剂

保幼激素的成功，使更多的化学家投身于昆虫激素的研究。他们注意到了，自然界中有许多植物，天生就会产生和储藏许多用于防御昆虫的化学物质。如昆虫和鸟儿就不敢轻易地去侵食楝树的叶子或种子，这说明，楝树体内有让昆虫感到恐惧的东西。化学家们已经探明，楝树会分泌出一种化学物质，一旦昆虫在侵食它的叶子或种子时，这种化学物质也随之进入昆虫的体内。于是昆虫就会变得不愿意进食，也就是医学上所称的"拒食症"。许多拒食剂已被鉴定，它们包括苯酚类、醌类等化合物。其中印苦楝子素，可能是目前分离到的最强的拒食剂。在楝树和苦楝树的种子中就可找到这种物质。化学家只要模拟合成这种拒食剂，并做成诱饵，让昆虫进食，这些昆虫将不需要你去杀灭它们，它们在无法进食的状态下，"自杀"身亡。虽然目前化学合成这种物质尚有困难，但相信化学家们终会成功的。

(3) 性激素

昆虫的性激素也是化学家们的注意点。北欧三国，有大批的森林，但苦于缺乏人力去管理。科学家们开展了森林害虫和害鸟的性激素的研究。这种性激素是昆虫在繁殖期间所分泌出来的一种信息物质，目的在于吸引配偶。在分离并鉴定了这种物质的组分和结构之后，化学家们模拟合成了这种物质，并以它们制成了成千上万个陷阱。于是，一到繁殖季节，那些害虫就会一个一个自投罗网地钻入陷阱。因为，性的诱惑，对这些昆虫而言，是不可抗拒的。

蚊子是人类最讨厌的昆虫之一，每年夏天我们都深受其苦，然而我们又缺乏对付它的办法。根据上述思考，我们是否能设想，去研究雄性蚊子的性激素，若能人工合成出这种物质，那么只要将其制成陷阱，那些叮吸我们血的雌性蚊子就会自动钻入到陷阱里，岂不乐哉！相信总会有那么一天的。

3. 植物生长调节剂

正当大部分人集中在杀虫剂和昆虫激素的研究中时，又有部分杰出的科学家转到了对植物激素的研究。因为,杀虫剂也罢,昆虫激素也罢,目的都是为了增加粮食的产量。那么,从植物本身去研究,也许能使产量提高得更快。这就形成了植物生长调节剂的研究领域。其实,生物学早就告诉我们,在植物生长的过程中,很多化学物质起着关键的作用。如,植物生长素,它的化学名称为吲哚乙酸。又如赤霉素(俗称 920)也是植物生长促进剂。它们都是植物的天然内源激素,各有独特的生理调节功能,彼此之间有相互增强或相互拮抗的作用。达到平衡就能促进植物正常的生长发育,失去平衡,就会出现不正常生理变化。化学家们据此找到了这些物质,并模拟合成这些物质,用它们来调节植物的生长。一个意外的收获就是研制成了除草剂。

(1) 化学除草剂

除草剂又名除莠剂,顾名思义这种农药是用来对付农田里的杂草的。首先问世的除草剂是 2,4-D,它的化学名称为 2,4—二氯苯氧乙酸。其结构式为:

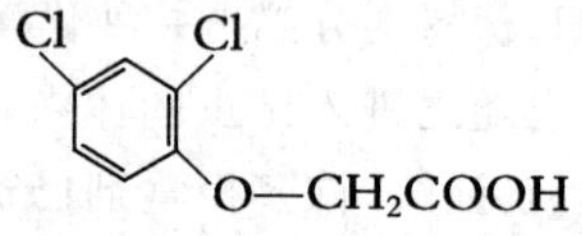

这种化学物质一个奇特的作用,是它很容易钻入宽叶的杂草内,并在其体内扰乱了它原有的生理作用,使杂草的生长受到抑制,进而促进了它的死亡。而粮食作物通常都是窄叶植物,表面还有很厚的蜡层与叶毛覆盖,2,4-D 不容易钻进去,因而就不受影响。

2,4-D 对人畜低毒,对大白鼠的 LD_{50} 为 400～700 mg · kg^{-1}。常用剂量对人畜和鱼类均安全,唯独对蜜蜂较敏感。它的除草效果十分明显,只要 1/1 000 的浓度即可杀死杂草。

北京故宫是众所喜爱的建筑群,高大的房屋,宽而翘角的屋顶,看上去十分壮观。然而鸟儿也喜欢这些建筑,它们喜欢在宽大的屋檐下建造鸟窝。当这些鸟儿把泥土杂草等衔上去后,泥土中的杂草种子就会在屋檐下生长蔓延。结果,远远看去屋檐下犹如长了胡子一样,这十分有碍观瞻。由于故宫的建筑都十分高大,一般的梯子是够不到屋檐的,要清除这些杂草还得搭脚手架,真是费时费力。有了 2,4-D,故宫的工作人员就省力多了,只要定期往屋檐下喷洒 1/1 000 浓度的2,4-D 溶液,所有的杂草全一扫而光。

像 2,4-D 这样的除草剂,称之为选择性除草剂,也是农业中应用较广的除草剂。除这种苯氧羧酸类的除草剂之外,还有许多化学结构不同的除草剂。

酰胺类除草剂如:敌稗

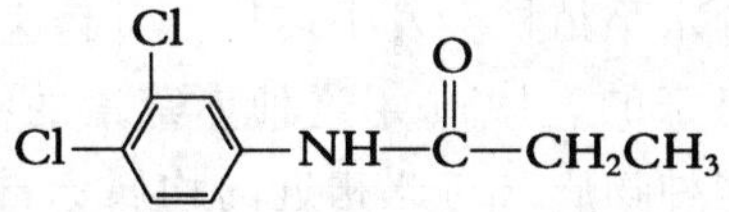

取代脲类除草剂如:绿麦隆

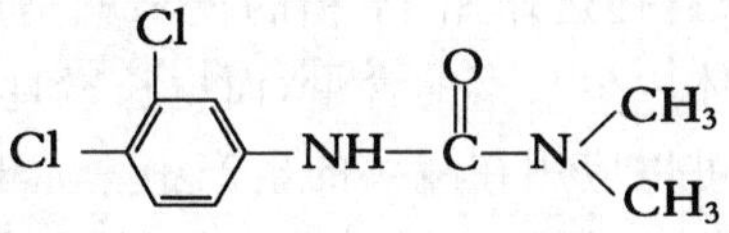

苯胺类除草剂如:氟乐灵

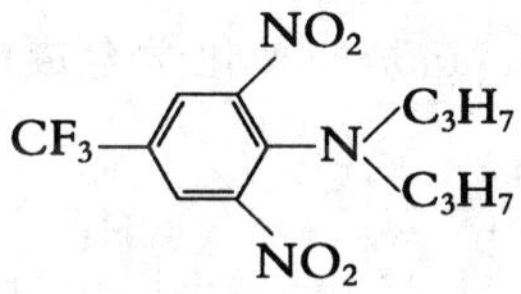

氨基甲酸酯类除草剂如:杀草丹

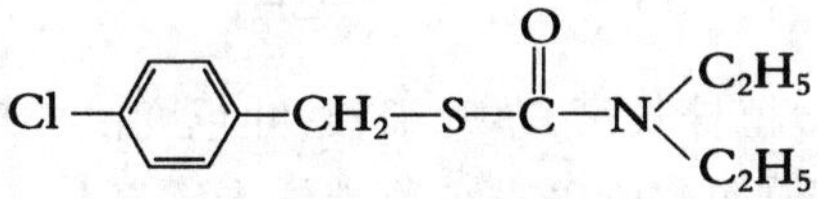

二苯醚类除草剂如:除草醚

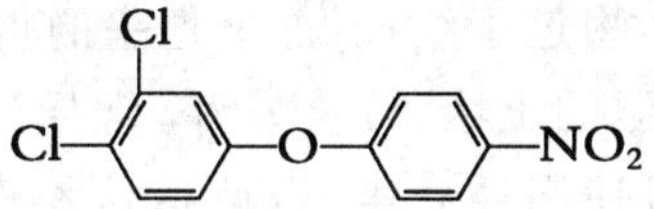

有机磷除草剂如:草甘膦

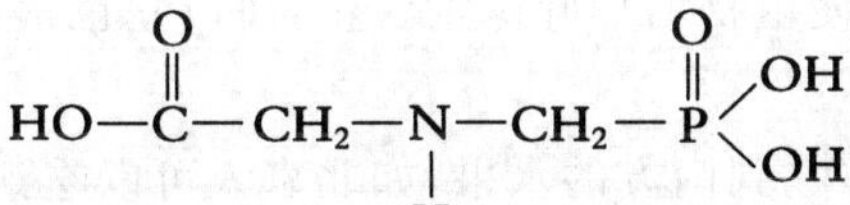

三氮苯类除草剂如:西玛津

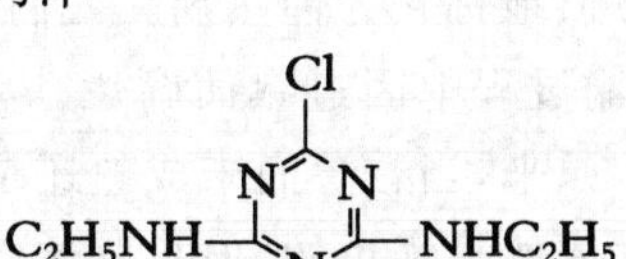

(2) 赤霉素和矮壮素

赤霉素也是大家熟悉的植物生长调节剂。这是日本人黑泽从水稻恶苗病的研究中发现的。患恶苗病的水稻植株会发生徒长。引起这种徒长的物质是一种被称之为赤霉素的病菌分泌出来的。1959 年这种赤霉素的结构被确认,而且知道,在高等植物中也普遍存在这种物质。与此相近的均属赤霉素一类的物质,现已发现有 50 多种。

赤霉素对细胞的成长有促进作用,水稻的徒长就是这样引起的。有一种说法认为:赤霉素提高了植物体内生长素的含量,而生长素直接调节细胞的伸长。赤霉素促进茎叶的生长,因此可以应用在蔬菜的生产中。赤霉素还有其他作用,如打破种子和块茎的休眠;促进萌发,诱导单性结实,减少棉花蕾铃脱落,以及促进葡萄果粒增大等。

矮壮素正好和赤霉素相反,这是一种化学合成的物质,其化学名称为:2-氯乙基三甲基氯化铵,结构式为:

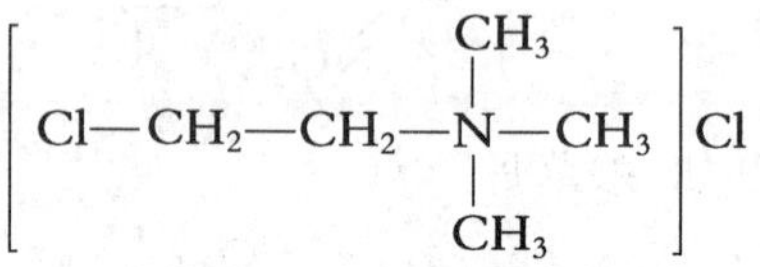

赤霉素使节间伸长,植株长高,茎叶细长,叶色变浅。矮壮素却使节间变短,植株变矮,茎叶粗壮,叶色加深。所以也可称为抗赤霉素。

矮壮素在农业上的应用已取得明显效果。众所周知,在粮食收获季节,常遇台风或热带风暴,若粮食作物过于细长,加上穗头的重量,很容易在强风之下,发生植株倒伏。穗头碰到潮湿的土壤,就会发芽,常导致颗粒无收。现在农业上,除选用矮种的种子外,还可使用矮壮素,以使植株长得粗壮而短矮,不至于发生倒伏。

此外,矮壮素还会使植物增加叶绿素含量,所以它也常用于观赏植物的培育。

(3) 催熟剂

地处北方依然能够吃到南方的水果,如北京人可以吃到新鲜的广东香蕉,这得归功于催熟剂。植物在代谢过程中会释放出乙烯气体,而且已被证实,它是一种促进器官成熟的物质。人们习惯地称它为催熟剂。人们利用乙烯的这个特性来处理水果,以使水果不至于在运输过程中因过熟而腐烂。盛产在广东的香蕉如何才能运到北方而不发生变质呢?原来,当香蕉尚未成熟还是绿色的时候就被摘下,然后就运往北方,到了目的地,它依然是绿色的,但只要使用乙烯气体熏蒸一下,你立刻就可看到绿色的香蕉全部变成了黄澄澄的香蕉了。生活中你或许有经验,一箱苹果,如果有一个苹果发生腐烂,那么,这一箱苹果很快就会全部烂掉。什么原因呢?那就是因为成熟的水果常会释放出乙烯气体,这些乙烯又反过来去促进水果加速成熟。

乙烯的这种作用可能是在于,它能促进 RNA 的合成。也有认为乙烯对细胞膜有渗透作用,这种渗透性增加促进水果成熟的酶的增加。

由于乙烯是气体,在实际使用中不太方便。后来发现,2-氯乙基膦酸的液体化合物会释放出乙烯,于是就利用它作为乙烯的释放剂,使用也就方便多了。这种化合物制成的商品称作乙烯利。乙烯利是一种强酸性液体,可溶于水,pH 在 3 以下比较稳定。如果加水稀释或加碱中和到 pH 为 4 以上就会分解而释放出乙烯。

(4) 芸苔素交酯

据 Oppoturnities in Chemistry 一书报道,美国正在研究一种叫芸苔素交酯的物质。据说,这是植物体内最为神奇的一种激素。植物生长也是分阶段的,它的生理周期或活动也是受体内化学物质的控制。科学家们在研究天然植物内源激素中,发现了植物生长调节剂。一般认为已发现的植物内源激素有 5 类:生长素、赤霉素、细胞分裂素、脱落酸、芸苔素交酯。1979 年美国农业部为了能从植物体内提取出芸苔素交酯,美国人从在油菜花上采过花粉的蜜蜂腿上刷下花粉,总共刷下了 227 kg,再从中分离出 15 mg 的芸苔素交酯,其大小仅一粒沙子而已。这是一种极为有效的植物激素,能显著地促进植物的生长。用它在温室内对一种豆子进行试验,生产出的豆子比原来的要长出好几倍,被大家喜称为“神豆”。若这种植物激素能被化学合成的话,可以想象,人类控制植物生长又多了一种有效的手段。

1985 年初步确定其结构为:

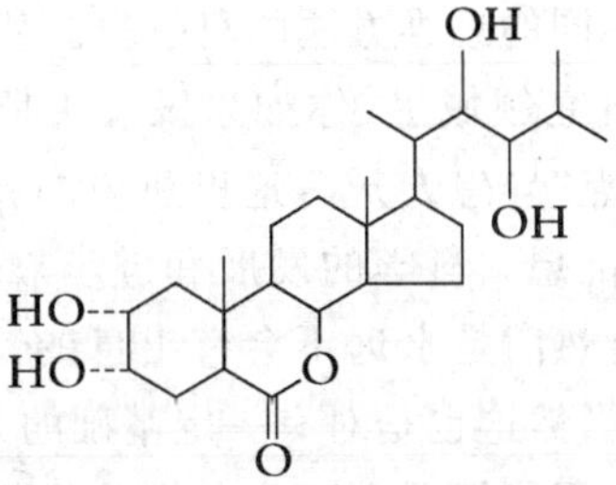

芸苔素交酯为甾醇类植物激素,以极低的浓度即可明显地增加植物营养和生长,促进受精,通常以 0.1～0.001 mg · L^{-1} 的浓度处理即可显示其很高的生理活性,主要是提高座果率,促进作物生长,提高结实率及增强植物抗寒能力和抗病能力。这是一种极为有前途的植物生长调节剂。

4. 化学信息物质

危害人类多年的寄生草问题，终于被化学家们解决了。而制服它的方法竟然是化学信息物质(详见第一章)。由此可见，信息物质也被列入了农药的范围。继亚细亚刚毛草被消灭之后，化学家们又制服了另一个寄生草——独角金草。独角金草是棉田里危害棉花的寄生草。它的种子可以在土壤中休眠好几年。只有当被寄生植物的根部释放出一种特殊的化学物质时才会萌发。然后这种寄生的杂草就会把须根依附到棉株的根部，去大肆夺取本该属于棉花的营养物质。近来已经从棉株根部渗出液中分离到这种活性物质——独角金酮，其结构已被解译并实现了人工合成。用人工合成的独角金酮去诱骗独角金草的萌发是十分有效的。其化学结构如下：

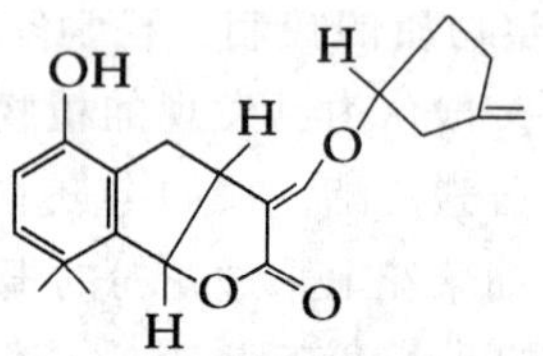

小品　农药发展的启迪

农药从杀虫剂开始历经昆虫激素，植物生长调节剂，加上消灭亚细亚刚毛草的化学信息物质，已发展成为一个跨学科的研究领域。究其根本，皆因有一批具有特殊视角和与众不同的思维方法的科学家。从这一发展过程，我们所能得到的启迪就是在任何研究领域里，你如果没有大胆的思维，就不会有创新。为此，我们不妨提倡多一点"异想天开"，这里所说的异想天开是在一定基础上的创新思维，并不是胡思乱想。科学的发展和进步靠的就是与众不同的思维。人云亦云，随着大潮走，赶热门是永远不会有出息的。有一位伟人曾说过："不怕做不到，只怕想不到"，当然这也是对有一定基础的人才说这样的话。科学发展的历史，给予我们知识，而我们更应该从中获得启发，去开创我们的新天地。

三、人造纤维

人类穿衣原本是为了保温御寒，随着社会的进步穿衣同时也是文明的标志。而现代人的穿衣又多了一层美化和装饰自己的含义。为此人类对衣着的要求也就愈来愈高。自然界能提供给人类的衣着材料极为有限,植物性的只有棉花和麻,动物性的也只有羊毛和蚕丝。这4种材料又都和土地有关。随着人口的不断增加,可耕地面积的日益减少,这些材料显然不能满足人类的要求。人们希望化学家们能合成出更多的衣着材料来。于是就出现了人造纤维和合成纤维。

1. 纤维素

植物性纤维,如棉花和麻均为碳水化合物,它们都是由碳、氢、氧3种元素构成的化合物。棉花和麻都是由一种称之为纤维素的化合物组成的材料。纤维素是自然界的一种大分子,属糖类化合物。糖类化合物分为单糖,低聚糖和多糖。单糖是最简单的糖类化合物,不能再被水解为更小的糖。如:

葡萄糖　　果糖　　核糖

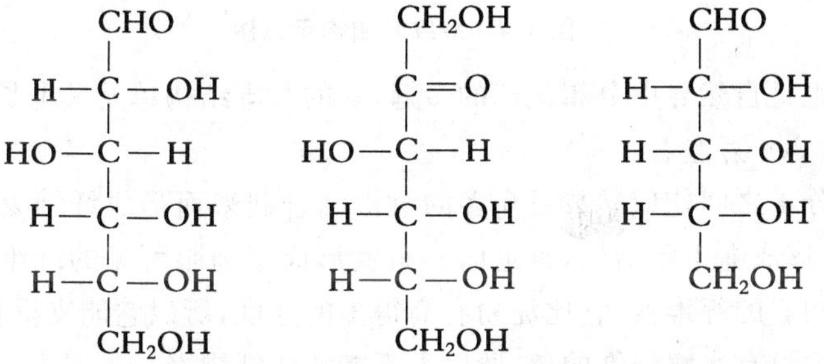

低聚糖是由几个单糖分子缩水聚合而成,根据水解后能生成单糖的数目可分为二糖、三糖。如蔗糖和麦芽糖是二糖。蔗糖水解后的产物就是葡萄糖和果糖。

自然界的纤维素和淀粉是多糖,水解后可生成多个低聚糖或单糖。当你吃馒头的时候,慢慢嚼,你会感到愈嚼愈甜。这就是因为淀粉在唾液中淀粉酶的催化下水解而变成了单糖或低聚糖的缘故。葡萄糖也可用另一种环式结构来表示:

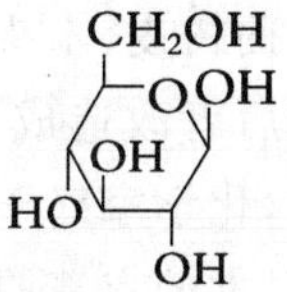

许许多多环式的葡萄糖通过两者之间的OH基团的缩水而连接起来就成了纤维素,其结构如图3.4所示。

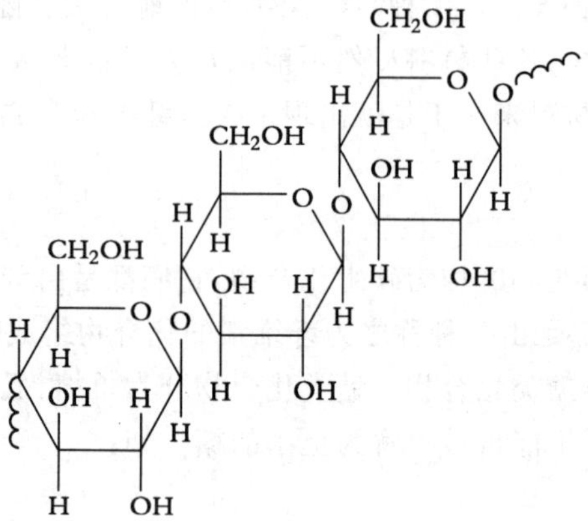

图 3.4　纤维素结构示意图

纤维素也是自然界中分布最广的多糖，它的基本结构单元虽也是葡萄糖，但分子量很高，达 200 万左右。

纤维素分子之间能依靠数目众多的氢键结合起来而形成纤维束，几个纤维束绞合在一起，形成绳束状结构，再定向排布就形成了肉眼可见的纤维。因而，同样是由葡萄糖构成的纤维素，它比淀粉有高得多的强度，所以它能支撑植物。由于人的消化系统中没有水解纤维的酶，所以人不能消化纤维素。

纤维素用浓硝酸和浓硫酸混合液处理之后，可得到硝酸纤维素酯，俗称硝化纤维。根据硝化程度的高低又分为：无烟火药、火棉胶（封装瓶口用）和赛璐珞制品（如乒乓球、照相底片基底等）的原料。

由于各种纤维素的分子量大小不一样，结构上的差别，特别是纤维束形成的过程各不相同，就决定了纤维的强度和长短，以及它们能否被纺纱织布。

人类对衣着材料的需求，自然界提供衣着材料的有限性都迫使化学家去用合成的方法来解决问题。然而，化学家首先遇到的问题是，同样是纤维素构成的材料，为什么棉花和麻可以纺纱织布，而树皮、木头、麦秆等却不能纺纱织布？而且后者的数量远远超过前者。如果能将后者改造成可以纺纱织布，那么人类的衣着材料就丰富多了。经过了研究和分析，化学家终于找到了原因，同时也找到了改造后者的办法，为人类开创了一个数量巨大的衣着原材料。

2. 黏胶纤维

化学家终于明白，能否纺纱织布决定于纤维素在形成纤维过程中的绞合状态。

棉花和麻的纤维在绞合之后依然细长而柔软，于是就能纺纱；可是木头之类的纤维却是刚性的，不能纺纱。

如何利用这些天然的纤维素，成了化学家们首先要解决的问题。同是纤维素构成的木头，麦秆等为什么就不能纺纱织布呢？原因当然是它们的纤维之间的构型不一样。若能用化学的方法，把它们原来的构型破坏掉，再造成新的构型，行不行呢？果然有人成功了。出现了一种新的衣着材料人造纤维。其方法如下：

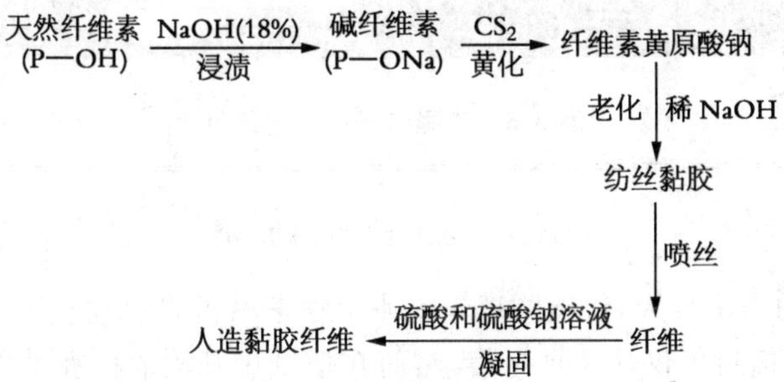

人造纤维工艺过程

用这种材料可制成各种不同的纺织品：

长丝＋蚕丝——绸缎

长丝＋棉花——线绨

短丝＋棉花——人造棉

短丝(羊毛长短)——人造羊毛

由人造纤维制成的衣着材料有它的优点：柔软、轻飘、舒适、色彩鲜艳、价廉物美。但它也有缺点：缩水、定型性差、易绉。

为此，要对这些纺织材料进行后处理加工以求得到质量更高的纺织品。有人将它溶于铜氨溶液(氢氧化铜氨溶液)中再纺丝，便可制得颜色洁白，光泽柔和，手感柔软的优质人造棉——铜氨纤维。也有人在其中加入高分子树脂，制得的衣料克服了某些原本的缺点，人称富强纤维(富纤)。再有，用棉子绒为原料，经醋酐处理的人造棉称为醋酸纤维(见图 3.5)。

然而，把这种纤维称作为人造纤维，并不是十分确切。因为这种材料本身就是天然纤维。确切地说应该是改造纤维或再造纤维。真正由人制造出来的纤维应该是用化学方法合成出来的纤维。

图 3.5 五彩缤纷的人造纤维

小品 18 世纪的梦

1734 年的一个夏天，法国物理学家兼生物学家雷阿莫收到了一封极不寻常的来信。打开信封仅仅是一页短信，然而在信纸中却附着一张非常精细的纺织材料，它极为透明，使人爱不释手。收信人迫不及待地读起了来信。信中说：“尊敬的雷阿莫阁下，我知道您对自然科学和昆虫学有着极大的兴趣，今特奉上我自己用蜘蛛丝织成的一块织物供您欣赏，希望您能喜欢它。”

雷阿莫立即被这一块透明而又极轻的材料所吸引，立刻就想到了它能不能代替蚕丝。当时欧洲人特别喜欢丝绸织物，然而丝绸必须从东亚进口，光路上运输就要好几个月，价格十分昂贵，只有贵族们才能享受得起。欧洲没有桑树，当然也就没法拥有蚕桑业。如果蜘蛛丝能代替蚕丝当然是求之不得的好事，因为蜘蛛是到处都有的。根据测定，若把蜘蛛丝纺成带子，其强度是皮带的 6 倍。

雷阿莫计算了全法国的蜘蛛数量，发现其总量还不足以开办一个最小的工厂。那么就办蜘蛛养殖场(像中国人养蚕一样)。再一想又不对了，因为蜘蛛是要吃苍蝇的，除非再办苍蝇养殖场。苍蝇又要有特殊的食物，显然这是昂贵和不现实的。在不得不放弃这个念头之后，雷阿莫又想，蚕丝到底是如何产生的，他解剖了蚕，发现蚕体两边各有一个腺体，内有深绿色黏稠的液体，并有一根细管通向蚕嘴。原来制造蚕丝的原料就是桑叶被嚼碎后的液体。雷阿莫找来一些桑叶，将它们捣碎后挤出液体，浓缩后再去纺丝。可以想象他肯定失败，要不然中国人就不需要养蚕了。

以后的科学家们又分析了蚕腺体内液体和桑叶的化学成分，发现前者比后者多了元素氮。为了补充氮元素，他们在桑叶液中加入了硝酸。使他们感到欣喜的是得到的产物竟能溶解在醇和酯的混合物中，他们以为蚕丝即将被制造出来了，但是分析表明这种产物仅仅是硝酸和纤维素的结合产物，硝酸并没有破坏纤维素的结构。它们不可能成为蚕丝，因此这种试验仍以失败告终。

然而，科学正是这样的，在科学家们的想象、试验、失败、再试验的循环往复中发展起来的。后人一定能圆 18 世纪科学家们的梦。

四、合成纤维

要是用化学方法去合成出类似棉花的材料，就一定要将小分子的化合物变成类似纤维素的大分子化合物。显然所进行的化学反应一定是让反应物分子变大的反应。此外，不仅要成为一个大分子，还要是一个线型的大分子，这样才能够构成类似纤维素的结构。

1. 加成聚合

在众多的化学反应中，带有碳碳双键的烯烃化合物的加成反应是可以让分子变大的。每当打开一个双键，加合上去的单元就会让分子量增大。例如，乙烯和氯气的反应就能让乙烯的分子量因氯原子的加入而变大。

$$CH_2=CH_2+Cl_2 \longrightarrow ClCH_2-CH_2Cl$$

但是，这种反应进行一次也就结束了，所得产物也还未达到大分子的程度。如果让所有的乙烯分子打开双键并自身相互加合起来，不就得到了一个线型的大分子了吗？的确如此，以这种方式得到大分子的方法就称为“加成聚合”(additional polymerization)，简称“加聚”。

$$n\,CH_2=CH_2 \longrightarrow \left[CH_2-CH_2 \right]_n$$

通常凡是含有碳碳双键的化合物都可以用这种方式实现聚合。我们把原料称为单体，产物称为高聚物。乙烯聚合的产物称为聚乙烯，氯乙烯聚合的产物称聚氯乙烯(PVC)。图 3.6 为加成聚合的示意图。

当然，并不是所有的加聚产物都能做成纤维，即使能做成纤维，也不一定能够

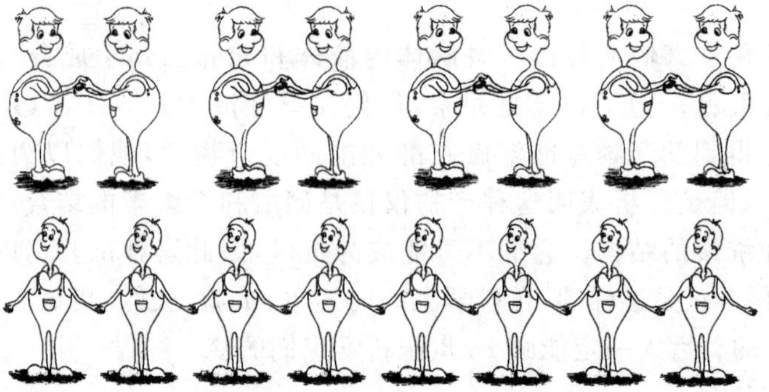

图 3.6 加成聚合示意图

适合做衣着材料。目前以加聚合成的产物中,能构成衣着材料的有:

(1) 腈纶(聚丙烯腈)

根据我国纺织部的规定,凡合成纤维均以“纶”命名,聚丙烯腈的单体原料为丙烯腈,故其加聚产物的商品名就称“腈纶”。根据国外的商品名,初期也曾叫过“奥纶”、“开司米纶”。

$$n\,CH_2{=}\underset{\displaystyle CN}{\underset{|}{CH}} \longrightarrow \left[CH_2{-}\underset{\displaystyle CN}{\underset{|}{CH}}\right]_n$$

腈纶柔软、轻盈、保暖,有人造羊毛之称。它虽比羊毛轻10%,但强度却高出2倍多。腈纶不但不会发霉和虫蛀,其抗日光性也比羊毛大1倍,比棉花大10倍。因此,它可代替羊毛制成衣着材料,用它制成的毛线,特别是轻软的膨体绒线早就为大家所喜欢。它还特别适合制造帐篷、炮衣、车篷、幕布、窗帘等室外织物。

聚丙烯腈的单体丙烯腈用下列方法合成:

$$CH_2{=}\underset{\displaystyle CH_3}{\underset{|}{CH}} + NH_3 + 3/2\,O_2 \xrightarrow[425-510℃]{BPO_4\cdot 12MoO_3} CH_2{=}\underset{\displaystyle CN}{\underset{|}{CH}} + 3H_2O$$

目前腈纶是仅次于聚酯和聚酰胺的合成纤维品种,正在进一步改善它的染色性、起毛球、回弹性和降低成本。现已采用共聚及混合纺丝等方法,如氯乙烯-丙烯腈共聚纤维,它既保持了腈纶的特性,又大大地降低了成本。

(2) 维尼纶

维尼纶是根据国外商品名(Vinylene)的译音而来的。它的化学成分是聚乙烯醇缩甲醛。这种纤维的原料(乙烯、乙炔)易得,成本低廉,纤维性能极似棉花而强度比棉花高得多。

维尼纶的基本原料醋酸乙烯酯可来自两条路线：

乙炔法

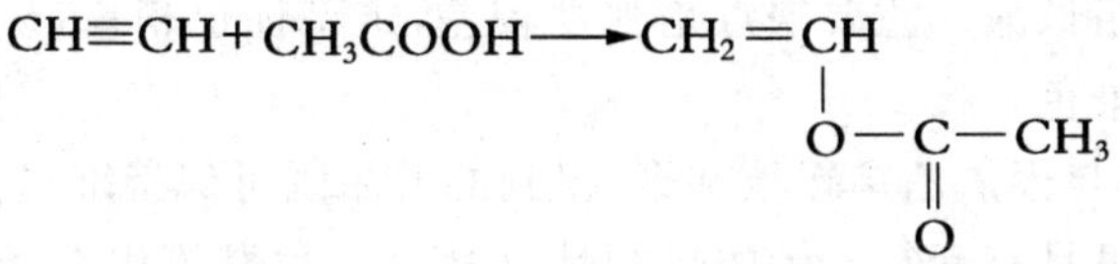

乙烯法

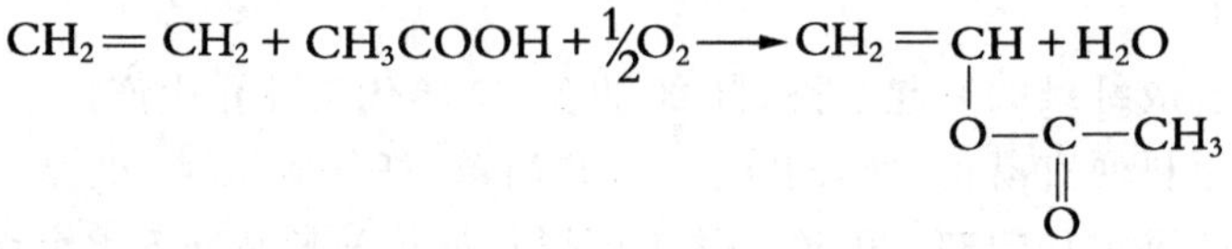

制造维尼纶的工艺路线：

醋酸乙烯酯的聚合

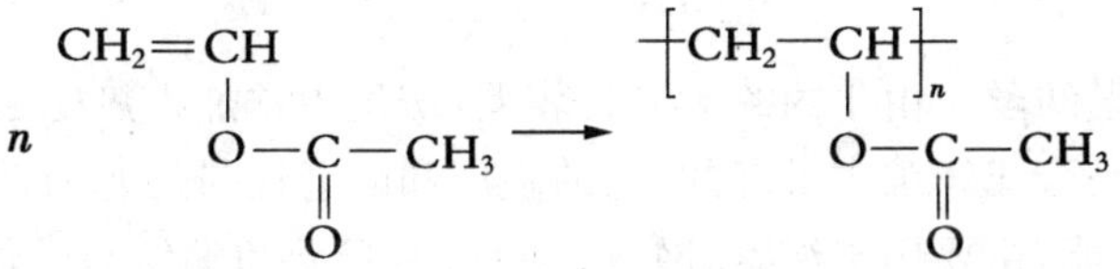

聚醋酸乙烯酯的水解

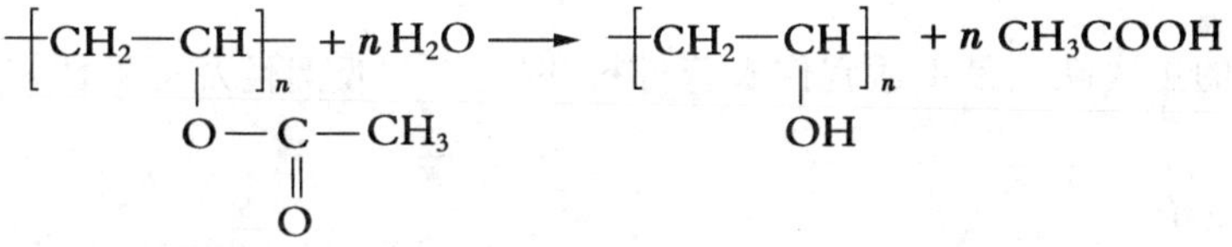

聚乙烯醇缩醛化

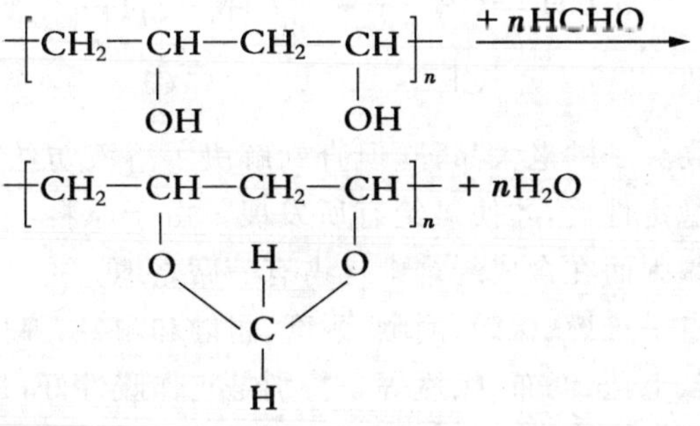

把聚乙烯醇的水溶液进行溶液纺丝，制成的长丝或短纤维再进行热处理和缩醛化处理就得到维尼纶纤维。经缩醛化处理后，纤维的耐热能力和收缩性均有改善，大量用来与棉花混纺，织成各种衣料，这就是市场上的“维棉”。它特出的优点是吸湿性好，价格低廉。主要缺点是弹性较差，定型性也稍差，易皱。同时因为有皮层结构，不易染色。

将聚乙烯醇与聚氯乙烯接枝共聚，得到的产品既可保持维尼纶的强度高，吸湿性好等优点，又可具有聚氯乙烯的热塑性、弹性好，耐燃等优点。特别是纤维无皮层结构，染色极为方便，这就是近几年发展起来的新纤维品种——“维氯纶”。

(3) 丙纶

丙纶是合成纤维的后起之秀，自 20 世纪 60 年代工业化生产以来，发展速度较快。由于其原料便宜易得，聚合和纺丝工艺简单，纤维则以轻、牢、耐磨而著称，引起人们广泛的重视和欢迎。丙纶直接由丙烯在催化剂的帮助下聚合而成：

$$n\ CH_2{=}\underset{\displaystyle CH_3}{\underset{|}{CH}} \longrightarrow \left[CH_2{-}\underset{\displaystyle CH_3}{\underset{|}{CH}} \right]_n$$

一般以熔融纺丝。由于丙纶耐光性较差，纺丝中常加入热稳定剂和光稳定剂。

丙纶纤维是合成纤维中最轻的，它的强度和耐磨性与尼龙相近。此外，还有不吸湿，绝缘等性能，主要用于绳索、网具、滤布、编织绳和编织袋。用它制作的军用蚊帐，只有 100～150 g 重，用丙纶做成的消毒纱布不黏连伤口，且可直接高温消毒。

丙纶的主要缺点是不适宜作衣着材料，因为它的吸湿性及可染性较差，纤维也较硬。

(4) 氯纶

氯纶就是由氯乙烯聚合而成的聚氯乙烯：

$$n\ CH_2{=}\underset{\displaystyle Cl}{\underset{|}{CH}} \longrightarrow \left[CH_2{-}\underset{\displaystyle Cl}{\underset{|}{CH}} \right]_n$$

聚氯乙烯虽是高分子的老大品种，但直到解决了溶液纺丝所需的溶剂问题以及改善了纤维的热稳定性后，才使氯纶有所发展。由于原料丰富、工艺简单、成本低廉、又有特殊用途，因而在合成纤维中也占有一席之地。

氯纶特出的优点是难燃、保暖、耐晒、耐磨、耐蚀和耐蛀，弹性也很好，可以制造各种针织品、工作服、毛毯、滤布、帐篷等。特别是它保暖性好，易产生和保持静电，故用它做成的针织内衣对风湿性关节炎有一定的疗效。但由于染色性差，热收缩大，限制了它的使用。改善的办法也是和其他纤维品种共聚。

2. 缩合聚合

除加聚法外，另一个合成高分子化合物的方法是缩合聚合（Condensation Polymerization），简称“缩聚”。它是利用化学反应中的缩合反应，即两个或多个有机化合物分子之间，缩去水氨、氯化氢等简单分子而生成一个较大分子的反应。最常见的缩合反应是酯化反应。例如：乙酸和乙醇的酯化生成乙酸乙酯的反应：

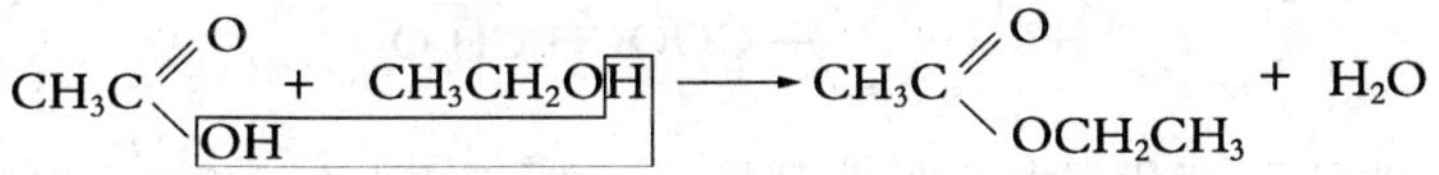

在此反应中两个分子利用乙酸中的羧基和乙醇中的羟基的缩合，失去一分子水，并连成了一个较大的分子。显然一次酯化反应的产物并不是高聚物。然而，当我们使用一个二酸和一个二醇来进行酯化反应，情况就不一样了。请看对苯二甲酸和乙二醇之间的反应：第一步酯化反应后的产物仍然保留有再发生酯化反应所需要的羧基或羟基，于是酯化反应仍可继续不断地进行下去而得到高聚物。

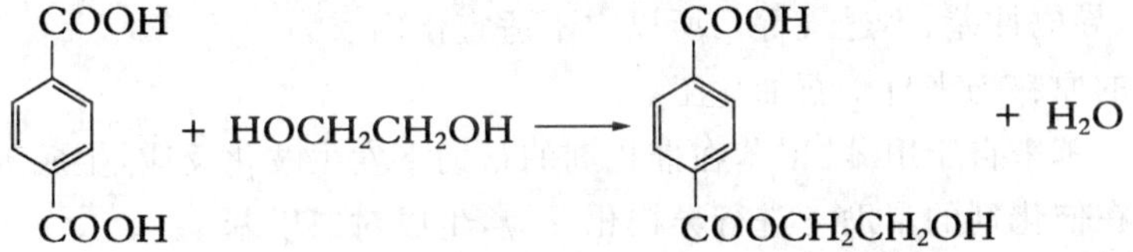

如果酯化反应一直继续下去，就能得到越来越大的化合物（见图 3.7）。

图 3.7　缩聚示意图

(1) 涤纶——聚酯纤维

上述对苯二甲酸与乙二醇的缩聚反应生成的产物就是一种聚酯，我国商品名为“涤纶”。这是因为国外的商品名为“达克纶”，以第一个发音来命名。而在我国，由于开始引进这种纤维材料的时候，多用来制夏天的衬衣，因其质地薄而半透明，商家特意给它起了一个诱人的商品名——“的确凉”。

涤纶聚酯(polyester)的结构式如下：

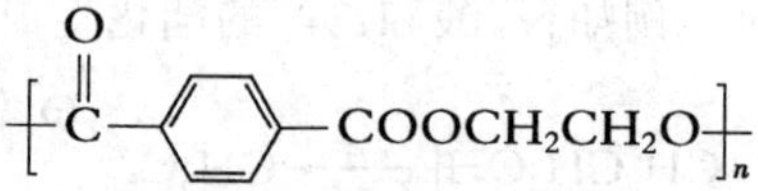

自 20 世纪 50 年代问世以来，发展极为迅速，已成为合成纤维中产量最大的品种。从涤纶分子的结构来看，由于涤纶大分子链中有刚性的苯环和酰基存在，使分子链排列整齐紧密，结晶度也高，因此就不易变形。涤纶的耐磨性仅次于尼龙，而且耐光、耐蚀、耐蛀。涤纶易洗快干，定型性好而不用每次熨烫。涤纶不仅大量应用于衣料，还用于轮胎帘子线、工业滤布、绳索和薄膜，照相底片的基底就是涤纶。利用其绝缘性能，可制成高强度聚酯漆，用于电子电器工业。但其也有缺点，如吸湿性不好、导电性差、不透气等。所以它不适宜作内衣。

涤纶的原料均来自于石油化工。

对二甲苯来自于甲苯：甲苯在催化剂的帮助下发生歧化反应，生成苯和混合二甲苯。再在催化剂的帮助下进行异构化反应，生成对二甲苯。

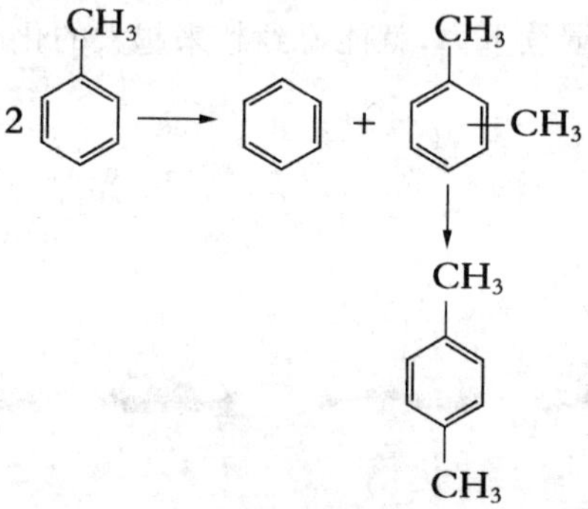

乙二醇来自于乙烯，先将乙烯氧化成环氧乙烷，再经水解即可得乙二醇：

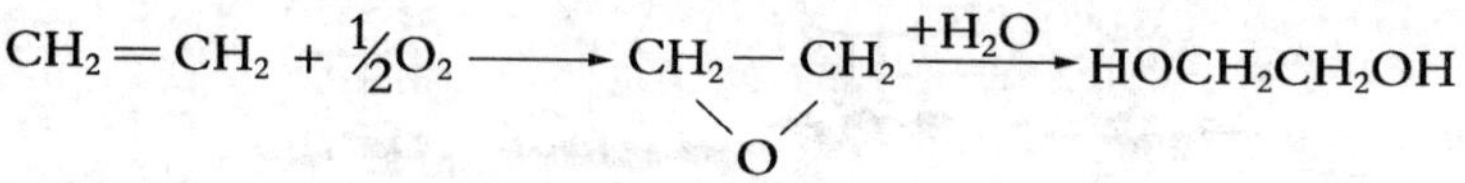

(2) 锦纶(尼龙)——聚酰胺纤维

能发生缩合反应的不仅是有机酸和醇之间的酯化反应，有机酸和有机胺也会发生缩合反应，例如：

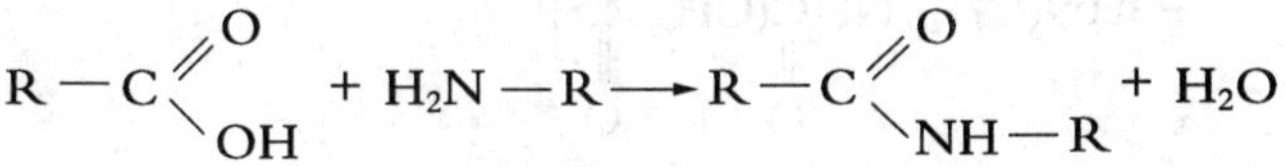

在这个反应中生成的有机产物称为酰胺，这是因为有机化合物中，酰基定义为：

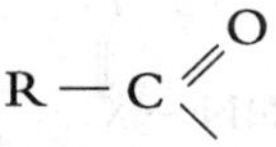

在这个单键上接一个氨基或胺基就称为酰胺：

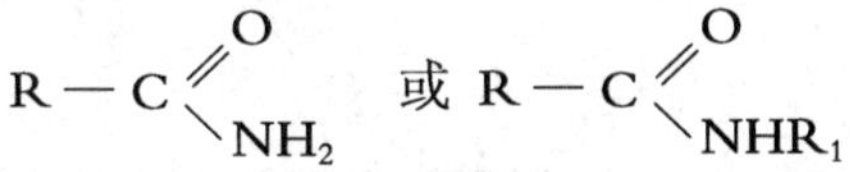

可以看出，反应中也是脱去一份水，余下部分相连成更大的分子，是一个典型的缩合反应。和聚酯反应一样，要想让反应连续不断地进行下去，有机酸必须是二元酸，有机胺也必须是二元胺，如：

$$\mathrm{HOOC{-}R{-}COOH + H_2N{-}R{-}NH_2 \longrightarrow HOOC{-}R{-}CONH{-}R{-}NH_2 + H_2O}$$

在这个反应中生成的产物，依然保留有一个羧基和一个氨基。其中羧基可以和另一个酰胺的氨基发生酰胺化反应；而氨基可以和另一个酰胺的羧基发生酰胺化反应。这种连续不断的酰胺化反应，得到的缩合聚合的产物称为聚酰胺。和聚酯一样，聚酰胺也是优秀的纺织材料，聚己内酰胺制成的纤维在我国命名为“锦纶”。这是因为，在我国，锦州化工厂首先合成出这种聚酰胺，以此作为纪念。国外商品名为“卡普纶或尼龙-6”。现在常把聚酰胺一类纤维叫做“尼龙”。

尼龙的最大优点是强度大、弹性好、耐摩擦。其强度比棉花大 2～3 倍，耐磨是棉花的 10 倍，尼龙绳的强度比同样粗的钢丝绳还要大。再者其质轻，比棉花轻 35%。耐腐蚀和不受虫蛀。因此大量被用来制造轮胎帘子线、渔网、弹力袜以及降落伞。尼龙的缺点则是耐光性差，长期光照则发黄，强度下降；其次它的吸湿性差，透气性更差，不适宜作内衣。

由己二酸和己二胺聚合的产物称尼龙-66：

$$n\,H_2N(CH_2)_6NH_2 + n\,HOOC(CH_2)_4COOH \longrightarrow \left[HN(CH_2)_6NHC(CH_2)_4C \right]_n$$
$$\quad\quad\quad\quad\quad\quad\quad\quad\quad\quad\quad\quad\quad\quad \overset{}{\underset{O}{\|}} \quad\quad\quad\quad \underset{O}{\|}$$

而尼龙-1010,则是由癸二酸和癸二胺聚合的产物。另一个常见的聚酰胺产品为尼龙-6,它的原料既不是二酸也不是二胺,而是:

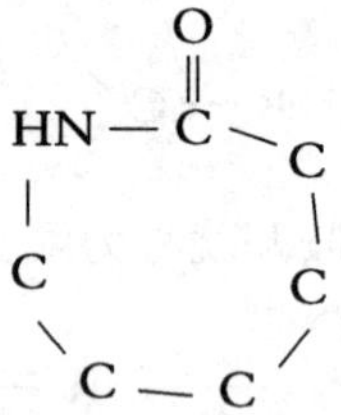

这是一个首尾相连的酰胺,有 6 个碳原子,所以称它为己内酰胺。纯己内酰胺不会自行聚合,但有少量水做催化剂时,在 C—N 键处断裂,己内酰胺就变成了 6-氨基正己酸:

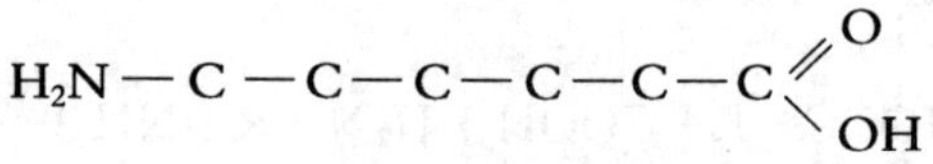

一个分子的氨基(或羧基)和另一个分子的羧基(或氨基)发生酰胺化反应,如此可以形成连续不断的酰胺化,最终形成高聚物。

至此,化学家们已为人类提供了丰富的衣着材料的制备方法,人类已经不愁穿衣之难了,但化学家还在不断的努力,要让人类穿得更好,更漂亮。

补充材料 E　醇、羧酸和酯

1. 醇

醇是脂肪烃分子中 1 个(或几个)氢原子被羟基取代后所生成的化合物。

醇按羟基的多少,分为一元醇、二元醇和多元醇。如我们最为熟悉的酒精,就是一元醇,学名为乙醇(CH_3CH_2OH)。二元醇如乙二醇($HOCH_2CH_2OH$),多元醇如甘油(丙三醇,$HOCH_2CHOHCH_2OH$)。

若按羟基所连的碳原子类型,更可将它们分为伯醇(第一醇),仲醇(第二醇)和叔醇(第三醇),如下式所示:

伯醇　$R—CH_2—OH$　仲醇 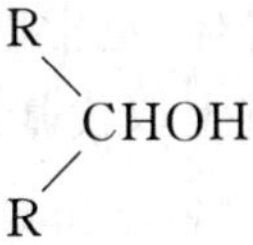 叔醇 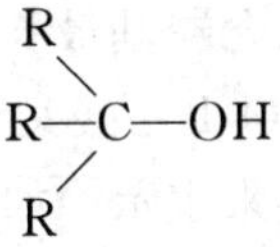

如：正丙醇　$CH_3CH_2CH_2OH$　异丙醇 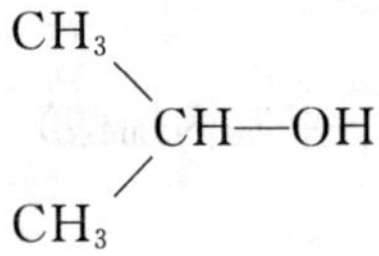

分子对称的醇，常以甲醇衍生物来命名：

三乙基甲醇 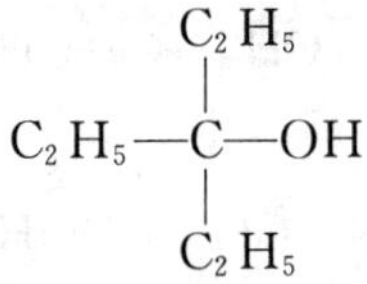 二甲基乙基甲醇 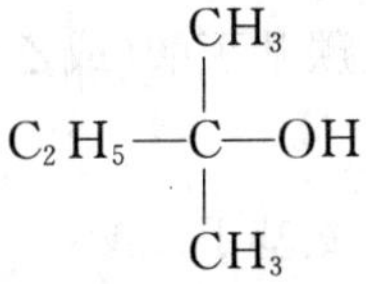

结构复杂的则以 IUPAC 命名法为准，即以连有羟基最长的碳链为主链，看作为母体，叫做某醇，并以最小数字标出羟基的地位放在前面。如：

2-甲基-1-丁醇 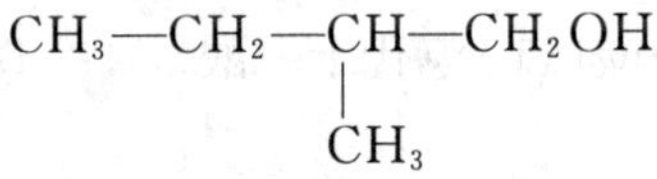

3-甲基-2-丁醇 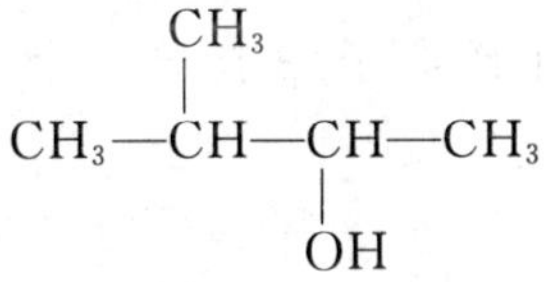

2-氯乙醇　$Cl—CH_2—CH_2—OH$

醇的性质：

① 分子不太大时，含3个碳原子以下的一元醇，具有与水相似的性质，且根据“相似相溶”的原则可与水互溶。

② 1～3碳的醇有酒味。4～11碳的醇有不愉快气味。其中甲醇有毒。

③ 二元醇和多元醇均有甜味，所以乙二醇又称甘醇，丙二醇又称甘油。

④ 沸点较高，因为有羟基就会有氢键的缔合作用。

2. 酸

有机酸又称为羧酸，有 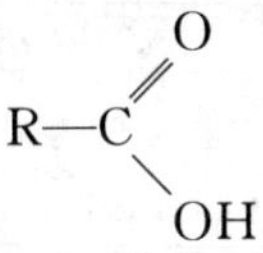 结构。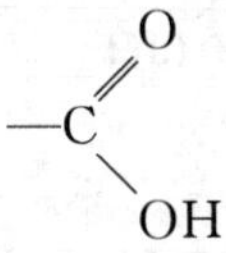 称为羧基，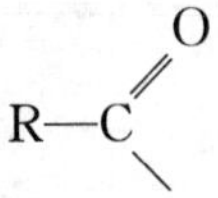 称为酰基。

命名时以含羧基最长的链为母体，也常以俗名称之。如：HCOOH 甲酸又称蚁酸，CH_3COOH 乙酸又称醋酸，链上取代基的位次常用 α、β、ω 等来表示，也可用阿拉伯数字来表示。如：

α-甲基丙烯酸（2-甲基丙烯酸） 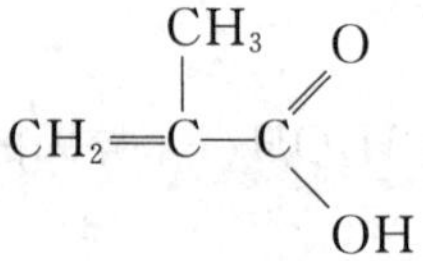

β-羰基丁酸（或乙酰乙酸，3-羰基丁酸） 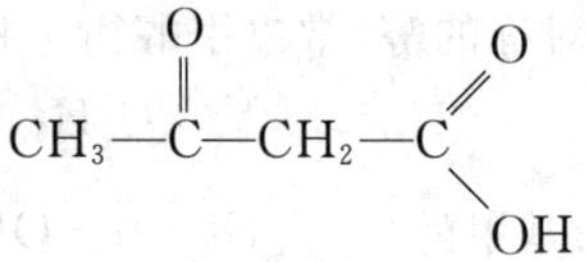

α-氨基丁二酸（2-氨基丁二酸） 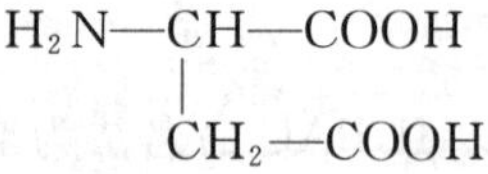

ω-溴代十一酸（11-溴代十一酸） 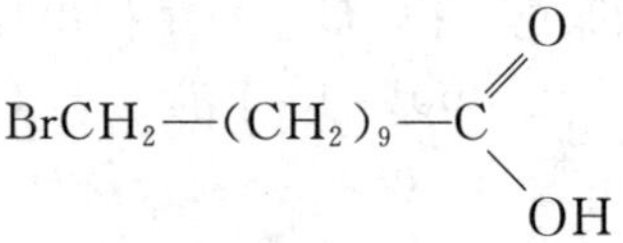

α 指功能团旁第一个碳原子，β 指第二个碳原子，而 ω 则指最远端的一个碳原子。

酸的性质：

① 低级脂肪酸在室温下是液体，含 10 个碳原子以上的为固体。

② 低级脂肪酸有刺激气味，而高级脂肪酸挥发性小，常无气味。

③ 由于羧基中有和水分子相似的部分——羟基，所以低级的羧酸，如甲、乙、丙、丁酸都能和水以各种比例混溶。但是当烃基增大时，羟基部分所占比例逐步变小，它在水中的溶解度也逐渐减小，故高级脂肪酸，如十二酸、十八酸则完全不溶于水。多元酸因为含有多个羟基，所以比同碳数的一元酸易溶于水。

④ 羧酸具有酸性，可以与碱性物质作用生成盐。

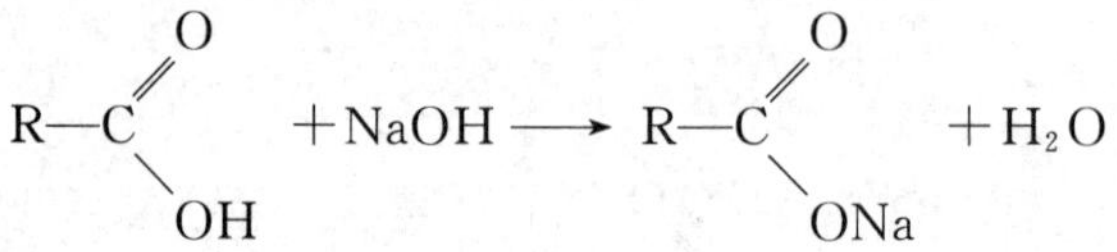

3. 酯

羧酸和醇作用可以生成酯。

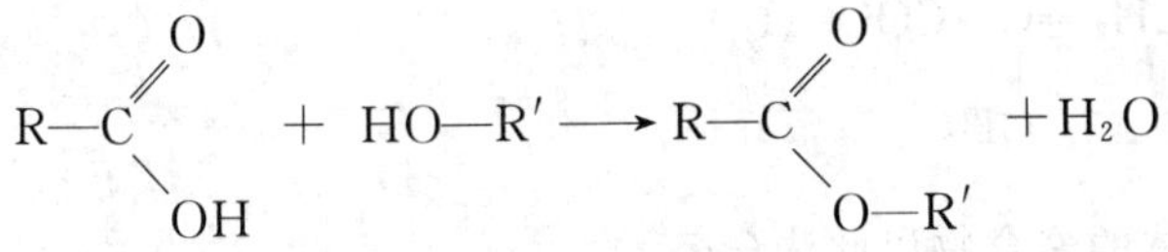

在酯化反应中，羧酸的断键是发生在 C—O 键上（酰—氧断裂）而不是在 O—H 键上。

酯化反应的速率很慢，通常需要用加热和加催化剂的方法来加速。浓硫酸或者干燥 HCl 常作为这一类反应的催化剂。

酯的性质：

① 许多酯具有水果香味，如戊酸乙酯（苹果香味），乙酸异戊酯（香蕉香味）等。

② 酯可以发生水解反应，生成酸和醇。

补充材料 F　高分子化合物的命名及分类

一、高分子化合物的命名

随着聚合物品种的增多，为避免混淆，就出现了约定俗成的命名方法。主要有 3 种命名法。

1. 习惯命名法

按原料单体的名称，在它前面冠以“聚”字。如：

聚氯乙烯 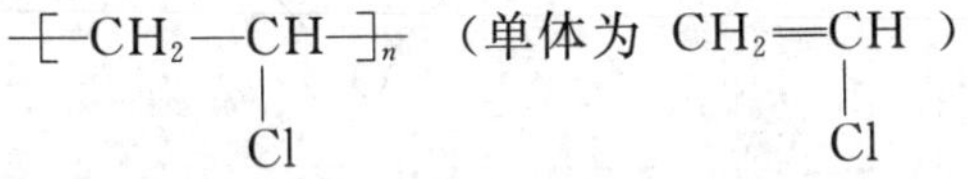

聚乙烯　$\text{-[}CH_2\text{—}CH_2\text{]-}_n$　（单体为 $CH_2\text{═}CH_2$）

聚苯乙烯 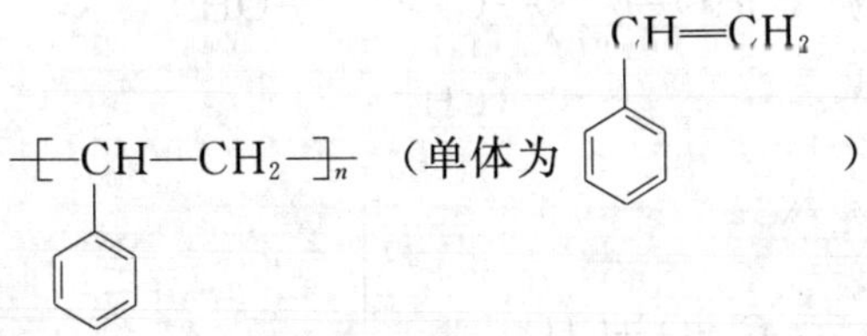

聚甲基丙烯酸甲酯 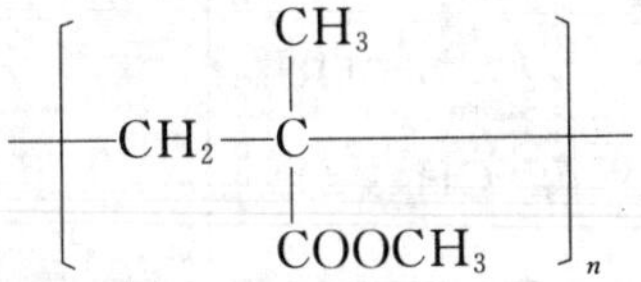

（单体为 $CH_2=C(CH_3)-COOCH_3$）

大多数烯类单体的聚合物以此法命名。

部分缩聚物在原料后面附以“树脂”两字来命名。如：

酚醛树脂 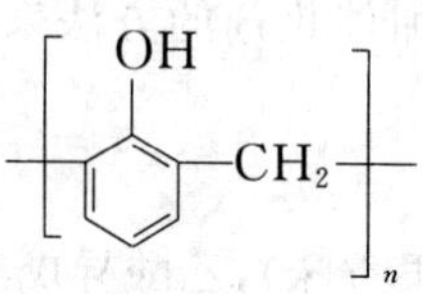 （苯酚 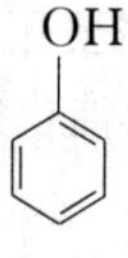 ＋甲醛 CH_2O）

脲醛树脂 $\left[NH-C(=O)-NH-CH_2 \right]_n$

（尿素 $NH_2-C(=O)-NH_2$ ＋甲醛 CH_2O）

环氧树脂 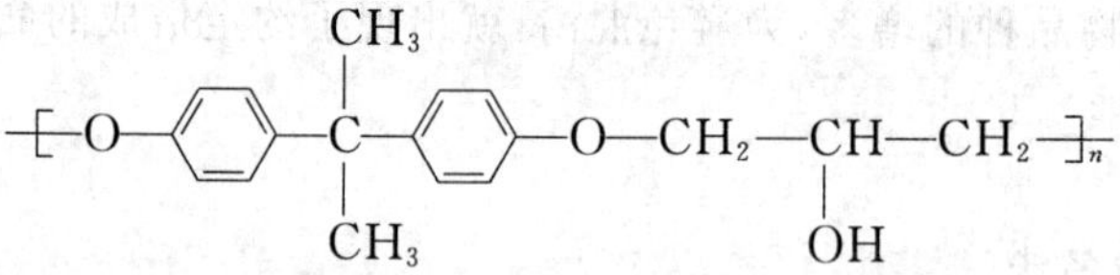

（环氧氯丙烷 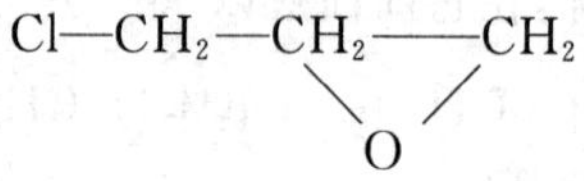

＋双酚 A 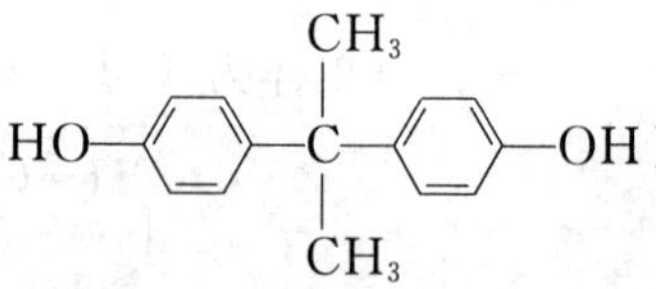 ）

醇酸树脂 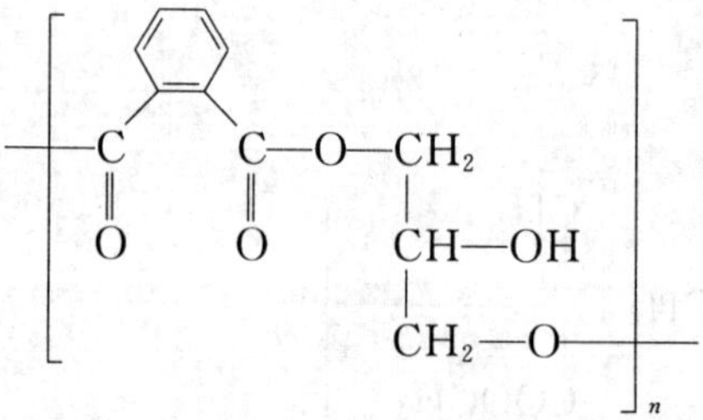

（丙三醇 $CH_2OH—CHOH—CH_2OH$ ＋邻苯二甲酸酐 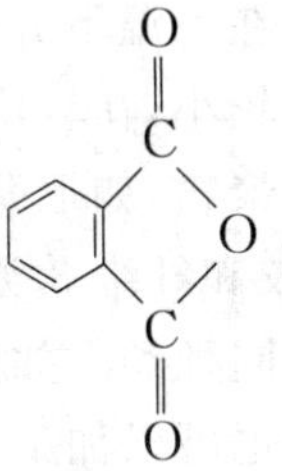 ）

2. 商品命名法

如尼龙、涤纶等。

3. 系统命名法

1972年国际IUPAC大分子委员会提出线型单链有机聚合物命名原则（暂定），其要点是把聚合物的重复结构单元按有机化合物系统命名法命名，最后再冠以“聚”字。如：聚乙烯应称为聚1,2-亚乙基或聚次甲基；聚氯乙烯应称为聚（1-氯代乙烯）。

系统命名虽比较严谨，但颇冗长烦琐，目前尚未普遍采用。有时聚合物名称很长，读写都不方便，往往用英文名称缩写表示。如：聚氯乙烯称为PVC；聚乙烯称为PE。

二、聚合物的分类

1. 按主链结构分有

碳链：如聚氯乙烯，聚苯乙烯等。

杂链：如尼龙-66，尼龙-6等。

元素有机高分子：如有机硅树脂，有机硼高聚物等。

无机高分子：如聚氯化硅氧烷，聚氯化磷氰等。

2. 按性能和用途分有

塑料——常温下有一定形状，强度较大，受力后能发生一定形变的高聚物。根据受热的行为又可分为两类：凡受热后可以塑化与软化，冷却后又凝固成型，即随温度的改变可以反复变形的称为热塑性塑料，如聚乙烯、聚苯乙烯等；凡受热后塑化软化并发生化学变化而固化成型，冷却后再受热不再塑化变形的称为热固性塑料，如酚醛树脂、环氧树脂等。

橡胶——在室温下具有高弹性，即使受到很小外力形变可高达10倍以上，去外力后又恢复原状的高聚物。如丁苯橡胶、顺丁橡胶等。

纤维——在室温下分子的轴向(即沿分子主链的方向)强度很大,受力后形变较小,在较广的温度范围内(如$-50\sim150$℃)机械性能变化不大的高聚物,如尼龙、涤纶等。

塑料、橡胶和纤维3类高聚物很难严格区分,根据使用要求不同,可用不同加工方式制成不同种类。如聚氯乙烯是典型的塑料,但也可以抽丝制成纤维(氯纶);而尼龙和涤纶也可以加工成工程塑料。

有时把聚合反应制得,未经加工成型的聚合物叫做树脂,以区别于加工成型后的塑料或纤维制品。

高聚物的用途除了上述外,还有涂料、黏合剂等,它们都是以树脂形式,不必加工而直接使用的。

思 考 题

1. 粮食对人类社会的重要作用表现在哪里?
2. 合成氨的关键是什么?
3. 合成氨中氢气的来源有哪些?
4. 氨可以做成哪些固体化肥?
5. 尿素为何物?
6. 如何评价化肥?
7. 合成化肥的发展前景如何?
8. 农药包括哪些种类?
9. 农药发展大致经历了哪几个阶段?
10. 农药发展过程中在概念上有什么大的突破?
11. 何为致死中量?
12. 何为糖类化合物?
13. 糖类化合物分为几类?
14. 何为人造纤维?
15. 为什么说人造纤维的纤维不是人造出来的?
16. 何为高分子化合物?
17. 何为合成纤维?
18. 何为加聚?举例说明。
19. 何为缩聚?举例说明。
20. 请说出醇、有机酸和酯的功能团是什么。

21. 醇有哪些特性？

22. 有机酸有哪些特性？

23. 酯有哪些特性？

24. 酯化反应中生成水中的氧是来自于醇还是酸？

第四章　化学能保护和改善人类赖以生存的环境

当今世界面临的重大社会问题集中表现在联合国所指出的五大危机上：粮食、能源、人口、资源和环境。其中环境问题主要是由于人类社会迅速发展而引起的。它是人类社会现代化进程中必然会出现而又必须加以妥善解决的课题。

所谓环境总是相对某项中心事物而言的，中心事物周围能影响中心事物的各种要素就是环境。若以人类为中心，那么环境就是影响人类生存的周边各种要素。人类的环境可以分为社会环境和自然环境。其中自然环境是人们赖以生存和发展的必要的物质条件，是人类周围的各种自然因素的总和。它由空气、水、土壤、阳光、生物圈(包括动物和植物)等组成。

由于人口的猛增，工业化进程的加剧，人类赖以生存的环境正在受到污染和破坏。因此，为了能够继续生存和发展，就必须保护和改善我们的环境。为此，人类首先要充分熟悉和了解环境，了解环境被污染的情况和原因，并制定必要的对策以阻止环境被继续污染。有人说“我们的环境被化学污染了”。这是一个错误的概念，污染环境的不是“化学”，而是“化学物质”。保护和改善我们环境却需要依赖“化学”。

一、水　资　源

1. 水的概况

水对于人类而言是一个必不可少的东西。水在人体中的比例为59%～66%。一般而言，一个人在没有食物，但是有水的环境下可以存活7天，而在有食物，但是没有水的干燥环境下却只能存活3天。由此可见，人类的生存与水资源息息相关。

尽管地球表面的70.8%被水覆盖，但绝大部分是含盐量超过3%的海水，而维持人的生命活动所需的则是淡水。然而淡水很少(见图4.1)，有些淡水资源(例如，高山上的冰川，两极的冰块。）目前尚不能为人类利用，人类真正能够利用的淡水资源只占地球上全部水量的1%不到。

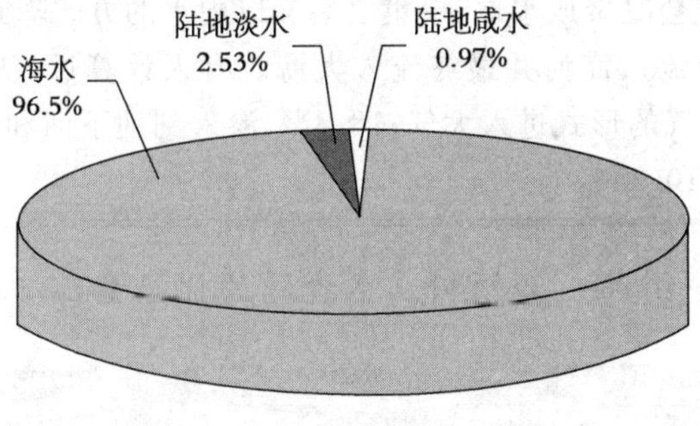

图 4.1　水资源分布示意图

随着人口的不断增长，全世界淡水的消耗量猛增，是人口的增长速度的两倍。

我国淡水资源的总水量为2.8万亿 m^3，排世界第六位，但人均占有的水量却只有2 200 m^3 左右，排世界第108位，只有世界人均占有量的1/3（日本为4 716 m^3，美国为13 500 m^3）（见图4.2）。

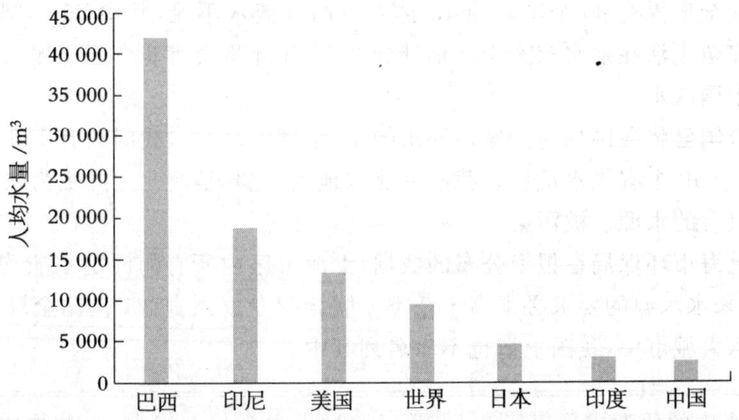

图 4.2　世界和部分国家流水拥有量示意图

仅有的一点点淡水资源，也由于受到了污染而降低了利用的价值，或对人造成伤害。即使是本来不缺水的南方城市也闹起水荒。联合国专家预言，21世纪全球最缺饮用水的六大城市中，我国上海也不幸名列其中。人类的饮用水遇到了严重的危机。

自然界的水处于自然循环之中，地球表面存在的广大水体，在太阳光辐射作用下，大量水分被蒸发成为水蒸气并进入大气层，同时被气流输送到各处。这些水蒸气若遇到冷气流，就会凝聚成水珠，聚集之后又以雨水的方式降到地面。一部分雨水渗入土壤，一部分流入江河并最终流入大海。有人计算过，从天而降的雨水中71.2% 仍会以水蒸气的形式进入大气；18.4% 渗入到地下河和流入江河，人类能够利用的雨水仅占 10.4%。

小品　必须树立水资源的忧患意识

1. 全球缺水

目前全世界有 80 个国家约 15 亿人口面临淡水不足，其中 26 个国家的 3 亿多人完全生活在缺水状态中。估计到 2010 年还将会有 8 个国家加入其中。

2. 中国缺水

联合国已将我国列为全球最缺水的 13 个国家之一。我国约有 183 个城市缺水，其中 40 个有供水危机。我国的北方地区，尤其是西北地区更为缺水。

3. 仅有的水源已被污染

据上海市环保局在报上公布的数据，上海市区内所有的河道水质均劣于 5 类，而自来水水源的要求必须高于 3 类。联合国专家预言，21 世纪全球最缺饮用水的六大城市中，我国上海也不幸名列其中。

天然水中的化学成分很复杂，在循环的过程中会与大气中，各种物质相接触，而水又是一种极好的溶剂，很多物质会溶于水中；在渗入土壤和在江河中流动时又会溶入各种盐类和可溶有机物。因此，天然水中通常含有如表 4.1 所示的各类杂质。其中的含量则因地区和时间而不同。

表 4.1　天然水中所含杂质

溶解气体	主要气体：O_2、CO_2、H_2S
	微量气体：N_2、CH_4、He
溶解物质	主要离子：Cl^-、SO_4^{2-}、HCO_3^-、CO_3^{2-}、Na^+、K^+、Ca^{2+}、Mg^{2+}
	生物生成物：NH_4^+、NO_2^-、HPO_4^{2-}、$H_2PO_4^-$、$HSiO_3^-$、Fe^{2+}、Fe^{3+}
	微量元素：Br^-、I^-、F^-、Co、Ni、Cu、Ti、U、Au、Ba
胶体物质	无机胶体：SiO_2、$Fe(OH)_3$、$Al(OH)_3$
	有机胶体：腐殖质胶体
悬浮物质：细菌，藻类及原生物，泥沙，黏土及其他不溶物	

2. 水的性质

水是无色无味无臭的液体。纯水几乎不导电，但因它是无机化合物的最好溶剂，故这些化合物溶解后，就使水溶液导电。水具有几种特殊的物理性质。它在 3.98℃时的密度为最高，在较低与较高温度时，密度皆较小。在最高密度时，1 kg 水的体积为 1 L。水在液态时，它的分子不全是单个地存在，而是三三两两地结合起来成为缔合分子，(类似于图 4.3 所示的冰的结构。)式中 $n=2, 3, \cdots$。这种单个分子结合而成为分子集团的作用称为缔合。温度升高，缔合的程度即减小。水在沸点时只有少数的缔合分子。温度降低，水的缔合作用即增加。在最高密度时表示这些分子的堆积最紧密。温度再低，缔合程度增高，缔合分子加大而具有像冰的结构。在冰点时，全部分子结合在一起成为一个巨大的缔合分子(图 4.3)。由附图可见，冰的结构内有较大的空隙，因此冰的密度为 $0.92\ g \cdot cm^{-3}$，即较水的密度低。破坏这种结构需要消耗能量，所以冰的熔化热和水的比热较一般液体为高。水的熔点和沸点都比氧族的其他氢化物要高得多。

盛水于一真空容器中(图 4.4)，水面上一部分动能较高的分子自水面逸出，飞入容器的空间而成为蒸气，这种作用称为蒸发。蒸气分子同样作继续不已的运动，或彼此碰撞，或冲击器壁。也有一部分冲击液面而又变为液体，这一作用称为凝聚。蒸气的浓度愈大，凝聚愈快。最初蒸发的速度比凝聚的大，故蒸气的浓度逐渐增加，凝聚的速度也随之增加。在一定温度时水的蒸发速度恒定，故最后凝聚的速度就和蒸发的速度相等，这时液面上的蒸气浓度不再改变。虽然如此，蒸发和凝聚两种作用仍在继续进行，不过两个速度相等而已，这时我们说水和它的蒸气是处在

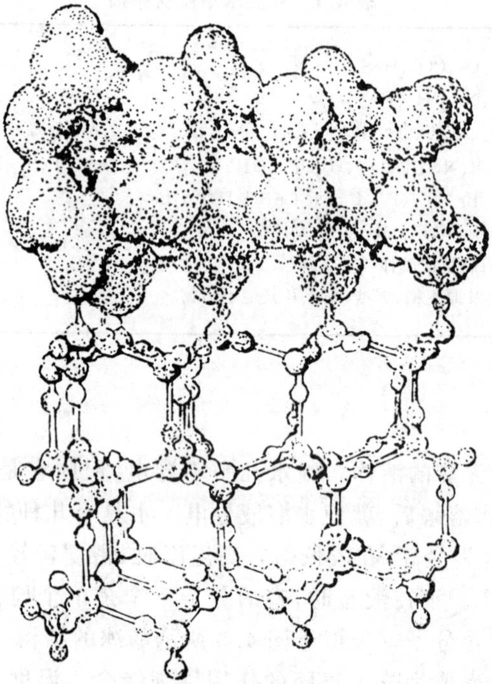

图 4.3　冰的结构

$$nH_2O \rightleftharpoons (H_2O)n$$

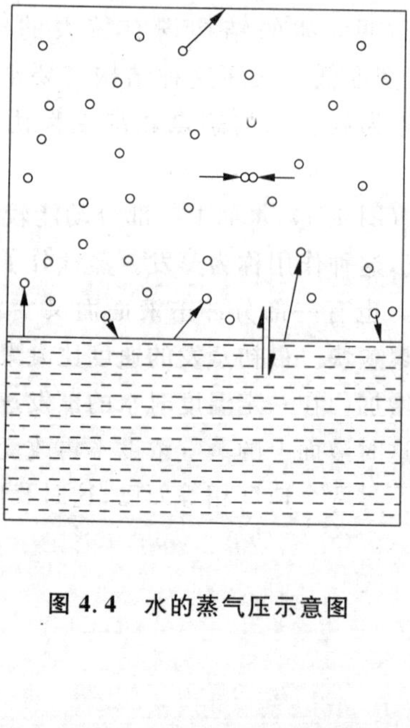

图 4.4　水的蒸气压示意图

平衡状态中。在平衡时水蒸气所具有的压力称为在该温度时水的饱和蒸气压或简称为水的蒸气压。不同温度时，水的蒸气压不同，温度高，水的蒸气压也高。表 4.2 列出不同温度时水的蒸气压。当水的蒸气压等于外界压力时，水就会沸腾。在压力为 101.325 kPa 时，水的沸点为 100℃。如果将温度和压力继续增高时，液体和蒸气的界限即消失。

表 4.2　水的蒸气压和温度的关系

温度/℃	压力/kPa	温度/℃	压力/kPa	温度/℃	压力/kPa
0	0.610	21	2.486	30	4.242
5	0.872	22	2.644	40	7.375
10	1.228	23	2.809	50	12.334
15	1.705	24	2.984	60	19.918
16	1.815	25	3.168	70	31.157
17	1.937	26	3.361	80	47.342
18	2.064	27	3.565	90	70.101
19	2.197	28	3.780	100	101.375
20	2.338	29	4.005	374	22 060

在平常温度时活泼金属像钠和钙可以将氢从水分子中置换出来，很多金属和非金属则需在加热或高温下才与水发生作用，例如：

$$2Na + 2H_2O \xrightarrow{\text{室温}} 2NaOH + H_2\uparrow$$

$$Mg + H_2O \xrightarrow{\text{加热}} MgO + H_2\uparrow$$

$$C + H_2O \xrightarrow{\text{高温}} CO + H_2\uparrow$$

水能与许多氧化物化合而形成酸和碱，一般而言与非金属氧化物反应生成酸，与金属氧化物化合生成碱：

$$CaO + H_2O \longrightarrow Ca(OH)_2$$

$$SO_3 + H_2O \longrightarrow H_2SO_4$$

它也使某些化合物分解而发生所谓水解作用：

$$PCl_3 + 3H_2O \longrightarrow 3HCl + H_3PO_3$$

$$Ca_3P_2 + 6H_2O \longrightarrow 3Ca(OH)_2 + 2PH_3$$

无机盐的水溶液，当浓缩时析出的晶体常常带着结晶水，如 $CuSO_4 \cdot 5H_2O$ 或 $CaCl_2 \cdot 6H_2O$ 等。这些带水的晶体称为结晶水合物。在水合物内每分子无水化合物结合着一定数目分子的水。水合物和无水化合物往往具有不同的性质，例如

$CuSO_4 \cdot 5H_2O$ 呈蓝色，但无水硫酸铜则呈白色。

3. 水的净化

人类使用水资源主要是两方面：饮水和洗涤。鉴于天然水中杂质多多，水质浑浊，水资源必须进行适当的处理后才能被使用。人们日常生活中所用的自来水，就是经过了处理的净水。自来水的处理过程如图 4.5 所示。

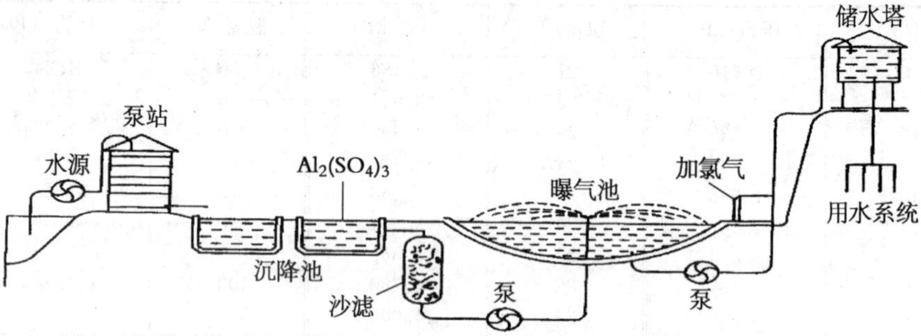

图 4.5　自来水制备过程示意图

(1) 澄清

水源中的天然水通过泵站被输送到交替使用的沉降池，目的是使一些固体杂质及悬浮物沉降下来。为促使迅速沉降，通常要使用化学沉降剂，最常用的化学沉降剂为硫酸铝[$Al_2(SO_4)_3$]。硫酸铝是三价金属铝的硫酸盐，之所以可作为沉降剂是因为它在水中会发生如下反应：

$$Al_2(SO_4)_3 + 6H_2O \longrightarrow 2Al(OH)_3 \downarrow + 3H_2SO_4$$

由于 $Al(OH)_3$（氢氧化铝）在水中的溶解度极小，因而一旦发生水解反应，氢氧化铝就会以絮状的白色沉淀弥散地布满在水中。这种絮状疏松的沉淀有很强的吸附能力，在滋生自身并沉降的过程中会把水中的悬浮固体物如数带下。

我国旧时农村自来水尚未普及时，常将河水或井水放入缸中，加入适量明矾粉，也会有同样的作用。这是因为，明矾石是一种天然矿石，其成分为硫酸铝和硫酸钾的化学混合物。天然矿石明矾是带有 12 个结晶水的透明晶体，分子式为：$KAl(SO_4)_2 \cdot 12H_2O$。

更为先进的沉降剂是硫酸铁或高铁酸钠，因为，高价铁除了沉降之外，还有氧化作用，这也起到了消毒作用。

(2) 曝气

经过沉降的澄清水再经过沙滤输送到曝气池，利用压缩空气使曝气池内的水翻腾不已，让水中所含挥发性的东西挥发掉，同时曝气过程中带入的氧气可消除水中的不愉快的气味。

(3) 消毒

经过澄清和曝气原本浑浊的水已经变成清澈透明的水了，但是水中还有对人体健康不利的病菌。为了消灭这些病菌，还得往水中通入氯气。通氯气消毒的原因是氯气在水中会生成次氯酸：

$$H_2O + Cl_2 \longrightarrow HClO + HCl$$

次氯酸是一个不稳定的化合物，分解并释放出新生态氧：

$$HClO \longrightarrow HCl + [O]$$

新生态氧具有极强的氧化能力，能迅速氧化细菌有机体，从而达到杀死病菌的目的。

将氯气通入消石灰[$Ca(OH)_2$]中就制成所谓的漂白粉，其中含有次氯酸钙，溶于水中时发生水解反应，生成次氯酸，同样具有消毒杀菌作用：

$$Ca(ClO)_2 + H_2O \longrightarrow Ca(OH)_2 + 2HClO$$

$$HClO \longrightarrow HCl + [O]$$

更先进的消毒剂是采用臭氧(O_3)来消毒，这是为了避免氯化物、游离氯对人体健康和对水的口感所造成的影响。

经过上述方法处理过的水就是送到千家万户的自来水。游泳池若无水处理循环系统的话，也常用这种方法来处理水。在投放硫酸铝的同时，还会放入适量的硫酸铜。因为硫酸铜有杀菌作用，还会使池水呈现碧蓝色，给人以悦目的感觉。消毒所用的氯气或漂白粉的用量必须严格控制，自来水中过量的游离氯对人体健康不利，同时影响水的口感；泳池内过量会对人的眼睛有刺激作用。

4. 饮用水

自来水尽管看上去清澈透明，但是我们从自来水制备过程中可以看到，那些溶解在水中的化学物质并没有变化。浑浊的水源中有多少化学物质，在自来水中就有多少化学物质。如果，水源受污染严重的话，饮用自来水，就会影响人的健康。人们为了自身的健康和安全，也是为了提高生活质量，开始不再饮用自来水。于是市场上就出现了形形色色的饮用水。其中最主要的有下列几种：

(1) 矿泉水

图 4.6　天然泉水

矿泉水是一种未受污染的天然水，来自于地下深层或湖泊深层的自然水。因含有若干矿物质而得此名。经过滤，消毒等简单处理后即可成为饮用水。这种水因产地不同而各异，有的带有甜味，有的稍带涩味，只要没有对人体健康有害的化学物质就可以成为饮用水，该水的生产成本较低，所以售价也低。我国有丰富的泉水资源，如浙江杭州的虎跑泉，山东济南的趵突泉等(见图 4.6、图 4.7)。

图 4.7　市售矿泉水

(2) 蒸馏水

蒸馏水是利用蒸馏(distillation)手段得到的一种纯水。蒸馏是化学中常用的得到纯净物的一种方法。它根据各种物质沸点的不同，在对液体进行加热后，收集不同温度时的蒸气再冷凝，就可得到被分离的纯净物。当将含有不挥发杂质的水进行蒸馏时，原本溶在水中的这些杂质是不会随水蒸气而带出的，所以得到的就是不含不挥发杂质的纯水(见图 4.8)。

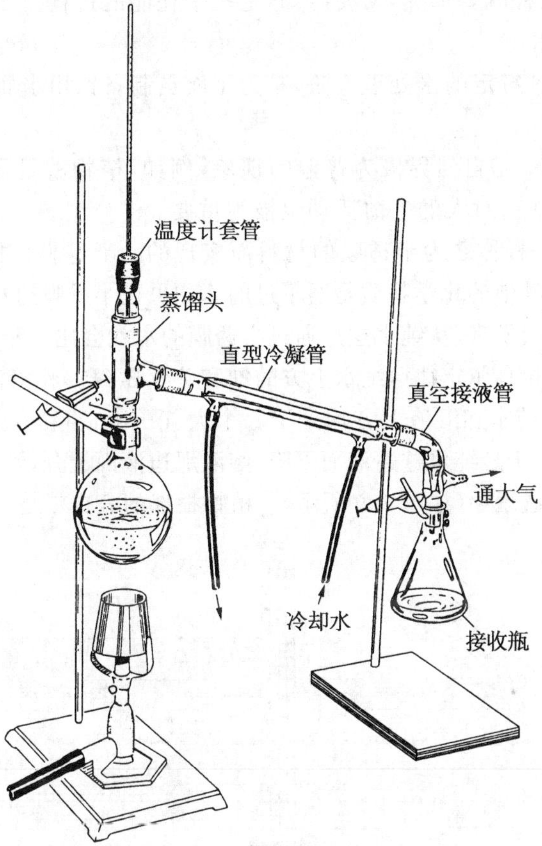

图 4.8 蒸馏装置

使用蒸馏的方法虽然可以将水中不挥发物质，如钠、钙、镁、铁的盐类除去，但微量的溶解在水中的氨、二氧化碳及其他气体和挥发性物质则会随着水蒸气一起进入冷凝器，转而又溶入水中。从化学的角度看，一次蒸馏的水绝对称不上为纯水，然而，从饮水角度看，相对于矿泉水，它已经是“纯水”了。除去这类挥发性气体的有效办法是在蒸馏器上部开个口子，放掉一些水蒸气。这样就可以将挥发性气体带走。至于，化学实验室所需要的纯度更高的蒸馏水，则要进行二次蒸馏，甚至 3 次蒸馏。先在普通蒸馏水中加入高锰酸钾($KMnO_4$)的碱性溶液，再进行一次蒸馏。酸性的气体如二氧化碳就不会被蒸出了。然后于所得的蒸馏水中再加入非挥发性酸,如硫酸(H_2SO_4)或磷酸(H_3PO_4),再蒸馏一次。于是氨和挥发性碱性物质被控制。如此得到的蒸馏水的纯度就高了,可以称作为纯水。

然而,蒸馏过程既要加热,又要冷却,是一个耗能的过程。

(3) 反渗透水

因为最初这种特定的水处理方法,是为宇航员制备饮用水而设计的,所以反渗透水又称太空水。

渗透(osmosis)是自然界极为普遍的现象,例如,植物就是靠根部的渗透来吸取水分的。渗透平衡对人的生命活动也极为重要。

渗透是依靠一种称之为半透膜的材料而实现的。半透膜是指这种膜可以让水自由通过,而任何其他的化学物质是通不过的。如果在半透膜的左边是纯水,右边是溶液的话,我们就会发现,从纯水这边通过半透膜的水就会比溶液那边通过半透膜的水来得多。根据“拉乌尔定律”,纯水上方的饱和蒸气压(P_0)比溶液上方的饱和蒸气压(P)来得大。当纯水和溶液上方均处于一个大气压下,驱动水分子运动的动力决定于饱和蒸气压。于是纯水这边液面下降,溶液那边液面上升,到一定的液位差就达到平衡,这就是渗透现象(如图 4.9 所示)。植物根部的表皮就是一种半透膜。

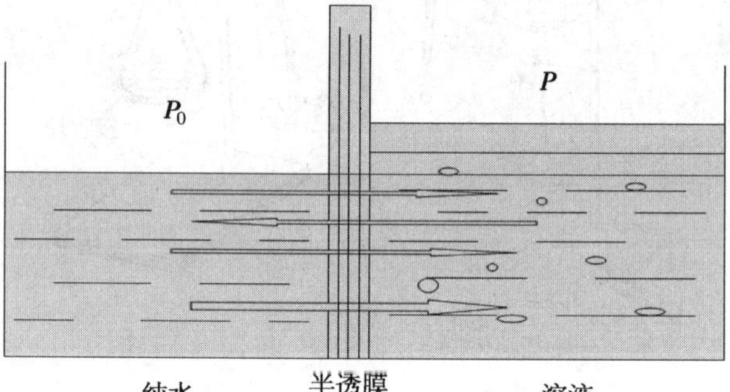

图 4.9 渗透示意图

如果我们在溶液上方加压(如图 4.10 所示),使溶液上方的总压大于纯水上方的大气压,情况就会发生逆转,此时驱动水分子通过半透膜的动力就决定于两边的总压。溶液中就会有更多的水通过半透膜而流向纯水。反渗透水就是这样制备的,从饮用水角度讲,这也是一种纯水。

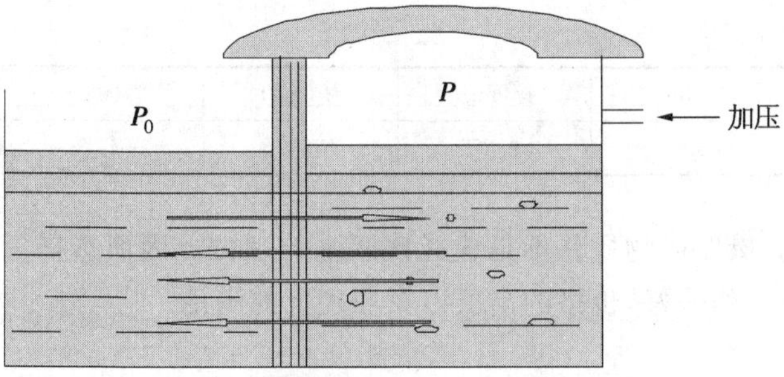

图 4.10 反渗透示意图

课堂讨论——等渗输液

如果把一个红血球放在清水中，你将会看到红血球愈胀愈大，最后被胀破。这是因为红血球内是体液，红血球外是清水，而细胞壁则是半透膜，于是清水从外不断向红血球内渗透，从而造成不堪负荷而破裂的。那么，当一个病人需要输液时，请问所输的药液是不是有一定的要求？

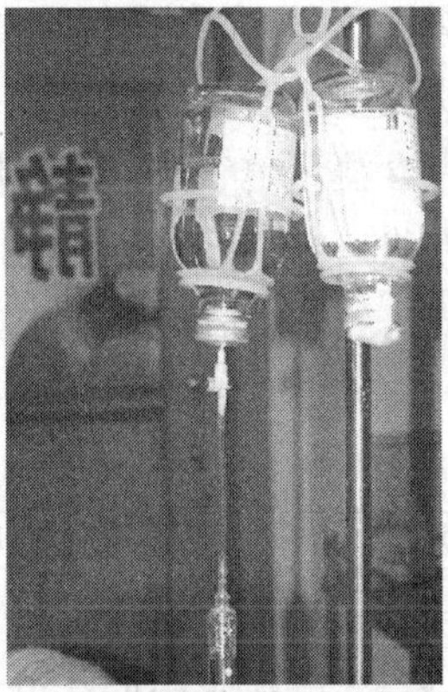

提示

你可以设想一下：

1. 假如输进去的是纯水，那么会是什么情况？

2. 假如输入的液体浓度高于红血球内的浓度，又会是什么情况？

在面对如此众多的饮用水品种时，究竟应该选择喝什么水？有人说应该喝矿泉水，因为它提供我们人体生命活动所必需的微量元素。而有人说，喝纯水好，因为它绝对不会含有对人体有害的化学物质。在作出判断之前，让我们先看下列数据。

正常人每天若饮水 1500 mL，如选自来水（以上海的自来水为例）则可获得：

铜(mg)	铁(mg)	锌(mg)	镁(mg)	钙(mg)	硒(mg)
0.03	0.038	0.66	0.63	60.0	0.45

每人一日三餐平均吃大米 300 g，青菜 200 g，肉，鱼，黄豆各 50 g，鸡蛋半个。则

可获得：

铜(mg)	铁(mg)	锌(mg)	镁(mg)	钙(mg)	硒(mg)
4.26	13.53	9.27	156.75	904.75	73.82

由此可见，摄取矿物质并不是选择饮用水的理由。因而选择怎样的饮用水则完全取决于个人的爱好，价格的高低以及心理上的满足。

5. 水的纯化——兼谈"海水淡化"

人类的生存离不开水，地球上虽然有大量的水，可惜能为人类所利用的淡水却少得可怜。当人类为缺水所困惑时，毫无疑问会把目光注意到大量的海水的利用之上。海水中含有3.5%的盐类化合物，如何廉价地把这些化合物从水中除去，一直是化学家们孜孜以求的目标。随着淡水资源日益受到污染，其净化成本也愈来愈高。相反，因技术进步使海水淡化的成本逐步降低。这就使得海水淡化进入了实用阶段，尤其在特殊的环境中，如生活在无淡水小岛上，长期在海上航行等，海水淡化更具有重要意义。除此之外，在干旱的沙漠地区钻井取用地下水时，取到的水中含盐量也很高，海水淡化的方法同样可以应用于此。目前，有下列几种纯化水的方法。它们之中，有的不一定适用于海水淡化，有的具有一定的潜力。

(1) 蒸馏法

和上述制备饮用纯净水一样，蒸馏法可以把海水中的盐分除掉。但蒸馏法是一个耗能的方法。每蒸发1g水就需要2.3kJ能量，而让这些蒸气冷凝又要0.3kJ能量，两个过程都要消耗能量，所以这个方法不是一个理想的方法。

(2) 离子交换法

溶解在水中的盐分，都以阳离子和阴离子的形式存在。如果有一种东西可以把这些离子移走，那么水也就纯化了。事实上，这种东西已经问世，那就是"离子交换树脂"。

这些离子交换树脂，是一种具有网状结构的，不溶于水的高分子材料。它的基体上带有离子交换基团且能与其他物质进行离子交换。离子交换树脂是一种高分子化合物，其基材可以是：聚苯乙烯、聚丙烯酸、酚醛、聚氧乙烯、聚丙烯酰胺、聚环氧烃、丁苯橡胶、聚砜、聚苯醚、聚四氟乙烯等。再在这些基材高聚物中引入酸性或碱性基团使它们具有酸碱性。酸性的离子交换树脂称为阳离子交换树脂，它的阳离子可与水中的阳离子进行交换；碱性的离子交换树脂称为阴离子交转树脂，它可以和阴离子进行交换。

有机化合物与浓硫酸反应称为磺化反应，高分子化合物也会与浓硫酸发生反应，结果是中性的高分子化合物变成了酸性的。我们可以把它看作为：

$$(\text{高分子树脂})—(SO_3H)$$

其中 $—(SO_3H)$为磺酸基，具有酸性。磺酸基上的氢离子就可以与其他阳离子进行交换：

$$—SO_3H + Na^+ \longrightarrow —SO_3Na + H^+$$

交换的结果就生成了磺酸钠盐和氢离子，水中的钠离子就被固定在交换树脂上了。

阴离子交换树脂则是用有机胺类化合物制成的不溶于水，且具有强碱性的高分子树脂。当用碱溶液处理这些树脂时，原先是盐类型的树脂变为羟基型的树脂了。同样可以把它理解为：

$$(\text{高分子树脂})—(N—OH)$$

这里的羟基可以与其他阴离子发生离子交换反应：

$$N—OH + Cl^- \longrightarrow N—Cl + OH^-$$

交换的结果是产生了氯化物和氢氧根离子。水中的阴离子也被固定在树脂上了。交换下来的羟基和阳离子交换下来的氢离子结合成水。

如果我们让水分别通过足够的阳离子和阴离子交换树脂，所有溶于水中的离子全被交换到了树脂上，水就成了纯水。离子交换水的纯度比蒸馏水还要高。

离子交换树脂的交换能力是以每千克干树脂能交换离子的物质的量来表示。交换饱和后，树脂可以再生，因为离子交换作用是可逆的。可以分别用酸或碱进行反交换。所以离子交换树脂是可以反复使用的。

离子交换水主要用在科学研究和超纯制备中。为了防止锅炉因水垢而发生爆炸，现规定锅炉用水必须使用离子交换水。虽然交换树脂可反复使用，但每次再生会产生大量废水，因而成本就会高些。

(3) 电渗析法

如图 4.11 所示，在一个含有离子的溶液中插入两个电极并通上电流，溶液中的阳离子就会朝负极迁移，阴离子就会朝正极迁移，这就是电解过程。如果如图 4.11所示，在电解池内再放入两片半透膜把电解池一分为三，且使靠近负极的半透膜只能允许阳离子通过而拒绝阴离子通过，而靠近正极的半透膜只能允许阴离子通过而拒绝阳离子通过，那么在电极间通入电流之后，离子就会向两边迁移，当时间足够长之后，中间部分的离子就会全部迁移到两边。若把海水放入电解池，经过电渗析之后，中间部分放出的水即为淡水。

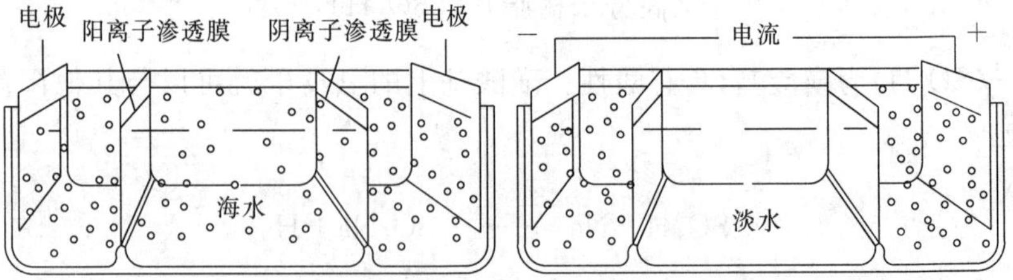

图 4.11　电渗析示意图

我国西沙永兴岛上的海水淡化站即采用这种方法，日产淡水 20 吨(t)。这种方法的成本仅为蒸馏法的 1/4，但因速度较慢不适宜大规模生产。

(4) 冰晶法

当我们把冷的海水喷入 1 个真空室时，部分海水的蒸发使其余海水冷却(蒸发需要吸收热量)并形成了冰晶。任何固体从溶液中析出时，倾向于排除别的杂质进入到该固体晶格中。因此虽说不是百分之百地不带入别的杂质，但固体冰晶中的杂质要比原溶液中少得多。将这种方法得到的冰晶用适量淡水淋洗一下后再融化即为淡水了。若一次过程尚不足以达到淡化目的，可反复进行几次。这种先使某物质溶解而后使之再从溶液中凝固或结晶出来的方法，常用在化学物质的纯化技术中，称之为复结晶。

(5) 反渗透法

前面提到的反渗透法依靠半透膜的选择作用来制备纯水。这个方法的关键在于这张膜。首先这张膜要有一定的强度，因为处理过程是加压的。其次，它必须具有百分之百的选择性，只能让水通过，而任何其他化学物质是不让通过的。最后它还应该有较大的通量，以加快制备过程。目前膜所存在的问题是成本高，寿命短。处理的溶液浓度愈高，膜的寿命愈短。如果这两个问题能解决的话，膜技术将会成为人类解决水资源短缺的最有前途的一种方法。

6. 硬水软化

每升水中若所含钙离子(Ca^{2+})、镁离子(Mg^{2+})、铁离子(Fe^{3+})或锰离子(Mn^{2+})超过 100 mg，则此水称为"硬水"。硬水在某些场合中是十分有害的，因为水中钙离子和镁离子等是水在流经石灰石和白云石时和溶于水中的二氧化碳发生作用，生成了可溶性的酸式碳酸盐而存留在水中的。

$$\underset{\text{石灰石}}{CaCO_3} + CO_2 + H_2O \longrightarrow Ca(HCO_3)_2$$

$$\underset{\text{白云石}}{CaCO_3 \cdot MgCO_3} + 2CO_2 + 2H_2O \longrightarrow Ca(HCO_3)_2 + Mg(HCO_3)_2$$

由二氧化碳溶于水中生成的碳酸是一个二元酸，在水中发生解离：

$$\underset{\text{碳酸}}{H_2CO_3} \longrightarrow \underset{\text{氢离子}}{H^+} + \underset{\text{酸式碳酸根}}{HCO_3^-} \longrightarrow \underset{\text{氢离子}}{2H^+} + \underset{\text{碳酸根}}{CO_3^{2-}}$$

虽然酸式碳酸根所形成的盐是可溶性的，但这些可溶性的酸式碳酸盐在加热时会发生沉淀反应：

$$Ca(HCO_3)_2 \longrightarrow CaCO_3 \downarrow + CO_2 \uparrow + H_2O$$

因此，工业上锅炉用水绝不能用硬水，因为在加热过程中生成的沉淀物 $CaCO_3$ 会形成水垢，轻者使传热变差降低效率，重者水垢产生裂缝造成加热不匀还会发生事故，因此锅炉用水必须经过处理以除去钙镁等离子。我们日常生活中在水壶底部和热水瓶底部常见到的一层白色水垢就是这种沉淀物。

硬水的另一个害处是会与普通的肥皂作用生成不溶于水的凝脂，这就是我们用肥皂洗衣时常会看见的在水面上浮着一层白花花的东西，因此就降低了肥皂去污的能力。此外硬水作为饮用水的口感也欠佳。

为克服上述缺点，这就需要把硬水软化。制造纯水如用蒸馏法、离子交换法等实际上就是软化了水。除此之外，还有一种所谓石灰-苏打软化法。这是在水中加入消石灰（$Ca(OH)_2$）和纯碱（Na_2CO_3），于是就发生如下反应：

$$HCO_3^- + OH^- \longrightarrow CO_3^{2-} + H_2O$$

$$Ca^{2+} + CO_3^{2-} \longrightarrow CaCO_3 \downarrow$$

$$Mg^{2+} + 2OH^- \longrightarrow Mg(OH)_2 \downarrow$$

这样就可把水中钙、镁离子全部除去，而在水中仅留下钠离子。至于铁和锰离子通常在水中含量不及前两种离子多，若要除去可先曝气氧化使它们成为高价氧化态，然后在碱性条件下它们会以沉淀形式$Fe(OH)_3 \downarrow$及 $MnO_2(H_2O)_x \downarrow$ 而被过滤除去。

7. 水的污染

引起水污染的原因有两类，一类是自然污染，另一类是人为污染，而后者是主要的。自然污染是自然原因造成的，如特殊地质条件下使某些地区富有某种化学元素的化合物，天然动植物在腐败过程中产生的有害物质，以及降雨淋洗大气和地面后挟各种物质流入水源中。人为污染是人类生活和生产活动中排放到水源中的污染。判断水源是否受到污染，主要是以是否影响人类健康作为标准的。因此每个国家对水质都制订有相应的标准。表 4.3 是我国生活饮水的水质标准。

表 4.3 我国生活饮用水水质标准

编号	项 目	标 准
		感官性状和一般化学指标:
2.1.1	色	色度不超过 15 度,并不得呈现其他异色
2.1.2	混浊度	不超过 3 度,特殊情况不超过 5 度
2.1.3	嗅和味	不得有异嗅异味
2.1.4	肉眼可见物	不得含有
2.1.5	pH	6.5～8.5
2.1.6	总硬度	$450\,mg \cdot L^{-1}$
2.1.7	铁	$0.3\,mg \cdot L^{-1}$
2.1.8	锰	$0.1\,mg \cdot L^{-1}$
2.1.9	铜	$1.0\,mg \cdot L^{-1}$
2.1.10	锌	$1.0\,mg \cdot L^{-1}$
2.1.11	挥发酚类(以苯酚计)	$0.002\,mg \cdot L^{-1}$
2.1.12	阳离子合成洗涤剂	$0.3\,mg \cdot L^{-1}$
2.1.13	硫酸盐	$250\,mg \cdot L^{-1}$
2.1.14	氯化物	$250\,mg \cdot L^{-1}$
2.1.15	溶解性总固体	$1\,000\,mg \cdot L^{-1}$
		毒理学指标:
2.1.16	氯化物	$1.0\,mg \cdot L^{-1}$
2.1.17	氰化物	$0.05\,mg \cdot L^{-1}$
2.1.18	砷	$0.05\,mg \cdot L^{-1}$
2.1.19	硒	$0.01\,mg \cdot L^{-1}$
2.1.20	汞	$0.001\,mg \cdot L^{-1}$
2.1.21	镉	$0.01\,mg \cdot L^{-1}$
2.1.22	铬(六价)	$0.05\,mg \cdot L^{-1}$
2.1.23	铅	$0.05\,mg \cdot L^{-1}$
2.1.24	银	$0.05\,mg \cdot L^{-1}$
2.1.25	硝酸盐(以氮计)	$20\,mg \cdot L^{-1}$
2.1.26	氯仿	$60\,\mu g \cdot L^{-1}$
2.1.27	四氯化碳	$3\,\mu g \cdot L^{-1}$
2.1.28	苯并(a)芘	$0.01\,\mu g \cdot L^{-1}$
2.1.29	滴滴涕	$1\,\mu g \cdot L^{-1}$
2.1.30	六六六	$5\,\mu g \cdot L^{-1}$
		细菌学指标:
2.1.31	细菌总数	100 个/L
2.1.32	总大肠菌群	3 个/L
2.1.33	游离余氯	在接触 30 min 后不低于 $0.3\,mg \cdot L^{-1}$
		放射性指标:
2.1.34	总 α 放射性	$0.1\,Bq \cdot L^{-1}$
2.1.35	总 β 放射性	$1\,Bq \cdot L^{-1}$

重金属为有毒金属的说法并不严格,因为并非所有的重金属皆有毒性,而轻金

属中的锂和铍也是具有较大毒性的。在水污染中所谓重金属污染,指的主要是汞、镉和铬等生物毒性显著的重元素。此外还有类似金属性质的非金属元素砷,它的毒性与重金属相似,都是代谢毒物。

重金属污染有其本身的特点。首先,重金属在地壳中的含量虽然均小于0.1%,但分布广泛,生产和应用较广,在局部地区可能出现高浓度污染。其次,重金属污染物具有潜在的危害性,它不仅不被微生物所分解,相反能在生物体内富集,并在生物体内可将某些重金属转为毒性更大的金属有机化合物,如甲基汞等烷基化合物。再次,重金属污染物的毒害不仅与其摄入机体内的数量有关,而且与其存在形态有着密切的关系,不同形态的毒性可以有很大差异。如烷基汞毒性显著大于 Hg^{2+} 盐;Cr(Ⅵ)的毒性比Cr(Ⅲ)大得多。表4.4为城市污水中主要污染物的种类和主要来源。

表 4.4 城市污水中主要污染物的种类和主要来源

污染物种类	主要项目	主要来源
无机悬浮物	沙粒、炉渣、灰尘、铁屑	生活污水,食品、制革、造纸、煤气和炼焦、涂料、炼钢等工业
病原微生物	病菌、寄生虫、病毒	生活污水,屠宰、制革、洗毛、生物制品等工业
需氧有机物	碳水化合物、蛋白质、油脂、氨基酸、合成洗涤剂	生活污水,食品、造纸、纤维、化学等工业
植物营养素	硝酸盐、亚硝酸盐、铵盐及磷酸盐	生活污水,食品、化肥等工业
无机污染物	酸、碱、无机盐、硫化物	金属加工、制药、制革、纺织、造纸、炼油、化肥、冶炼等工业
重金属	汞	化学、造纸、电气器材、涂料等工业
	镉	电镀、化学、冶炼等工业
	铅	雨水淋洗含铅空气及蓄电池、涂料、化学等工业
	铬	电镀、制革、涂料等工业
	砷*	制药、涂料、染料、冶金等工业
难分解有机物	有机农药	农田排水
	多氯联苯	制造多氯联苯的工业和使用多氯联苯的化学、食品、合成树脂、电器设备等工业
	多环芳烃	煤气和炼焦、炼油等工业
	芳香胺	染料、合成橡胶、塑料、制药等工业
其他化学污染物	酚**	冶金、石油化工、煤气和炼焦、塑料等工业
	氰**	化学纤维、金属加工、电镀、煤气和炼焦等工业
	氟**	炼铝、化肥、玻璃等工业
热	热	电力和其他工业的冷却水
石油	石油	船舶排油、炼油和石油化学等工业
放射性污染物	铀、钚、锶、铯	原子能电站和其他原子能工业

* 砷不是重金属,但常与重金属一起讨论其危害。

** 酚可与难分解有机物合并称为有机有毒物,氰、氟可与重金属合并称为无机有毒物。

此外，某些重金属的毒性还受到其他共存物质的影响，即所谓协同作用、拮抗作用和相加作用。协同作用是指两种以上污染物共存时，一种污染物能促使另一种污染物的毒性急剧增加的作用。如铜、锌共存时，其毒性为它们单独存在时的8倍。拮抗作用是指两种以上污染物共存时，其毒性可以互相抵消一部分或大部分的作用。如锌能抑制镉的毒性；硒能对抗铅、汞、镉、砷等有害元素对人体的危害。相加作用即两种以上的重金属污染物共存时，其毒性大致是各成分毒性之和。

化学在防治水污染中的主要作用，一是分析测定，确定毒物的存在与否以及量的大小。在环境保护工作中，这是必不可少的第一步。二是用化学的方法使水中的污染物得以消除或者污染物在进入水源之前就被除去。例如以汞为例，1953 年日本水俣地区发现许多家猫突然得了一种怪病，行为失常，甚至往海里跳，后来人也得了这种怪病。分析结果是该地区有一家氯乙烯工厂，在生产过程中使用氯化亚汞作为催化剂，因而该工厂排放的污水里就含有汞的化合物。经化学测定凡此污水流过的河道里，鱼和贝类的含汞量高达 $9\times10^{-6}\sim24\times10^{-6}$，而人类若食用 $5\times10^{-6}\sim6\times10^{-6}$ 含汞量的鱼就有中毒的危险。1953 年水俣地区有 116 人中毒，其中 43 人死亡。经解剖分析发现，这些死亡者肝脏中含汞量高达 $20\times10^{-6}\sim70.5\times10^{-6}$，而正常人仅 $0.07\times10^{-6}\sim0.84\times10^{-6}$。而中毒者主要是受甲基汞的侵害，这是由于汞在水中与有机物作用而生成的，至此，轰动全世界的水俣病疑案终于真相大白了。为了防止这种污染的继续为害，就必须设法防止汞的排放，于是一系列控制汞的排放措施应运而生。再如，过去常用含汞种子杀虫剂，防贝壳含汞油漆等都有相应非汞产品代替，这样汞的危害程度就被大大减轻了。

小品　于人体有百害而无一利的金属——镉

在欧洲曾经发生过这样一件事：有一家镀锌厂的经理，选择了一个幽静的地方给他的老父亲盖了一幢别墅。说来奇怪，没过几年，住在这别墅里的人都得了一种怪病。他们关节变形，肌肉萎缩，骨骼疼痛难忍，常常发生自然骨折。接着一个个都在凄惨的叫痛声中死去。开始还以为有人放毒，请来法医鉴别。经过尸体解剖，发现死者身上有几十处骨折。法医判定这是一种典型的重金属镉中毒症状，是由于长期摄入金属镉所致。可是附近又没有工厂，哪有什么镉污染呢？经过一番调查才知道，这个别墅的地点正是300 年前一个锌矿的所在地。当年炼锌时，只取走了锌，而把大量与锌共生的镉留了下来。这些镉慢慢地污染了地下水，人若饮用了这种含镉的水，由于镉在人体内的积聚作用而导致人的肾功能障碍，钙的代谢损害，骨质损伤。这和日本富山县的“骨痛病”的症状完全一样。

在第二次世界大战期间，日本在富山县神岗矿区开发一个铅锌矿时，把含镉的废渣堆放在露天的广场上。经过长时间的雨水浸淋，镉随着污水渗入地层，流入河里或田里，使大面积的土壤受到了污染。土壤中的镉又被植物吸收而富集。当人吃了这种植物后，镉就在人体内产生累积。十几年之后，这个地区就出现了一种怪病。因为不明病因，也从未见过此病，所有病人一律都叫骨头痛，所以就被称作为“骨痛病”。后来把病人的骨头作了光谱分析，发现这些病人的骨头中镉的含量特别高。由此才知道镉是一个坏东西。现在人们对镉的污染予以特别的注意了。

天津人民广播电台科技组编：《元素世界》

有毒的有机物主要包括酸类化合物、有机农药、多氯联苯、多环芳烃和二恶英等有机物。有毒有机污染物的共同特点是：其大多数为难降解有机物，或称持久性有机物。它们在水中的含量虽不高，但因在水体中残留时间长，有蓄积性，可促进慢性中毒、致癌、致畸、致突变等生理毒害。

多氯联苯(PCB)是联苯分子中一部分或全部氢被氯取代后所形成的各种异构体混合物的总称，其化学结构通式可写为：

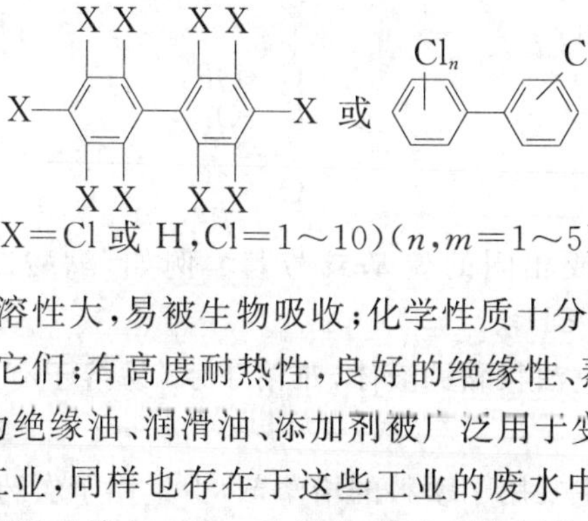

(X=Cl 或 H，Cl=1～10)(n，m=1～5)

多氯联苯剧毒；脂溶性大，易被生物吸收；化学性质十分稳定，不易燃烧，强碱、强酸、氧化剂难以破坏它们；有高度耐热性，良好的绝缘性、蒸气压低、难挥发等特性。所以多氯联苯作为绝缘油、润滑油、添加剂被广泛用于变压器、电容器，以及各种塑料、树脂、橡胶等工业，同样也存在于这些工业的废水中而被排入水体。PCB在天然水和生物体内都很难降解，是一种很稳定的环境污染物，尽管许多国家已经禁止使用，但以往排放的多氯联苯还将在环境中残留相当长的时间。

多环芳烃或稠环芳烃(PAH)指分子中包括 2 个或 2 个以上苯环结构的碳氢化合物。这类化合物种类很多，其中至少有 20 多种有致癌作用。最典型的是1,2-苯并芘即苯并[a]芘(以 BaP 表示)，此外还有1,2-苯并蒽，即苯并[a]蒽(以 BaA 表示)，1,2,3,4-二苯并菲等。

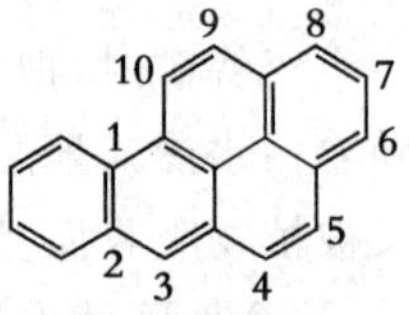

苯并[a]芘

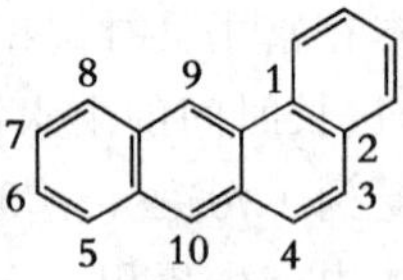

苯并[a]蒽

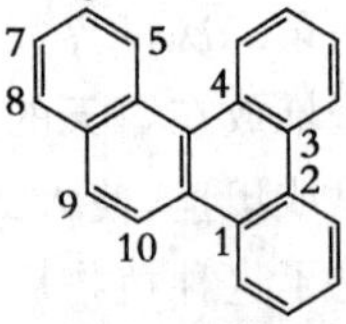

1,2,3,4-二苯并菲

燃料在燃烧的过程中产生大量多环芳烃。水体中多环芳烃的重要来源是大气中的煤烟随雨水降落,及煤气发生站、焦化厂、炼油厂等排放含多环芳烃废水进入水体。

多环芳烃在水中溶解度很低,约为 $0.01\,\mu g \cdot L^{-1}$。但它可在洗涤剂作用下分散在水中,所以水体中的多环芳烃可能呈现3种状态,即吸附于悬浮性固体上、溶解于水中,或呈乳化状态。

多环芳烃也是一类不易分解而比较稳定的有机物。水生生物对其能进行某些生物降解。也可以通过食物链富集浓缩,在浮游生物体内可富集数千倍。

酞酸酯类化合物又称邻苯二甲酸酯,最常用的是酞酸二正丁酯(简称DNBP)和酞酸二异辛酯(简称DEHP),结构通式为:

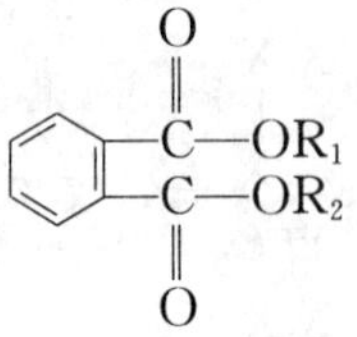

R_1 和 R_2 代表不同的或相同的烷基或芳基。例如,酞酸二正丁酯的 $R_1 = R_2 = —CH_2—CH_2—CH_2—CH_3$。

酞酸酯一般呈无色油状黏稠液体,难溶于水,易溶于有机溶剂和类脂,常温下蒸气压低不易挥发。

酞酸酯类化合物主要用于塑料的增塑剂,少量用于农药、涂料、印染、化妆品和香料的生产。

酞酸酯的急性毒性强度不大,对Ames试验呈阴性反应,但在给予大剂量的情况下,对动物有致畸胎和致突变作用。用聚氯乙烯袋贮存的血浆在4℃保存1d后,有 $50\times10^{-6} \sim 70\times10^{-6}$ 的酞酸二异辛酯进入血浆,病人输入这种血浆后可引起呼吸困难、肺原性休克等,甚至引起死亡。

据现有资料表明:我国的湖泊、江河和井水中都普遍检出了酞酸酯,最常见的是 DNBP 和 DEHP。在我国部分土壤和底泥中增塑剂的积累已相当可观，其对未来环境的影响值得重视。

石油污染的主要污染物是各种烃类化合物——烷烃、环烷烃、芳香烃等。在石油的开采、炼制、贮运、使用的过程中，原油和各种石油制品进入环境而造成污染。当前，石油对海洋的污染已成为世界性问题。

石油对水体的影响，除其有毒组分危害生物外，还将阻碍天然水同大气之间的物质交换，使水中溶解氧减少。因为石油会覆盖或堵塞生物的表面和微细结构，抑制生物的正常运动，以及阻碍小型动物正常摄取食物、呼吸等活动，将对生物产生机械性损害。

其他有机化合物如酚类、腈类化合物，均具有毒性。其中苯酚是高毒物质，丙烯腈虽然毒性不算高，但排放量较大，它们对环境的影响引人注目。

小品　二恶英事件

1999 年 6 月 11 日我国卫生部根据我国《食品卫生法》第九条第十项的规定作出禁止经销比利时等国受二恶英污染食品的紧急通知。全国各大超市立即从货架上把从这四国进口的乳制品撤了下来。一时间人心惶惶，人们对乳制品望而生畏。这是怎么一回事呢？原来 1 月 15 日以来比利时，荷兰，德国，法国等四国相继发生因饲料被二恶英污染，导致畜禽类产品及乳制品含高浓度致癌物二恶英事件。

二恶英是迄今已知的最为剧毒的致突变和致癌的化学物质。它的化学结构中主要是有碳、氧原子组成的一个六元杂环。环的对位是两个氧原子，所以又称二氧六环。在它的碳原子两边，还各自接有一个苯环

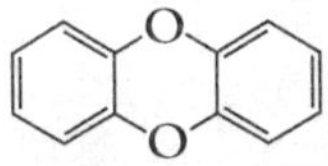

它的英文名称为 dioxin，其中文译名正由此而来。

这次事件就是因为在饲料生产过程中使用了盛过合成油的容器，合成油中的二恶英混入了饲料所致。已经查明，二恶英中四氯代衍生物（TCDO）和多氯代衍生物（PCDO）为常见的剧毒致癌物质。

二恶英的致突变和致癌毒性比黄曲霉素高10倍，比苯并芘，亚硝胺和多氯

联苯还高数倍。而且最为严重的是，一旦人、畜、鱼类摄入二恶英之后，不易代谢，当积累至一定剂量时，就会引起食道、胃和肝癌。除此之外，二恶英还可作为一种扰乱内分泌物质，被怀疑可能影响生物的生殖功能。

二恶英的来源有以下几个途径：

① 化工生产中的副产物，如合成油生产过程中就会有二恶英产生。

② 用氯气消毒时，若水中含有微量苯酚则也会产生二恶英。所以发达国家的自来水消毒已采用臭氧作为消毒剂。

③ 焚烧有机垃圾时也会产生二恶英。

二、大　　气

1. 大气圈

人类以大气中的氧为生，因此就绝对离不开大气。大气成了人类环境中的一个特别重要的要素。所谓大气就是地球表面之上的那一部分空间。它的范围有多大呢？科学家们把离地球表面 10 000 km 以内的空间称作为大气圈，因为这一部分空间是随着地球的自转而跟着转动的。在这么大的一个范围内，又分成了若干个区域如图 4.12 所示。

距地球表面 11.2 km 之内称为对流层，在此层内有强烈的气流对流活动故得此名。风、云、雷、雨、雪等所有的气候现象均发生在这一层。对流层的温度随高度而下降，这是因为太阳光不能直接加热大气层，而是从下面靠温暖的地球把热传给大气层。对流层的大气密度最大，占大气圈总质量的 95%左右。大气中主要的化学成分为：

氮——78.09%

氧——20.95%

氩——0.93%

以及水蒸气、二氧化碳、稀有气体、臭氧等微量。

人类和其他有生命体都处于这一大气层，因为地球表面 3.5 km 内才有足够的氧气维持生命活动。因而对流层对人类的影响最甚。人类生产活动和生活活动所产生的污染物也排放在这一层，特别是距地面 11.2 km 范围内。

从 11.2 km 延伸到 50 km 之间的空间成为平流层。在平流层和平流层以上的大气里，几乎不存在水蒸气和尘埃，极少出现云雨和风暴等气候现象。所以该层的

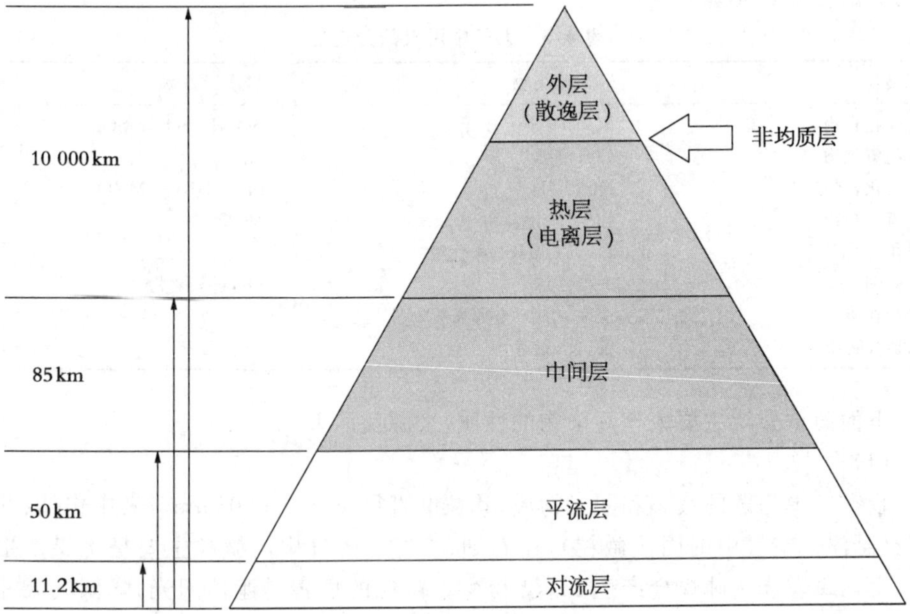

图 4.12　大气圈分层示意图

透明度特好，加上气流稳定，是喷气式飞机飞行的理想场所。

再往上又分成了若干个层，但那些层对人类的生活影响不大。

2. 大气的污染

所谓大气污染是指在任何大气条件下，某些物质的浓度高于它们正常的水准，并对人和动植物产生有害的效应。城市大气污染始于18世纪末资本主义产业革命时期。随着世界各国的经济发展，大气污染已蔓延到了全球。

从化学角度看，大气污染物主要有8类：含硫化合物、碳的氧化物、含氮化合物、烃类化合物、卤素及其化合物、颗粒物质(煤尘、粉尘及金属微粒)、农药和放射性物质。其中又可分为一次污染物(原发性污染物)和二次污染物(继发性污染物)。直接从各类污染源排出的物质称为一次污染物。这中间又有反应性物质和非反应性物质之分。前者不稳定，在大气中常与其他污染物发生化学反应，或者作为催化剂促进其他污染物之间发生化学反应。后者不发生反应或反应速度缓慢，是较为稳定的物质。二次污染物是指不稳定的一次污染物与大气中原有成分发生反应，或者污染物之间相互反应而生成的一系列新的污染物质，如 H_2S、SO_2 和 NO 等被氧化而生成新的污染物，NO_2 和 HNO_3 就是由 NO 被氧化而生成的。大气污染的分类详见表4.5。

表4.5　大气中污染的分类

污染物	一次污染物	二次污染物
含硫化合物	SO_2,H_2S	SO_3,H_2SO_4,MSO_4
碳的氧化物	CO,CO_2	无
含氮化合物	NO,NH_3	NO_2,HNO_3,MNO_3
碳氢化合物	C_1～C_3 化合物	醛,酮,酸
卤化合物	HF,Cl_2,HCl,卤代烃	—
氧化剂	—	O_3,过氧化物
颗粒物质	煤尘,粉尘,金属微粒	—
放射性物质	铀,钍,镭等	—

下面简单介绍主要大气污染物的性质,来源及危害。

(1) 微粒

指空气中分散的液态和固态物质,其粒度直径小于0.0002 μm。其中包括:气溶胶(悬浮于空气中的固液微粒),还有烟、尘等。大气中的微粒主要是烧煤产生的。平均每燃烧1吨煤会产生11 kg粉尘。微粒的危害是遮挡阳光、降低气温并影响气候,同时降低可见度、影响交通。然而微粒的主要危害是对人的健康造成威胁。

(2) 硫化物

矿物燃料中一般都含有相当数量的硫(如煤中就有0.5%～6.0%),燃烧时释放出SO_2,目前世界因燃煤而排入大气的SO_2高达1.5亿吨。SO_2是无色有味气体,人的嗅觉器官可探测3×10^{-6}%以上的SO_2,当浓度达8×10^{-6}%时,可对人造成危害,达400×10^{-6}%时人立即死亡。常和粉尘一道进入人体内。SO_2在空气中停留的时间大致是一周左右,随雨雪降到地面。在高空中SO_2被氧化为SO_3并遇水而成硫酸烟雾,可以长期停留在大气中。其毒性比SO_2高10倍。硫酸烟雾浓度达0.8×10^{-6}%时,人就难以承受。

(3) 碳的氧化物

一氧化碳是城市空气中数量最大的一种污染物,自然原因形成的CO本底浓度约为1×10^{-6}。造成CO浓度大大超出本底的原因是燃料的不完全燃烧。其中80%是汽车排出的。汽车在常速行驶时,排放的废气中CO约占3%,而空挡行驶时则占12%,交通繁忙地区的CO浓度常为50×10^{-6}。CO是无色无嗅无味的气体,使人不易觉察其存在。当CO被吸入人体后,极易与血红蛋白结合,生成羰基血红蛋白,它们之间的亲合力比血红蛋白与O_2的亲合力大200～300倍。使血红蛋白失去携氧能力,降低了血液中的氧气而中毒。羰基血红蛋白达2.5%时可对人产生不良影响。当 CO 浓度为 $1\,200\times10^{-6}$时会有生命危险。

(4) 氮的氧化物

大气中含氮化合物有 N_2O、NO、NO_2、NH_3、NO_3^- 等,下层大气中 N_2O是土壤细菌活动的产物,在对流层上部被氧化。NO 和 NO_2 为含氮有机物燃烧时所释放。NO 和 NO_2 毒性均较大(比 CO 大 5 倍),它们能刺激呼吸系统,还能与血色素结合形成亚硝基白色素而引起中毒。NO_2 是棕色有特殊刺激臭味的气体,$1\times10^{-6}\%$即能感觉到。氮氧化物还是光化学烟雾的引发剂之一。我国卫生标准规定,居民大气中 NO_x(以 NO_2 计)一次最大浓度不得超过 $0.15\,mg\cdot m^{-3}$,相当于 $0.075\times10^{-6}\%$。

(5) 碳氢化合物

自然界中碳氢化合物是大量来自天然来源的 CH_4。第二个重要来源为植物排出的萜烯类化合物。其他如汽油燃烧、焚烧、溶剂蒸发、石油蒸发等原因。碳氢化合物能导致光化学烟雾。

(6) 氧化剂

氧化剂是指空气中氧化性能高的化合物,主要为臭氧(O_3),也包括过氧化物、过氧硝酸盐等,其中以过氧乙酰硝酸酯(PNA)为最普遍。氧化剂不是排入空气中的气体,而是通过光化学氧化作用原地产生的,严格地说,它们不是空气污染物,但是它们的存在令人类感到讨厌。臭氧的本底浓度为 $0.025\times10^{-6}\%$。当浓度接近 $0.1\times10^{-6}\%$时人的眼睛就会感到刺激。这是因为大气中同时有过氧硝酸酯等的出现,这是一种催泪物质,效果为甲醛的 200 倍。

(7) 放射性污染

这是指铀、钍、镭等释放的。自然环境中放射性源有天然和人工两大类。天然的来自宇宙辐射、矿床中的放射。人工的主要是医用射线源、反应堆和各种放射性废料。

小品　烟雾也会杀人

伦敦烟雾又称煤烟烟雾。1952 年 12 月 4 日一股强冷空气流入伦敦的泰晤士河流域,而逆温气象又在冷空气上罩上了一层暖空气。从傍晚开始出现了浓雾和零摄氏度以下的气温,成千上万的居民在家中燃煤取暖,大量的二氧化硫被释放到了大气之中。第二天气温仍然在零摄氏度以下,居民们继续燃煤取暖,加上工厂所排放的烟雾和化学物质,在6日白天,整个伦敦的上空20mile

(1 mile 等于 1.6093 km)范围内乌黑一片，没有阳光透过，空气似乎也凝住了。人们感到呼吸困难，晚上只能坐着睡觉，否则就会有窒息感。到了 8 日 100 多人死于心脏病，成千上万的人突患呼吸道疾病，医院全部满员。直到 9 日雾才慢慢散去。根据统计，在这 4 天里比平时多死亡了 4 000 人，以后的几天里又陆续死亡了 4 000 人，总共 8 000 人成了这次烟雾的牺牲品。

洛杉矶烟雾又称为光化学烟雾。1943 年 5 月—10 月首发于美国洛杉矶市。不同于伦敦烟雾，它不是发生在寒冷和潮湿的气候里，而是发生在阳光明媚的日子里。汽车排放的大量废气，包括二氧化碳、氮氧化物以及碳氢化合物，在逆温和强烈阳光的作用下形成了以臭氧为主的光化学烟雾。光化学烟雾是由链式反应形成的，它以二氧化氮光解生成原子氧的反应为引发，并导致臭氧的生成，由于烃类参与链式反应而生成的多种自由基，造成了一氧化氮向二氧化氮的迅速转化，二氧化氮又继续光解并导致臭氧的生成。在这个过程中会生成过氧乙酰硝酸酯(PAN)和过氧苯酰硝酸酯(PBN)，这些化合物对人的眼睛都有强烈的刺激作用。在这次烟雾中大约有 400 名老人死亡。光化学烟雾的重要特征之一是使大气的能见度降低，平时晴天的能见度为 11.2 km，而发生光化学烟雾时的能见度仅为 1.6 km。

可见，要消除烟雾，必须控制矿物燃料的使用。

3. 异常气候现象

由于大气的被污染，地球表面的气候受到了影响，出现了许多异常情况。

(1) 酸雨现象

降雨虽属正常气象现象，但降酸雨则属不正常。降雨涉及环境中化学物质的循环。自然界正常的雨雪是呈弱酸性的，其 pH =5.6 。这是因为大气中的二氧化碳溶于其中形成碳酸所造成的。

$$CO_2 + H_2O \longrightarrow H_2CO_3$$

随着大气污染的日益严重，世界各地出现了酸雨现象。雨水的酸度达到了 pH = 3。西欧，北美是世界闻名的酸雨区，我国西南和中南地区也已成为世界第三大酸雨区。重庆曾出现过 pH=3 的酸雨。

造成酸雨的主要原因是人类过多地排放酸性氧化物气体，如氮和硫的氧化物。它们主要来自于煤的燃烧。如图 4.13 所示，燃烧时，煤中所含硫和氮的化合物均被氧化为硫的氧化物和氮的氧化物而释放到大气之中，以下列反应而转变为硫酸和硝酸。

$$含硫化合物 \xrightarrow{燃烧} SO_2 \xrightarrow{催化剂} SO_3 \xrightarrow{雨水} H_2SO_4$$

$$含氮化合物 \xrightarrow{燃烧} NO \xrightarrow{O_2} NO_2$$

$$3NO_2 + H_2O \longrightarrow 2HNO_3 + NO$$

图 4.13 酸雨形成示意图

酸雨对人类造成了极大的危害：

1) 医生们指出，硫酸雾或硫酸盐雾的毒性比 SO_2 本身更甚，会引起肺气肿和肺硬化等疾病。

2) 酸雨使水体酸化，严重影响了水生动植物的正常生长。资料表明，当水体的 pH=4 时，鱼虾均不能生存(见图 4.14)。

3) 酸雨加剧对建筑材料(包括金属和碳酸钙类的石材)的腐蚀(见图 4.15、图 4.16)。

4) 酸雨使土壤酸化，导致植物大片死亡(见图 4.17)。

为了防止酸雨的出现，我们必须控制燃煤的使用量和使用方式，使用更经济而清洁的能源，如发展和使用核能。我国秦山核电站所发的电量，若用燃煤来发，则需要 100 万吨优质煤，它们就会释放出 3 万吨硫的氧化物和 2 万吨氮的氧化物。

由于这些酸性气体是会漂移的，释放酸性氧化物气体之处不一定发生酸雨，加拿大的酸雨就是由美国所释放的气体漂移所致。因此，防止酸雨的蔓延应该是全

图 4.14 酸雨使鱼儿遭殃

图 4.15 大片森林毁于酸雨

球合作的任务。

酸 雨

现象：雨水 pH 小于 5.6

成因：人类过多地释放酸性氧化物气体，主要是硫和氮的氧化物

危害：使土壤和水体酸化，破坏生态平衡，加速建筑材料的腐蚀

防止：减少和控制煤的燃烧

(2) 温室效应

人们发现全球气候正在变暖。据统计,20 世纪 80 年代全球平均温度升高了 0.6℃。1993 年 1 月 20 日是大寒,也就是说是最冷的节气。而广州的气温达 28℃,街上许多人打着赤膊。这是十分罕见的。

上海曾连续 16 年暖冬,下雪成了稀罕之事。科学家们把这种现象称之为“温室效应”(greenhouse effect)。它也是大气被污染的一种表现。温室效应对人类来说是一种灾难——灭顶之灾。

人民日报 2001 年 11 月 20 日曾报道,由于温室效应导致海平面上升,一个国家消失了(见图 4.16)。

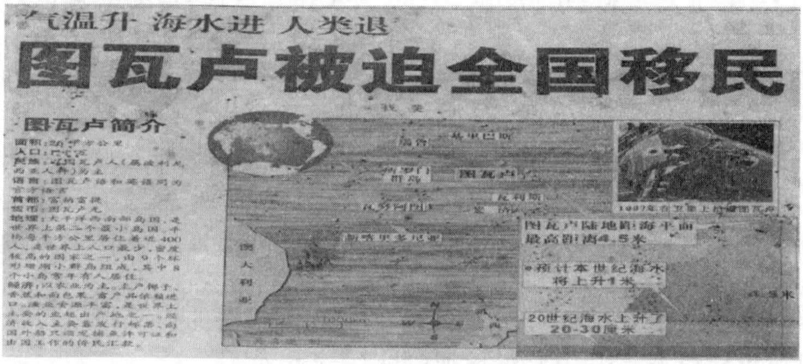
气温升 海水进 人类退

图瓦卢被迫全国移民

图瓦卢简介

图 4.16 一个国家在温室效应中消亡

地球气候变暖的一个直接效应就是使海洋水体的体积膨胀,高山积雪的和两极冰块的熔化,导致海平面上升。20 世纪,地球的平均气温升高了 0.5℃,海平面升高了 300 mm。我国科学院曾预报,到 2010 年海平面还将上升 200～300 mm,2030 年则将上升 500～700 mm。若海平面上升 1 m,尼罗河三角洲将全部被淹。沿海的大城市均遭灭顶之灾。

造成温室效应的直接原因是人类过多地排放温室气体,其中主要是二氧化碳和甲烷等。自然生态平衡消耗不了那么多的 CO_2,于是它们就积聚在大气的平流层中,把地球严严实实地围了起来,犹如一个玻璃罩子。白天,太阳光使地球表面的温度升高;夜晚,地球将以辐射的方式散发热量,使温度下降。然而,由于 CO_2 包围圈的存在,阻止了地球热量的释放,其结果必然是使地球的温度升高(见图4.17)。

造成 CO_2 大量排放的原因是人类过多的使用矿物燃料,包括煤和石油制品。它们燃烧的产物就是 CO_2,这部分 CO_2 占大气中 CO_2 的 70%。此外,滥伐森林,破坏绿色植被也是原因之一。据统计,全球平均每年以 900 万公顷(1 公顷(ha)= $10^4\,m^2$)到 2 400 万公顷的速度砍伐森林。森林是大气的“清洁工”,通过光合作用

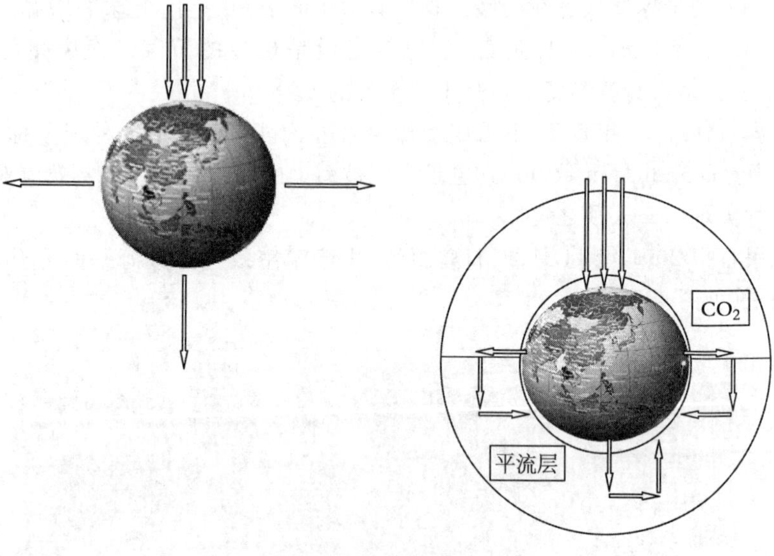

图 4.17　温室效应成因示意图

可以吸收大量的 CO_2，吐放出氧气对全球气候起着重要的调节作用。而森林的减少就不可避免地使大气中 CO_2 量增加(见图 4.18)。

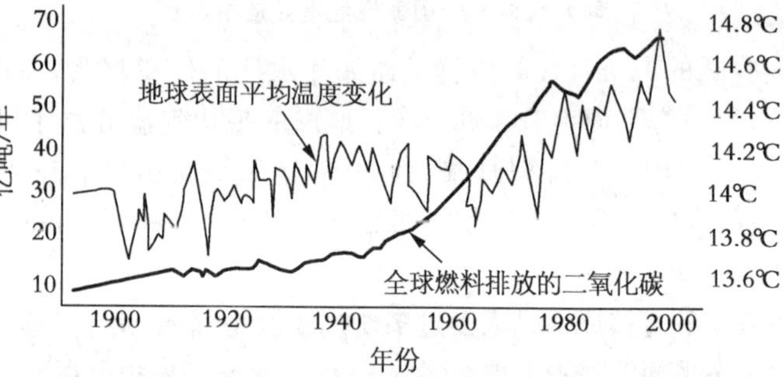

图 4.18　地球表面温度的升高与 CO_2 排放的关系

为了防止温室效应的进一步加剧，人类必须控制对矿物燃料的使用。还是以秦山核电站为例，若以煤来发电，那么 100 万吨煤将产生 300 万吨 CO_2。其次，必须保护好森林和绿被，加强绿化。此外还要注意其他的温室气体，如甲烷等的过度排放。

温 室 效 应

现象：地表温度的升高

成因：人类过多地释放温室气体，主要是CO_2

危害：海平面升高，陆地减少

防止：减少和控制矿物燃料的使用

(3) 臭氧层空洞

大气中有一种稀有成分常被人们所忽视，然而它确在默默地保护着人类，那就是臭氧(O_3)。

臭氧是一种有刺激性气味的气体，人鼻在臭氧浓度为 0.02 ppm(1 ppm = 1 mL · m^{-3})时，就可闻出。臭氧是由氧气在获得适当能量时产生的。例如，闪电，电火化等均会形成臭氧。臭氧在不同的大气高度上，分布也不一样。近地面的对流层中含量很少，随高度增高而逐步提高。在距地球表面 25～40 km 的平流层中，臭氧的浓度最大，称为臭氧层。其实这是一个很稀薄的气层，即使在最大浓度处，臭氧对空气的体积比也不过是百万分之几。其总的累积量，平均也只不过为 0.3 cm。然而就是这样一层薄薄的臭氧，疏而不漏地将地球包围起来，构成了人类能够得以生存的保护伞。因为它阻挡了 99 % 来自太阳的紫外线辐射，特别是短波紫外线。人类对紫外线十分敏感，少量紫外线可以起到杀菌防病，促进肌体内维生素 D 形成的效果，然而过量的紫外线确会伤害人的机体。科学家们指出：若没有这个臭氧层，地球上将不会有任何生物存在。臭氧层中的臭氧每减少 1%，紫外光的透过率就增加 2%，而人类得皮肤癌的几率就增加 4%。因此，臭氧层的存在是生态平衡中极为重要的一环。使人类免遭因强紫外线而引发的皮肤癌，黑色瘤和白内障等严重的疾病。

然而，1985 年英国南极考察队，在南极上空发现臭氧层出现了一个空洞，其面积有美国那么大。南极上空的臭氧量减少了 50 %。1987 年 12 月原西德科学家发现，北极地区也出现了一个臭氧层的空洞。经观察发现，臭氧层空洞不是固定在一个地方，而是会移动的，且面积有扩大的趋势(见图 4.19)。

臭氧层出现空洞的报道引起了世界各国政府和科学家们的极度重视。专家们指出，按目前臭氧被破坏的速度推算，到 2075 年臭氧将比 1985 年时减少 40%。全球皮肤癌患者将达 1.5 亿人。农作物将减产 7.5%，水产减少 40%，人体免疫功能也将逐步减退。

因此，保护臭氧层是一个迫在眉睫的全球性问题。臭氧层遭到破坏而导致形成空洞的原因是大气中出现了过多的卤代烃。卤代烃在太阳辐射和光氧化作用下

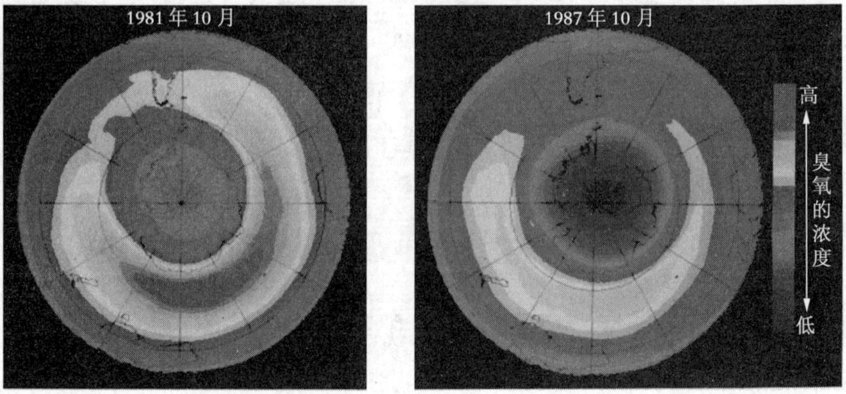

图 4.19　南极上空的臭氧层的变化(见书后彩页)

会分解出氯自由基。这种氯自由基的反应能力极强,导致臭氧迅速分解。科学家们已经确认造成臭氧层空洞的元凶是卤代烃。

其实,早在 1974 年美国的两位化学家,诺兰和莫里纳(1995 年诺贝尔化学奖获得者)就已经发现破坏臭氧层的元凶是卤代烃。他们指出:卤代烃到了平流层之后,受到紫外线的作用,发生了光氧化反应,分解出卤素自由基,就是这种自由基引起了臭氧的分解(见图 4.20)。例如:人们使用较为广泛的氟氯代烃(俗称氟利昂)中的 F-11 会有下列反应:

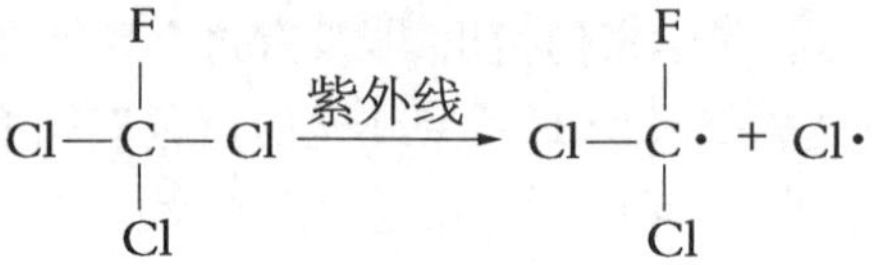

$$Cl\cdot + O_3 \longrightarrow ClO\cdot + O_2 \qquad ClO\cdot + O \longrightarrow Cl\cdot + O_2$$

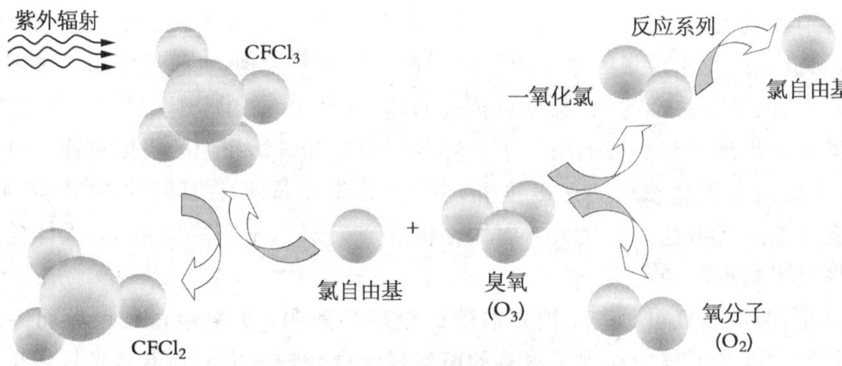

图 4.20　臭氧破坏反应示意图

专家们指出，由于循环作用，一个氯自由基可以破坏上千个臭氧分子。

为了保护臭氧层，1985 年通过了"维也纳保护臭氧层公约"，1987 年 9 月达成了"蒙特利尔议定"。采取了各种措施，要控制两大类 8 种卤代烃的生产和使用。化学家们的任务是尽快地研究出目前尚在大量使用的卤代烃的代用品。目前，市场上出现的"绿色"冰箱，就是不再以 F-12 作为制冷剂的冰箱。

卤代烃是烃类化合物中的氢原子被卤素原子取代的产物。如：氯仿（三氯甲烷）—— $CHCl_3$、氟利昂-12，（二氯二氟甲烷）——CF_2Cl_2。

卤代烃在人类的生活中被使用得极为广泛，如制冷剂，喷射剂，灭火剂，清洁剂，甚至运动员的止疼剂等等。以制冷介质——F-12 用量为最多。

F-12 又可称为二氯二氟甲烷，是氟利昂家族中的一员。F-12 在制冷机中作为压缩和膨胀介质。压缩后变为液体，送入冰箱内，然后让它膨胀，膨胀过程是吸热的。膨胀后的气体再移到冰箱外，再将气体的 F-12 压缩成液体，尽管是放热，但这个热量是释放在冰箱外。把液体的 F-12 再送入冰箱内去膨胀，如此反复进行，就会使冰箱内的温度愈来愈低。空调制冷的原理也是如此。由于冰箱和空调都是家庭必备物品，可见其数量之大。在 F-12 的制造、运输、储存和冰箱的维修过程中肯定有大量的 F-12 被释放到了大气。此外，用于喷罐产品的内动力都是采用 F-12 作为介质的。使用过程中被释放的就更多了。

小品　广为使用的卤代烃

卤代烃是用卤素取代烃类化合物中的氢构成的一类化合物，它在人类生活中被广泛地使用。

三氯甲烷，又名氯仿，早期曾作为麻醉剂，考虑到使用时的剂量已接近人的致死量，目前已被淘汰。但氯仿是一种很好的溶剂。例如，有机玻璃可以被它所溶解，因此它也成了有机玻璃的胶黏剂，诸如有机玻璃的工艺品和操作箱就可以用氯仿来胶黏。然而，氯仿的沸点太低，很容易挥发，故常用沸点较高的二氯乙烷来代替。

四氯甲烷，又名四氯化碳，曾用来作为干洗剂和灭火剂。医学上认为人若处于卤代烃类化合物的气氛中，对肝脏不利。同时因为，四氯化碳和水一起作为灭火剂时，它们会发生化学反应而生成光气，这是一种极为有毒的气体，因此目前也不再作为灭火剂使用了。

含氟和氯的卤代烃——氟氯烃，又是一类极为有用的化合物，商业上称为氟利昂（来自杜邦的Freon）。它有特殊的命名方法，通常用F-ABC来命名。

ABC是3个数字,A代表该化合物的碳原子数减1,B代表该化合物的氢原子数加1,C代表该化合物的氟原子数。例如,常用的F-12,实际上是F-012。因为第一个数字为零时可以被省略。根据上述原则,F-12就是二氯二氟甲烷。同理,F-11就是三氯一氟甲烷。氟氯烃的沸点较低,在常温下是气体或液体。它们都不溶解于水,对大部分化学物质是惰性的。利用这些性质使得氟利昂在人类生活中有了极大的应用。首先,它被利用来作为冷冻压缩机的介质,利用其压缩时放热,膨胀时吸热来制冷,常用的材料就是F-12。其次它可以作为喷洒的动力,所有的喷罐内几乎都是压入氟利昂来作为动力的,如喷发胶、灭蚊剂,甚至运动场上使用的止痛药罐。

全氟化合物还有一个十分有趣的用途,它可以作为血液中载氧蛋白质——血红蛋白的临时替代品。这是因为全氟烃类化合物对氧有极大的溶解度。有一个代号为Fluosol-SA的混合物,就是由十氟化萘和全氟三丙基胺构成的,它在日本被进行了成百次的临床试验,在美国也被使用在因宗教原因而不愿意输血的病例中。将一只活的老鼠放在这种溶液中,仍然可以存活,这是因为老鼠可以从这种溶液中获得氧气。

我们已经有了各种各样的清洁剂去对付各种污垢,然而有一种污垢却极难清除,那就是胶姆糖的残渣,特别是黏在地毯上的胶姆糖残渣。现在有人发明了一种聪明的办法,就是将被压缩的氟利昂喷在残渣上,由于喷洒时的膨胀吸热,残渣的温度急剧下降,很快就被冻成坚硬的固体。这时只要用硬器敲击就可使残渣变成粉末,再用吸尘器一吸就干净了。

含氟、氯和溴的烃类化合物还被用来作为灭火剂,如一溴一氯二氟甲烷(1211)就是目前最常用的灭火剂。

目前,国际上已有各种各样的规定来限制生产和使用卤代烃。如从1993年7月1日起氯氟烃的生产和消费比标准减少20%,1998年7月1日起再减少30%。发展中国家可推迟10年执行。我国也参加了上述国际条约,目前我国生产上述物质年产达24 500吨,实际消费31 500吨。其中55%用于制冷。因此开发非卤代烃制冷的研究工作已迫在眉睫。

臭氧层空洞

现象：臭氧层臭氧的减少和出现空洞

成因：人类过多地释放卤代烃

危害：紫外线直射地球表面，危及地球上的生物

防止：减少卤代烃的使用，寻找卤代烃的代用品

三、消防知识

火灾和爆炸等最为常见的一些事故常会突然降临，破坏我们美好的生活甚至威胁我们的生命和财产，其中主要原因则是人们缺乏有关防范的基本知识。生活中难免会和一些易燃易爆的化学物质接触，但只要掌握它们的习性，就能让它们处于我们的控制之下。学习和掌握易燃易爆物质的性质，了解它们发生燃烧和爆炸的条件，就可以防止事故的发生，即使一旦出现事故，也能及时采取措施以使其消灭在萌芽状态。

1. 燃烧及其必要条件

燃烧(combustion)是一种化学现象，它是可燃物和氧化剂发生剧烈的氧化还原反应，同时释放出光和热的现象。火灾就是一种非正常的燃烧现象。要扑灭火灾，就必须了解发生燃烧所需的条件。爆炸和燃烧属于同一种化学现象，只是反应速度比燃烧更快，更猛烈。最常见的爆炸是处于爆炸极限范围内的可燃气体的爆炸。

燃烧要有一定的条件才能发生。根据燃烧的定义，它必须同时具备可燃物和氧化剂，但仅有这两种物质不一定发生燃烧。例如，我们身上穿的衣服是可燃物，空气中的氧气是氧化剂，可它们没有发生燃烧。这是因为，导致燃烧还需要一个十分重要的条件，那就是能够引起可燃物着火的点火源。这是燃烧所必需的 3 个必要条件。称它们为必要条件是因为要发生燃烧，这三者缺一不可。然而，这三者又不是充要条件。换句话说，具备了这 3 个条件，燃烧也不见得会发生。可见，每一个条件本身还会有一定的要求。

(1) 可燃物

可燃物就是能够烧得起来的物质，从化学角度来看，在生活中经常接触到的就是含碳、氢等元素的化合物，特别是富含碳、氢的化合物。例如，衣服和纸张是可燃物，因为它们都是由富含碳和氢的纤维素组成的；又如，汽油和乙醇都是可燃物，因为它们都是富含碳和氢的烃类化合物或含氧有机物。在特殊的情况下，可燃物还

应该包括强还原剂，如金属镁和金属铝，通常用火柴或打火机就可将镁条点燃。过去在焊接铁轨使用的“铝热剂”就是利用金属铝和三氧化二铁中的氧发生燃烧反应来完成铁轨的焊接。节日里孩童们玩耍的“闪光条”，也是利用镁粉在空气中燃烧所发出的耀眼的火花。金属可燃物不仅可以和空气中的氧气发生燃烧反应，还可以从氧化物中夺取氧而发生燃烧，如上述铝热剂就是从三氧化二铁中夺取氧。镁也可以在二氧化碳中发生燃烧：

$$2Mg + CO_2 \longrightarrow 2MgO + C$$

各种可燃物，它们的易燃程度不一样，因此常用一定的标准将它们划分为几种等级，以便人们在处理、运输或储存过程中，加以特别的注意。

对可燃液体而言，常用“闪点”来表示易燃程度。闪点即明火接近可燃液体的液面上方时，在蒸气中出现一闪一闪却又不能发生连续燃烧现象时的温度。闪点愈低，危险性愈大。

当然，也可以根据可燃物的“燃点”来区分危险程度。燃点即明火接近可燃物能使其着火并继续燃烧的最低温度。燃点通常比闪点高，但它和闪点有一定的联系，闪点高的燃点也高，但闪点愈低，两者的差距愈小。表 4.6 为常见可燃液体的闪点。闪点在 28℃以下的均属危险品（见表 4.7）。同时要贴有相应的标志图（见图 4.22）。

表 4.6　常见可燃液体的闪点

物品	汽油	苯	甲醇	乙醇	煤油	丙酮
闪点/℃	−5.8～−10	−15	9.5	11	28～45	−17

人们也会根据可燃物的自燃点来衡量可燃物的危险程度。可燃物不接触明火即会发生燃烧的温度，即其自燃点。显然，自燃点愈低，危险度愈大。白磷就是自燃点很低的可燃物，仅 30℃，所以白磷必须保存在水中。即使室温不到 30℃，也必须保存在水中（见图 4.21），因为白磷只要暴露在空气中，就会和空气中的氧作用，发生氧化反应，其释放的热量足以将白磷加热到其自燃点以上。

表 4.7　易燃液体危险程度分类

	等级	闪点范围/℃	物品实例
易燃液体	一级	＜28	汽油、苯、酒精等
易燃液体	二级	28～45	煤油、松节油等
可燃液体	三级	46～120	重油、苯酚等
可燃液体四级	＞120	桐油、润滑油等	

图 4.21　白磷必须保存在水中

图 4.22　危险品标志图

(2) 氧化剂

氧化剂是燃烧过程中的助燃剂，最常见的就是空气中的氧气。大多数的火灾也是发生在有氧的空间。生活的经验告诉我们，任何燃烧一旦在空气中发生，就会连续不断地烧下去。这是因为空气中有21%左右的氧气。然而，专家们指出：若空气当中的氧气浓度降低到了14%以下，则燃烧会由于缺氧而不能继续。为什么？因为化学反应是一个剂计量反应，在燃烧反应中氧化剂多了，可燃物少了，反应就不能继续，反之也然。空气当中有21%左右的氧足够维持任何燃烧反应的连续，但降到14%以下则会因氧化剂不够而终止。这个数据对我们扑灭火灾特别有用。

除空气中的氧之外，许多含氧的化学物质，特别是含氧原子较多的强氧化剂，也是燃烧反应中氧的提供者。前面提到的镁和二氧化碳的反应,实际上二氧化碳就是一个氧化剂。此外,高锰酸钾($KMnO_4$)、浓硝酸(HNO_3)、重铬酸钾($K_2Cr_2O_7$)、氯酸钾($KClO_3$)等都是能在燃烧反应中提供氧的氧化剂。我国最早发明的黑色火药,是采用硝酸钾(KNO_3),硫磺粉和木炭组成的,其中硝酸钾就是氧化剂。当黑色火药点燃时,由硝酸钾提供的氧能使木炭和硫磺粉急剧燃烧,产生大量的热和氮及二氧化碳。由于气体体积在瞬间的急剧膨胀(大约每克黑色火药产生 70 L 气体,体积增加了 7 000 倍),于是就产生了爆炸。在黑色火药爆炸的时候,同时伴有硫化钾和未燃烧的炭粉的固体产生,所以又有很浓的烟雾冒出,因此而被称之为黑色火药,也称有烟火药。现在也可以用氯酸钾代替硝酸钾,常用于烟火中(见图 4.23)。

图 4.23　焰火通常使用黑火药

(3) 点火源

点火源作为燃烧的必要条件之一,它必须具备足够的能量,以使可燃物被加热到燃点或者整个体系被加热到自燃点。常见的有明火、聚焦的日光、电火花、摩擦、闪电等。而容易被人们忽视的则是化学反应本身有时也会成为点火源(见"化学自燃")。明火为最常见的点火源,它包括:火柴、打火机、未熄的烟蒂、煤气灯、气切割枪焰、裸露通电的电热丝等。电火花也是常见的引起火灾的点火源,常常由于电路开启或断开所引起的火花,引发一场巨大的火灾。一些缓慢放热的氧化反应,若不及时散发热量,积聚到一定程度也会引发燃烧,如:干草堆和煤堆。

2. 爆炸极限

爆炸是指物质由一种状态迅速转变为另一种状态,并在极短的时间内以机械功的形式,放出巨大的能量,或者是气体在极短的时间内发生剧烈膨胀,而后压力迅速降到常压的现象称之为爆炸(explosion).爆炸分为两类(见图 4.24)。

物理爆炸——这是由于容器承受不住容器内部的压强而发生的爆炸。例如，锅炉或液化石油气罐等的爆炸就是物理爆炸。

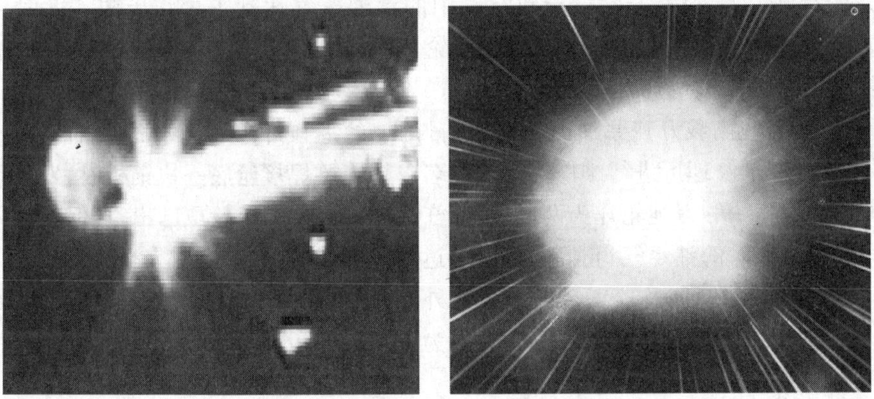

图 4.24　爆炸瞬间

化学爆炸——它和燃烧属于同一个化学现象，只是爆炸的反应速度比燃烧更快。燃烧的传播速度为每秒几十米，而爆炸的传播速度则为每秒几百米，甚至每秒上千米。这是因为化学反应所产生大量气体的瞬间膨胀而产生的爆炸。例如火药的爆炸。

在化学爆炸中，最常见的是可燃性气体或可燃性蒸气与空气中的氧混合均匀后，其浓度达到一定范围，一经点火所产生的爆炸，这个浓度范围被称之为爆炸极限(explosive limits)。它有一个下限和一个上限，通常用体积分数来表示。例如：氢气的爆炸极限为 4.00%～74.20%。这就意味着当空气中的氢浓度超过 4%，那么只要一个小小的火花就能引发巨大的爆炸，而当空气中氢浓度超过74.20%时，即使点火也不会爆炸。表 4.8 为部分可燃性气体和蒸气的爆炸极限值。

表 4.8　可燃性气体或蒸气和空气的混合物的爆炸极限*

化合物	分子式	爆炸极限	化合物	分子式	爆炸极限
甲烷	CH_4	5.0%～15.00%	乙醚	$C_4H_{10}O$	1.85%～36.50%
乙烯	C_2H_4	2.75%～28.60%	氢	H_2	4.0%～74.20%
乙炔	C_2H_2	2.50%～80.00%	氨	NH_3	15.50%～27.00%
苯	C_6H_6	1.40%～7.10%	一氧化碳	CO	12.50%～74.20%
乙醇	C_2H_6O	3.28%～18.95%	硫化氢	H_2S	4.30%～45.50%

* 本表为空气数据，另有与纯氧混合的爆炸极限数据，两者是有差别的，应用时请注意。

在爆炸事故中，可燃气体或蒸气达到爆炸极限而引发的事故占了绝大多数。例如，有一个实验室，在进行大扫除的时候，使用汽油作为溶剂去清除油污。结果因为挥发出了大量汽油蒸气，导致空气中的汽油蒸气达到了爆炸极限。此时正好有人推了一辆带有铁轮的小车进屋，铁轮与门槛上的铁条相碰，迸出了一个小火花。于是一场巨大的爆炸就发生了。

又如，一艘满载万吨原油的轮船，在目的地的港口卸下了所有的原油。按照惯例，轮船开进了修理厂进行维修。正当一名电焊工要焊接舱底一块钢板时，发生了巨大的爆炸。将一艘万吨轮炸为两段，沉入江底。原因则是船舱虽已出空，但船舱内部空间里存有大量的油蒸气，它们的浓度已达到了爆炸极限，一遇明火当然就炸。

除了可燃性气体及蒸气造成爆炸之外，可燃性粉尘也会构成爆炸极限，例如面粉，糖粉，塑料粉尘等。糖粉的爆炸下限为 $12.5\,g\cdot m^{-3}$。因此凡有这些粉尘的地方都要严禁明火。

要防止这种事故的发生，特别要注意那些沸点较低和极易挥发的可燃液体所造成的可燃蒸气的产生。一旦挥发过度而达到爆炸极限，只要一个小火花就可能会酿成大事故。

课堂讨论——香烟的同步燃烧

燃烧是一种化学现象，和所有的化学反应一样，只有可燃物和氧化剂保持恰当的比例，才能让反应继续。可燃物少了或氧化剂少了，不仅燃烧速度会减慢，甚至使反应停止。以吸烟为例，这是大家司空见惯的现象。但是你有没有注意到，香烟是由烟丝和外面的包纸所构成。烟丝疏松含有充足的空气，加上吸烟的人吸烟时所抽入的空气，足以保证烟丝的充分燃烧；然而外面包着的这一层纸却比较紧密，断面又小，显然供氧不足。我们可以想象，应该是烟丝燃得快，包纸燃得慢。事实上，在农村中常见有人在吸自制卷烟时，烟丝燃完了，外面的纸壳还在。但是，我们却不见吸商品卷烟的人会发生这样的现象，烟丝和包纸是同步燃烧的。请问卷烟厂究竟采取了什么措施才能让卷烟达到同步燃烧？

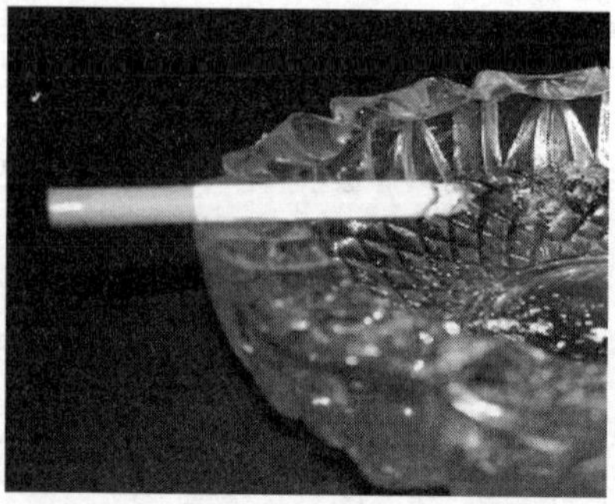

提示：

1. 若因可燃物或氧化剂不足而导致燃烧速度不一致，可以增加可燃物或氧化剂来提高燃烧速度。

2. 使燃烧速度快的减速或使燃烧速度慢的加速都可达到目的。

3. 化学自燃

在化学物品中，有一类物品能在化学反应的同时发生自燃现象。

1）遇水自燃——金属钾、金属钠等。

$$2Na + 2H_2O \longrightarrow 2NaOH + H_2$$

因此这些化学物品要保存在煤油里。

2）遇空气自燃——白磷，硫化铁等。

$$4P + 5O_2 \longrightarrow 2P_2O_5$$

所以白磷必须保存在水中。

$$FeS_2 + O_2 \longrightarrow FeS + SO_2$$

处理硫化铁时必须将它埋入土中。

3）自燃反应物品

一个强氧化剂与一个强还原剂相遇时，由于剧烈的化学反应以及所释放的热量有时也会引起燃烧。三氧化铬，高锰酸钾，浓硝酸，过氧化氢等均是这一类物品。

从上述可见化学物品是不能随意处置或接触的。所以在化学学科中有一项严格的规定，储存化学物品时必须把氧化剂和还原剂分隔储存。

4. 灭火原理

任何灭火的方法，都是针对燃烧所需的 3 个必要条件，只要把 3 个必要条件中的任何一个拿掉，燃烧将无法继续。

1）窒息法——这是针对 3 个条件中的第二个（氧化剂）（见图 4.25），目的是使可燃物接触到的氧气浓度低于 14% 。如：覆盖（泥土，沙子，棉被等）、泡沫灭火、稀释（二氧化碳，四氯化碳）等。

2）冷却法——这是针对 3 个条件中的第三个（见图 4.26），目的是降低可燃物

图 4.25　覆盖法灭火

的温度使其达不到自燃点。使用大量的水(水的热容量大,在升温和蒸发过程中会吸收大量的热)或干冰。

图 4.26　消防员正拿着消防水龙喷水救火

3) 疏散隔离法——这是针对 3 个必要条件中的第一个(可燃物)(见图 4.27),目的在于断绝可燃物。关闭阀门(见图 4.28),拆除可燃物,挖沟等。

4) 化学抑制法——燃烧反应中会产生大量化学性能特别活泼的自由基,这些自由基又会引发更多的自由基,使燃烧成为连锁反应(chain reaction),这也是燃烧反应得以持续和速度越来越快的原因。例如:在氢和氧的燃烧反应中

图 4.27　火灾时要立即搬离可燃物

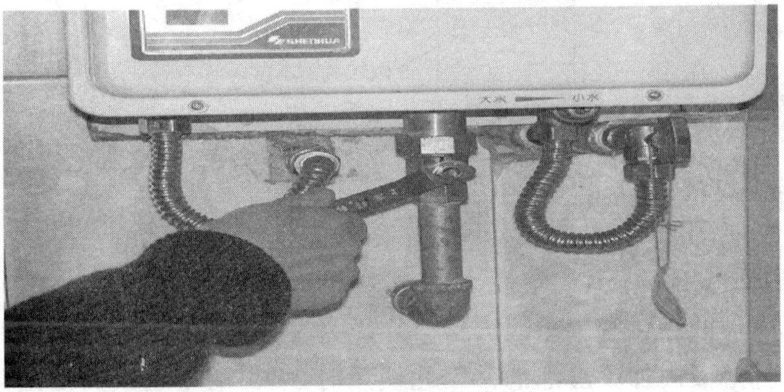

图 4.28　发生燃气火灾时首先要关闭煤气阀门

$$H_2 \longrightarrow 2H\cdot$$

$$H\cdot + O_2 \longrightarrow OH\cdot + O\cdot$$

$$O\cdot + H_2 \longrightarrow OH\cdot + H\cdot$$

………

如果，能想方设法把这些自由基消灭，燃烧当然也就被抑制了。果然，化学家们找到了一种新型的灭火材料——卤代烃。这些卤代烃在高温下会分解出卤素自由基，极易与燃烧过程中产生的自由基结合，从而中止燃烧。如 1211 灭火剂就是一溴一氯二氟甲烷。

5. 常用灭火器材的介绍

(1) 酸碱灭火器

如图 4.29 所示，筒内所装的是碳酸氢钠(小苏打)，上面小瓶子里装的是硫酸。

灭火时只要将灭火器倒过来并加以摇匀，立刻就会有水喷出来。这是因为，硫酸和小苏打发生反应产生大量的二氧化碳，利用二氧化碳产生的压力，就可以把水喷出来。这种灭火器有较大的局限性，它不能灭油品，电器和文物，档案和图书的火灾。同时还要记住，必须在使用前将筒颠倒过来 。

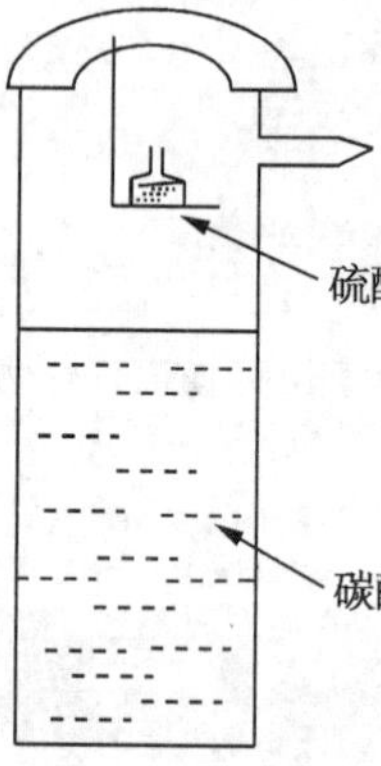

图 4.29　酸碱灭火器示意图

(2) 泡沫灭火器

这种灭火器的结构和酸碱灭火器一样。只是小瓶内装的不是硫酸，而是硫酸铝。在小苏打溶液内加了发泡剂。因此使用时，喷出的不是水而是泡沫。这样它不仅有酸碱灭火器同样的功能，还具备窒息功能。还可以灭油品的火灾，但不能用于电器的灭火。

(3) 二氧化碳(干冰)灭火器

如图 4.30 所示，这是一个比上述更细长的筒状灭火器。内装固体二氧化碳。使用时，打开阀门就会有二氧化碳喷出(见图 4.31)。由丁膨胀是吸热，所以喷出的二氧化碳的温度是很低的。这样它不仅有冷却作用，还有稀释氧气的窒息作用。

图 4.30　二氧化碳灭火器

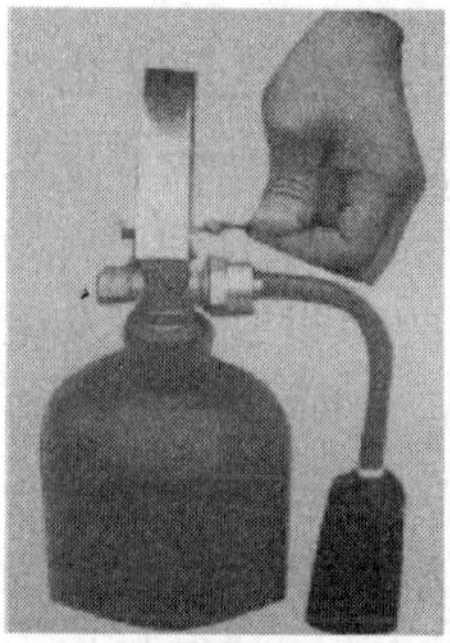

除掉铅封

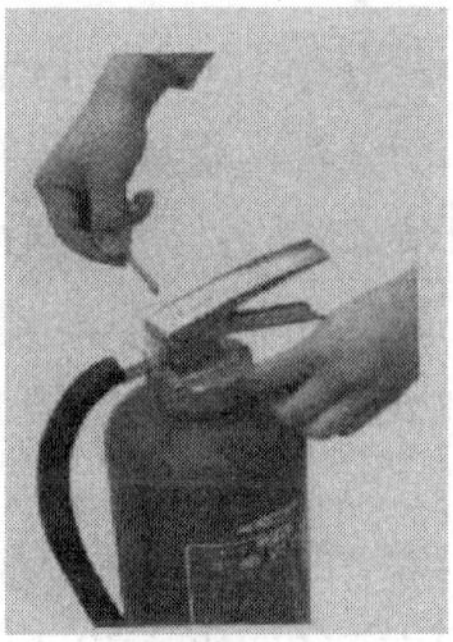

拔去销子

握住细柄处另一手压开阀门

图 4.31　二氧化碳灭火器的使用方法

使用这种灭火器的时候，如图 4.31 所示，必须注意下列几点：

1）手必须握在喷气管的细管上，而不能握在喇叭口上。因为喇叭口是干冰膨胀的地方，这里的温度极低，手会被冻伤的。

2）该灭火器的压阀上有一个销子，使用前必须先把这个销子拔掉，才能打开阀门。

3）灭火时，喇叭口绝对不能对着别人的脸部。

（4）1211 灭火器

1211 灭火器（见图 4.32）是利用化学抑制的原理，内盛一溴一氯二氟甲烷（CF_2BrCl）。其外形和干冰灭火器相似，只是小一点，使用时只要打开阀门即可喷出。特别适用于扑灭油类、有机溶剂、精密仪表、高压电器设备的着火。

图 4.32　1211 灭火器

除了上述这些灭火器材之外，尚有以碳酸氢钠粉末为主要成分的干粉灭火器等。

小品　魔术般的自燃

一个铁架搁在桌子上，铁架上有一个双腿分开的塑料娃娃。当把这个娃娃旋转 180°而使娃娃的头向下的时候，只见从娃娃的头部开始燃起了熊熊大火，一会儿娃娃就被烧光了。这是魔术？不！

原来，这是消防知识讲座中的一个示范实验，要演示的是化学物质的自燃作用。在化学物质中，强氧化剂和强还原剂相遇时，常会发生剧烈的氧化还原反应，反应所释放的热量足以去点燃其中的可燃物而引起燃烧，这就是化学自燃。在这个演示实验中，娃娃的一条腿中放入了酒精(可燃物)，另一条腿中放入了三氧化铬(强氧化剂)。由于两腿是分开的，这两个物质不会相遇。但是，当你把娃娃旋转180°后，酒精和三氧化铬同时都落到了头部，两物相遇立即发生剧烈的氧化还原反应，并由释放出来的热量把酒精给点燃，从而引起了娃娃的燃烧。

类似的化学自燃反应常常是引发燃烧事故的原因。例如，某酒精厂因为把一包高锰酸钾(强氧化剂)放在车间里，半夜里由于管道滴漏的酒精正好滴在这包高锰酸钾上，结果发生了化学自燃而引起大火，把整个车间都烧光了。为此，在处理强氧化剂的时候要特别慎重，不能掉以轻心。在存放化学试剂时，也要特别注意，氧化剂和还原剂是不能放在一起的。

小品　HCl 和 HNO_3 之误

上海某化工厂的一个废氨水储罐曾发生过一次严重的爆炸事故，储罐的顶盖以及在顶盖上的一个操作工被掀到10m以外。爆炸的原因当然是废氨水储罐内液面上方的氨气和空气已达到了氨的爆炸极限。问题是谁点的火？让我们来看一看当时的操作过程。

废氨水储罐的外部有一个指示罐内液面的玻璃管，利用连通器的原理就可以观察罐内的液面。由于液面上上下下的次数多了，玻璃管的管壁上就沾上了一些有色物质，影响了液面的观察。通常可以用倒入盐酸(HCl)的办法来清洗掉。那一天正值清洗时，操作工找不到盐酸，就随便拿了一瓶硝酸来清洗。他们不知道，硝酸是强氧化剂，一旦进入玻璃管内就会和沾在管壁上的一些有机物发生化学反应。也可能和玻璃管内的橡皮垫圈等有机物作用。这些反应所产生的热量在这么狭小的玻璃管内是不会被散发的，而这些热量一旦积累到去点燃储罐上方的爆炸体系时，爆炸就发生了。

同样是酸，但硝酸和盐酸是截然不同的，在使用盐酸的场合必须慎用硝酸。

补充材料G　pH及酸度

把某些物质称之为酸的做法，最初是根据它们在味觉上的酸味提出来的。在阿拉伯语中“醋”为 acetom，而酸性是 acidue。这就是英语“酸”字 acid 的来源。后来又发现某些物质能把酸味除去，例如草木灰就可以中和掉酸味，于是人们又把能中和掉酸味的物质称作为碱。阿拉伯语就将草木灰一词作为碱的代名词(alkali)，这正是英语“碱”字的源头。

人们不满足于定性地去区分物质的酸碱性，因此在以后的研究中，人们试图去研究酸性的来源以及如何去度量它们的酸性强弱。理论研究首先是从溶液发展而来的。1887 年阿累尼乌斯首先提出了电离学说，他注意到某些物质在水溶液中会发生解离，形成了带有正负电荷的两种离子，在电场的作用下会发生迁移。所以把这种物质称之为电解质。而有些物质在溶液中能电离出氢离子 H^+(质子)的话它就有酸性。因此阿累尼乌斯认为，凡在水溶液中能电离出 H^+ 的就是酸，而酸的强度就是视其电离出的 H^+ 多少而定。而能够在水溶液中电离出 OH^- 离子的物质，则为碱。酸碱的中和就是 H^+ 和 OH^- 形成难以解离的水造成的结果。

实验证明水是一种很弱的电解质，它只有很微弱的导电能力。这是因为只有很少一部分水发生电离：

$$H_2O \rightleftharpoons H^+ + OH^-$$

精确实验测得，在 298K 的纯水中离子的浓度为：

$$[H^+] = 1.004 \times 10^{-7}\ \mathrm{mol \cdot L^{-1}}$$

$$[OH^-] = 1.004 \times 10^{-7}\ \mathrm{mol \cdot L^{-1}}$$

可以看出，在 298K 时 1L 纯水中含有未解离的水为：

$$\frac{1\,000\ \mathrm{g}}{18\ \mathrm{g}} - 1.004 \times 10^{-7} = 55.55 - 1.004 \times 10^{-7}$$

同 55.55 相比，1.004×10^{-7} 这个数实在是太小了，可以把它略去不计。

水溶液中 H^+ 和 OH^- 离子浓度的乘积($K_W = [H^+][OH^-]$)，在一定温度下总是一个常数，即 1×10^{-14}。这就决定了这两种离子的依存关系，以及它们之间的数量关系。既然 H^+ 表征酸的特性，OH^- 表征碱的特性，那么上述关系也表明了酸碱的对立统一规律。在水溶液中，中性是指 $[H^+] = [OH^-]$，酸性是指 $[H^+] > [OH^-]$，碱性是指 $[H^+] < [OH^-]$。在室温下，可以定义：

酸性　$[H^+] > 1 \times 10^{-7}\ \mathrm{mol \cdot L^{-1}}$

中性　$[H^+] = 1 \times 10^{-7}\ \mathrm{mol \cdot L^{-1}}$

碱性　$[H^+] < 1 \times 10^{-7}\ \mathrm{mol \cdot L^{-1}}$

因此，水溶液的酸性、中性和碱性可以统一以$[H^+]$来表示，中性就是酸碱性的界限。

然而，这个数字太小，作对比或计算时，往往感到相当累赘。索仑生提出了一项改善方法，即采用 H^+ 离子浓度的负对数方法来表示，即用 pH 的方法。定义pH 为：

$$pH=-\lg[H^+]$$

例如：当$[H^+]$为 0.0055 mol·L^{-1}时：

$$pH=-\lg[H^+]=-\lg0.0055=-\lg5.5\times10^{-3}=2.26$$

因为是负对数的关系，因此 pH 值越小，$[H^+]$越大，酸度越高；相反，pH 值越大，$[H^+]$越小，酸度越低。pH 值每减小 1 个单位，相当于$[H^+]$增大至原来的 10 倍。每增大 1 个单位，相当于$[H^+]$减小至原来的1/10。中性溶液的 pH 为 7。

同样$[OH^-]$也可以用 pOH 值来表示，即 $pOH=-\lg[OH^-]$。若定义$pK\mathrm{w}=-\lg K\mathrm{w}$，并已知 $K\mathrm{w}=[H^+][OH^-]$，两边取负对数，则$(-\lg[H^+])+(-\lg[OH^-])=-\lg K\mathrm{w}$

$$pH+pOH=pK\mathrm{w}$$

室温下，$K\mathrm{w}=10^{-14}$，

$$pK\mathrm{w}=-\lg10^{-14}=-(-14)=14$$

$$pH+pOH=14 \qquad pH=14-pOH$$

因此，　酸性溶液 pH<7

中性溶液 pH－7

碱性溶液 pH>7

借助于颜色的改变来指示溶液 pH 值的物质称为酸碱指示剂。它们通常是一种复杂的有机分子，并且都是弱酸或弱碱，它们的分子和离子在不同的 pH 值下使溶液呈现出不同的颜色。例如甲基橙等某些指示剂是弱酸，以 HIn 来表示它，则存在着下列平衡：

$$\underset{\text{橙红色}}{HIn} \rightleftharpoons \underset{\text{橙黄色}}{H^+ + In^-}$$

指示剂的阴离子显黄色，未电离的分子显红色。加酸增大 H^+ 浓度，平衡向左移动，溶液呈现红色；加碱减小 H^+ 浓度，平衡向右移动，溶液转变成黄色。现在让

我们来分析指示剂的电离平衡：

$$\frac{[H^+][In^-]}{[HIn]}=K_i$$

K_i 是指示剂的电离常数。指示剂呈现的颜色决定于 In^- 和 HIn 的浓度比，即：

$$\frac{[In^-]}{[HIn]}=\frac{[黄色物]}{[红色物]}=\frac{K_i}{[H^+]}$$

$[H^+]=K_i$ 时，黄色物$[In^-]$和红色物[HIn]各占 50%，溶液呈现橙色(红色与黄色混合为橙色)。当$[H^+]$增大到 pH 值为 3.2 时，红色的 HIn 约占 90%，黄色的 In^- 约占 10%，$[In^-]/[HIn]\approx 1/9$，此时溶液主要是红色，若进一步增大$[H^+]$，尽管 In^- 和 HIn 的浓度比在不断减小，红色物在继续增加，但肉眼已看不出颜色的变化。反之，往溶液中加碱降低$[H^+]$，平衡向右移动，指示剂的红色分子更多地转变为黄色离子，当 pH 增大到 4.4 时，约有 90%是黄色离子，只有 10%左右是红色分子，此时再加碱虽能进一步降低$[H^+]$，但肉眼同样不易感觉出颜色的改变。肉眼能观察到的颜色变化的 pH 值范围叫做该酸碱指示剂的变色范围。变色范围中 pH 值较小一侧的颜色称为指示剂的酸色，pH 值较大一侧的颜色称为指示剂的碱色。指示剂变色范围的大小，与肉眼对颜色的敏感程度有关。一般对应用来说，指示剂的变色范围越窄越好(见表 G.1)。

用酸碱指示剂测定溶液的 pH 值，在工业、农业和分析化学中都有广泛的应用。

表 G.1　几种常用酸碱指示剂

指示剂名称	变色范围 pH	颜色	
		酸色	碱色
甲基橙	3.2～4.4	红	黄
甲基红	4.0～5.8	红	黄
溴百里酚蓝	6.0～7.6	黄	蓝
酚酞	8.2～10.0	无色	红

小品　看似魔术　实则化学

《化学与人类》上课的第一天，讲台上多了一个平时不多见的东西：两个铁架中间架起了一条白布横幅，可是横幅上却什么也没有。只见教师手拿一个喷瓶，向同学要了一点矿泉水倒在瓶子里，然后向白布上喷去。只见白布上立即出现了一排红色的字样《Welcome to 化学与人类》。同学们都奇怪地想着水怎么会让白布显出红色的字样呢？这个演示看似魔术，实际上却是化学中的显色反应。

原来，在这块白布上，教师早用无色的酚酞酒精溶液写上了这些字，待酒精挥发之后，白布上就毫无痕迹了。而酚酞是一种酸碱指示剂，在遇到酸性或中性时是无色的，但遇到碱性时却会变成红色。教师手上的喷瓶中已预先倒入了碱溶液，向同学要一点矿泉水，只是一种障眼法。实际上喷在白布上的是碱溶液。白布上原先用酚酞溶液写的字一遇上碱溶液，马上就变成了红色，所以这实际上是化学的变色反应。知道了原理之后，你不妨也用此法在晚会或各种聚会上去制造一点气氛。

补充材料 H　稀溶液的依数性

我们发现，溶液的某些性质主要取决于其中所含溶质粒子的浓度而非溶质本身的性质，这些性质叫做依数性，包括溶液的蒸气压下降、沸点升高、凝固点（冰点）下降和渗透压。当溶质是电解质，或虽非电解质但溶液很浓时，溶液的上述依数性规律就得不到遵守，所以在这里只能讨论非电解质稀溶液的依数性规律。

(1) 蒸气压下降——拉乌尔定律

由液面蒸发的分子数和由气相回入液体的分子数相等时，两相处于平衡状态，这时蒸气的压力就是该液体的蒸气压。当不挥发的非电解质溶质溶入后，溶剂的部分表面被溶质所占据，因此在单位时间内逸出液面的溶剂分子就相应减少，结果达到平衡时，溶液的蒸气压必然低于纯溶剂的蒸气压。

根据实验结果，法国物理学家拉乌尔指出："在一定温度下，稀溶液的蒸气压等于纯溶剂的蒸气压乘溶剂的摩尔分数"，这就是拉乌尔定律。它可用下式来表达：

$$p = p_B^0 x_B$$

式中：p 是溶液的蒸气压；

p_B^0 是纯溶剂的蒸气压；

x_B 是溶剂的摩尔分数。

设溶质的摩尔分数为 x_A。

因
$$x_A + x_B = 1$$

所以
$$p=p_B^0(1-x_A)$$
$$p_B^0-p=p_B^0x_A$$
即
$$\Delta p=p_B^0x_A$$

拉乌尔定律也可以这样描述："在一定温度下，稀溶液的蒸气压下降 Δp 和溶质的摩尔分数成正比"。

拉乌尔定律只适用于非电解质的稀溶液，在稀溶液中：

$$x_A=\frac{n_A}{n_A+n_B}\approx\frac{n_A}{n_B}\quad（因为 n_B\gg n_A）$$

若以水为溶剂，则：

$$x_A=\frac{n_A}{n_B}=\frac{m}{55.51}$$

式中（m 为质量摩尔浓度）

$$\Delta p=p_B^0\frac{m}{55.51}=Km$$

设 n_A 为溶质摩尔数 n_B 为溶剂摩尔数 $x_A=\frac{n_A}{n_A+n_B}\approx\frac{n_A}{n_B}$（因为 $n_B\gg n_A$）

若以水为溶剂，在 1L 溶液中，则有：

$$x_A=\frac{n_A}{n_B}=\frac{m}{1\,000/18.02}=\frac{m}{55.51}$$

在上面讨论拉乌尔定律时曾令溶质是非挥发性的，一旦溶质、溶剂都有挥发性，也并不一定妨碍拉乌尔定律的应用，只要两者没有作用，能组成理想溶液即可。这时可先分别考虑，然后加合：

$$p_A=p_B^0\cdot x_A$$
$$p_B=p_B^0\cdot x_B$$

则溶液的蒸气压力：

$$p=p_A+p_B$$

(2) 沸点升高和凝固点下降

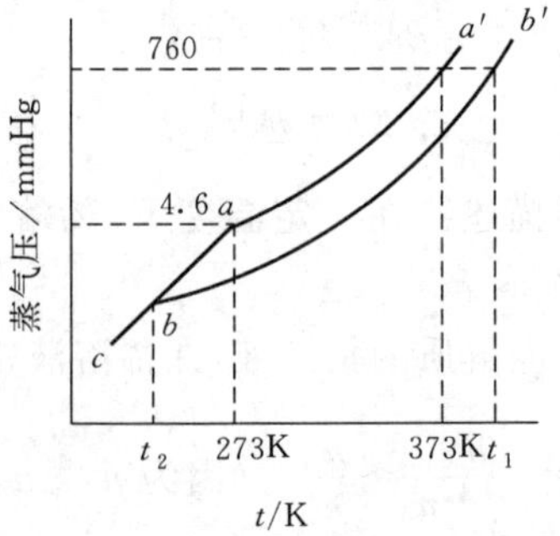

图 H.1 溶液的沸点升高和冰点下降

我们以水为溶剂来讨论这两个问题。图(H.1)中，$a'a$ 为水的蒸气压曲线，ac 为冰的蒸发压曲线，现在我们把溶液的蒸气压曲线 $b'b$(比水的蒸气压曲线相应下降一段间隔)也画在一张图上。从图中可以看出，373 K 时溶液的蒸气压低于 760 mmHg(101.325 kPa)并不沸腾，只有提高温度到 t_1 时，溶液才会沸腾，沸点升高了 (t_1-373)K。同理，溶液的冰点下降了 $(273-t_2)$K。由此可见，溶液的沸点永远高于纯溶剂的沸点；溶液的凝固点永远低于纯溶剂的凝固点。

根据拉乌尔定律，非挥发非电解质稀溶液的沸点升高 ΔT_b 或凝固点下降 ΔT_f 和溶液的质量摩尔浓度 m 成正比。数学表达式为：

$$\Delta T_b = K_b m$$

$$\Delta T_f = K_f m$$

式中 b 表示“沸”，f 表示“凝”(表 H.1 为常用溶剂的 K_f 和 K_b 值)。

表 H.1 常用溶剂的 K_f 和 K_b 值

溶　剂	m.p/K	K_f	b.p/K	K_b
水	273	1.86	373	0.512
苯	278.50	5.10	353.15	2.53
环己烷	279.5	20.2	354	2.79
乙酸	290	3.90	391	2.93
氯仿			333.19	3.63
萘	353.0	6.9	491	5.80
樟脑	451	40.0	481	5.95
对二氯苯	326	7.1		

(3) 渗透压

我们若将红血球置于纯水中,可以发现它会逐渐胀成圆球,最后崩裂,这是水透过细胞壁进入细胞,而细胞内的若干种溶质如血红素、蛋白质等则不能透出,以致细胞内的液体逐渐增多,胀破了细胞的缘故。如果我们把刚晒过而失去水分的植物浇上水,不久即可复原,这也是水跑到细胞内的结果。

我们可以做一个实验。在一个萝卜上插上一根玻璃管,在管中放入一点水,直到看出水平面为止,然后将这萝卜浸在水中。不久后,玻璃管中的水面开始上升,一直到某高度后才停止。水的上升也是水透过萝卜皮渗入萝卜中的结果。这种现象叫做渗透现象,那些只允许水分子自由通过而溶质不能通过的膜状物质称为半透膜。细胞膜、萝卜皮、肠衣、牛皮纸等都是半透膜。

渗透现象为什么到一定程度后似乎停止呢?实际上并未停止,不过是半透膜两侧的水分子的渗透速度由开始不等而逐渐相等,建立起了动态平衡,因此不再见到液面上升。在上例中,随着玻璃管中液面的上升,增加了水的静压力,也即提高了萝卜内的水透过萝卜皮向外渗透的速度,待静压力增加到一定程度后,水的内外渗透速度相等而液面就不再上升。这种静压力,我们称之为渗透压。1886 年荷兰物理学家范特霍夫指出:"稀溶液的渗透压与浓度和温度的关系同理想气体方程式一致。"即:

$$\pi V = nRT$$

或

$$\pi = cRT$$

式中 π 是渗透压;V 是溶液体积;n 是溶质摩尔数;c 是体积摩尔浓度;R 是气体通用常数;T 是绝对温度。

(4) 依数性的应用

(a) 测定分子量

上述 4 种依数性按理都可用于物质分子质量的测定,但由于测定蒸气压和渗透压的技术比较困难,所以常采用沸点升高和凝固点下降这两种依数性来测定溶质的分子量。只是对于分子质量特别大的物质,如血色素等生物大分子才采用渗透压法。

例 1　葡萄糖 1.09 g 溶于 20 g 水中所得溶液在 101.325 kPa 下沸点升高了 0.156 K,求糖的分子质量 M。

解:$\Delta T_b = K_b \cdot m$

$$0.156 = 0.512 \times \frac{1.09 \times 1\,000}{20M}$$

故

$$M = 179(\text{理论值为 } 180)$$

例 2　0.322 g 萘溶于 80 g 苯所得溶液的凝固点为 278.34 K,求萘的分

子量 M。

解：$\Delta T_f = K_f \cdot m$

已知苯的凝固点为 278.5 K，K_f 值为 5.10，故

$$278.50 - 278.34 = 5.10 \times \frac{0.322 \times 1\,000}{80M}$$

所以

$$M = 128 \text{（理论值为 128）}$$

例 3　1 L 溶液中含 5.0 g 马的血红素，在 298 K 时测得溶液的渗透压为 $1.80 \times 10^{-3} \times 101.325$ kPa，求马的血红素的分子质量。

解：$\pi = cRT$

$$c = \frac{\pi}{RT} = \frac{1.80 \times 10^{-3}}{0.082 \times 298}$$

$$= 0.74 \times 10^{-4} \text{mol} \cdot \text{L}^{-1}$$

因此马的血红素的摩尔质量为：

$$\frac{5.0}{0.74 \times 10^{-4}} = 6.8 \times 10^{4} \text{g}$$

所以马的血红素的分子量为 6.8×10^4。

(b) 制作防冻剂和制冷剂

溶液的凝固点下降原理在实际工作中很有用处。在严寒的冬天，为防止汽车水箱冻裂，常在水箱的水中加入甘油或乙二醇以降低水的凝固点，这样可防止水箱中的水因结冰而体积膨大，胀裂水箱。

例 1　为防止汽车水箱在寒冬季节冻裂，需使水的冰点下降到 253 K，则在每 1 000 g水中应加入甘油多少克？（甘油的分子式为 $C_3H_8O_3$）

解：$\Delta T_f = K_f \cdot m$，　$M_{C_3H_8O_3} = 92$

$$20.0 = 1.86 \times \frac{W \times 1\,000}{1\,000 \times 92}$$

故需甘油重

$$W = 989 \text{g}$$

在实验室中，我们常用食盐和冰的混合物作制冷剂，在一定配比时，可达最低温度为 250.6 K（30 gNaCl＋100 gH_2O）。氯化钙和水的混合物可达最低温度218 K（42.5 g$CaCl_2$＋100 gH_2O）。其原理也与溶液的凝固点下降有关：当食盐和冰放在

一起时，冰因吸收环境中的热量而稍有熔化，表面上必有液态水存在，食盐遇水而溶于其中，使水变成了溶液，降低了凝固点，导致冰的迅速熔化，在熔化过程中因大量吸热而使环境制冷。从理论上讲，冰盐等混合物所能达到的最低温度是一定的，下面我们来分析这一问题。

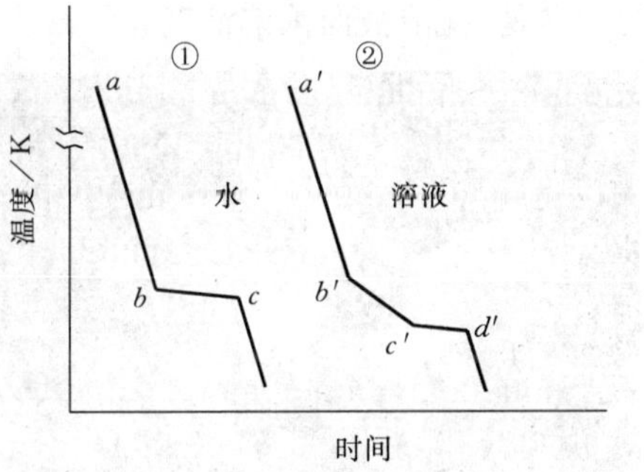

图 H.2　水和溶液的冷却曲线

图 H.2 是水和溶液的不同冷却曲线，当水的曲线①从温度 a 点处冷却下来到 b 点(273 K)时水开始结冰，在结冰过程中温度始终不变，曲线出现一个平台(bc 线)，全部结冰后冰的温度再开始下降。溶液的冷却曲线②有所不同，当从温度 a' 点处下降到 b' 点(<273 K)时，水开始结冰，随着冰的析出，溶液浓度不断增大，因此溶液的冰点不断下降，先不出现平台。直到 c' 点温度处溶质和冰一齐按一定比例析出时因浓度不再改变而出现平台直到溶液全部冻结为止。然后冻结物再开始降温，这种冻结物的组成是固定的，称为低共熔混合物，最低温度称为低共熔点，或称冰晶共析点。

(c) 配制等渗输液

渗透现象在许多生物过程中有着不可缺少的作用，特别是人体静脉输液过程所用的营养液(如葡萄糖液等)都是经过细心调节以使它与血液具有同样的渗透压(约 780kPa)，否则血球均将遭到破坏。

课堂讨论——鱼到底要不要"喝"水？

众所周知，生物的正常生理活动是需要补充水分的。一个成人通常需要每天补充1～2L水，通过饮水，饮食或吃水果等来实现。那么，鱼天天生活在水中，还需要不需要补充水分呢？有人说，鱼也需要"喝"水，君不见，鱼一天到晚张着嘴在喝水；也有人说，鱼不需要“喝”水，因为它本来就在水中，根本就没那要求。究竟要不要“喝”水？请你根据渗透原理来确定。

提示：

1. 把鱼皮看作为半透膜。
2. 请记住渗透的方向是“稀溶液向浓溶液”。

思 考 题

1. 何为环境？
2. 人类的环境有哪些因素？
3. 人类为什么要有水的忧患意识？
4. 水有哪些特性？
5. 水是如何被净化的？
6. 硫酸铝在水的净化过程中有什么作用？
7. 明矾为什么可以代替硫酸铝？
8. 净水过程中为什么有一个曝气的步骤？
9. 氯气何以能有消毒作用？
10. 漂白粉为何物？
11. 为什么说每一种液体只有一个沸点的说法是错误的？
12. 蒸馏是物理过程还是化学过程？
13. 为什么说只经过一次蒸馏的水仍然不是纯净水？
14. 作为净化手段蒸馏法有什么优缺点？

15. 何为离子交换树脂？
16. 离子交换树脂有哪些种类？
17. 离子交换树脂是如何工作的？
18. 何为离子交换树脂的再生？
19. 锅炉用水为什么一定要用离子交换水？
20. 何为硬水？
21. 如何使硬水软化？
22. 海水淡化有哪些方法？
23. 水的污染表现在哪些方面？
24. 何为拉乌尔定律？
25. 何为渗透压？
26. 溶液的沸点为什么会升高？
27. 太空水是如何被制备的？
28. 大气分为几层？
29. 大气的污染主要发生在哪一层？
30. 酸雨现象是怎样发生的？
31. 酸雨现象有什么危害？
32. 如何防止酸雨现象的发生？
33. 何为温室效应？
34. 温室效应是如何发生的？
35. 温室效应有什么危害？
36. 如何防止温室效应的继续增强？
37. 臭氧层对人类有什么作用？
38. 臭氧层的空洞是怎么回事？
39. 引起臭氧层空洞的元凶是什么？
40. 燃烧的必要条件是哪几个？
41. 有了所有的必要条件是否一定会发生燃烧？
42. 何为闪点？
43. 何为燃点？
44. 何为自燃点？
45. 何为化学自燃？
46. 何为爆炸极限？
47. 煤气泄漏后为什么要打开门窗？

48. 灭火的方法有几种?

49. 泡沫灭火器的灭火原理是什么?

50. 二氧化碳灭火器的原理是什么?

51. 酸碱灭火器是利用什么反应来产生压力的?

52. 1211 为何物?

53. 1211 的灭火原理是什么?

54. 何为 pH?

55. 何为酸碱指示剂?

第五章　化学是人类使用新材料的源泉

人类生活的质量几乎完全依赖于自身所拥有的材料。历史的发展也证实了这一点。从石器时代进步到青铜器时代，正是因为人类掌握了冶炼技术，从而获得了金属材料。20 世纪 50 年代，出现了半导体材料，于是我们就有了微型化和便携式的电器。60 年代实现了高分子材料的人工合成，从此，人类社会进入了高分子时代。一项项新材料的出现，让人类社会迈入一个又一个的新时代。可以说，社会的文明和人类的生活质量都依赖于化学制备的新材料。

一、高分子材料

人工合成的高分子化合物品种丰富，传统的三大高分子材料为：塑料、橡胶、合成纤维等 3 类(见图 5.1、图 5.2、图 5.3)。近来又发展了粘结剂、涂料等新类。如何才能把小分子的化合物变成高分子化合物呢？化学家们是利用了一些能使分子变大的反应。如我们在合成纤维一节中提到的加聚和缩聚。

图 5.1　高分子产品之一——塑料

图 5.2　高分子产品之二——橡胶

图 5.3　高分子产品之三——合成纤维

1. 塑料

顾名思义,塑料是指可以塑造的材料,或者说具有可塑性的材料,它应该包括陶土和石膏之类的材料。而目前塑料的概念已经是专指高分子合成材料。所谓可塑性,就是指当材料在一定温度和压力下,受到外力作用时可产生形变,而当外力去除后仍能保持受力时的状态。

高分子塑料具有比重轻、强度高、化学性能稳定、电绝缘性好、耐磨擦等优点。目前已广泛地代替木材、不锈钢、有色金属和部分钢材。其中很多已被用于建筑材料、交通运输工具、化工设备、电器和机械零件,愈来愈成为材料工业中的重要成员。随着科学技术的发展,火箭和宇航飞机等国防和尖端科学上所需要的某些特殊塑料,是其他材料所无法代替的。

从 1868 年的第一个人造塑料——赛璐珞算起，塑料的历史已有 100 多年了。不过这仍然是用天然高分子材料——纤维素加工而成的。真正由小分子通过化学合成的第一个塑料，应该是 1910 年问世的“酚醛树脂”。

这里“树脂”是借用自然界有些树木所分泌的天然高分子物质——树脂的名称，以表示化学合成的原始高分子材料。酚醛树脂是由酚和醛（最简单的是苯酚和甲醛）在酸性或碱性的催化剂作用下，经缩聚反应而制得的树脂。

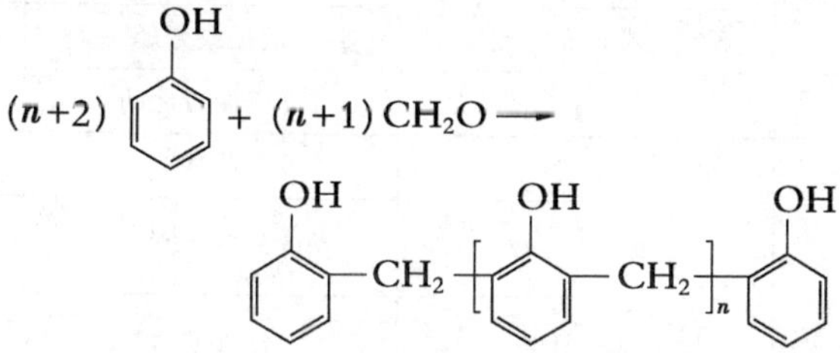

目前全世界已规模生产的塑料品种达 300 余种，所有这些品种我国都能生产，而产量最大的是聚乙烯和聚氯乙烯。人们把这些品种归为 3 类：通用塑料、工程塑料和特种塑料。常见的品种有：

通用塑料：聚乙烯、聚丙烯、聚苯乙烯、聚氯乙烯、酚醛塑料、氨基塑料

工程塑料：聚酰胺、聚甲醛、有机玻璃、聚碳酸酯、ABS 塑料、聚苯醚、聚砜

特种塑料：含氟塑料、有机硅树脂、特种环氧树脂、离子交换树脂

（1）聚烯烃

聚烯烃主要指聚乙烯、聚丙烯、聚氯乙烯和聚苯乙烯。它们的原料均来自于石油或天然气，因此为塑料中产量最大的品种。聚乙烯为其代表品种，如食品包装袋，水桶和油桶等均由聚乙烯制成。

聚乙烯的工业生产已有半个世纪的历史，其合成方法有低压法、中压法、高压法 3 种，所得到的聚乙烯物理力学性能及使用范围也各有不同，如表 5.1 所示：

表 5.1 聚乙烯不同生产方法所得产品的比较

项　目		高　压　法	中　压　法	低　压　法
聚合条件	压力/kg · cm^{-2}	1 000 以上	30～40	1～5
	温度/℃	180～280	125～150	60 以上
	催化剂	微量 O_2 或有机过氧化物	金属氧化物如 CrO_3、MoO_3	$Al(C_2H_5)_3+TiCl_4$
	溶剂	苯或不用	烷烃或芳烃	烷烃
聚合物结构与性质	支化程度	高	介于两者之间	低
	结晶度/%	(低)64	(高)93	(高)87
	密度/g · cm^{-3}	0.910～0.925	0.955～0.970	0.941～0.965
	抗张强度/kg · cm^{-3}	70～150	290	210～370
	断裂伸长率/%	90～800	70	50～100
	软化温度/℃	14	135	120～130
使用范围		薄膜、包装材料、电线绝缘层	桶、管电线绝缘层或包皮	桶、管、塑料部件、电线绝缘层或包皮

聚乙烯是饱和烃，结构与石蜡相似，所以化学性质非常稳定，除氧化性酸（如 HNO_3）外，它能耐大多数酸碱的侵蚀。在 60℃以下，不溶于任何溶剂，又因为它的分子链中不含有极性基团，因此吸水性极低并具有优良的介电性能。

聚乙烯可用一般热塑性塑料的成型的方法加工，如可用吹塑法制成薄膜，用于食品袋等包装材料；用挤出法制成各种管材、板材、电线绝缘层；用挤出吹塑法制成各种瓶子、容器、玩具；用各种涂刮法将聚乙烯涂布于各种纸张或织物表面或喷涂于金属材料表面成为保护层。

聚乙烯的主要缺点是易受热和氧的作用而老化。把聚乙烯进行辐射处理，则分子间有了适度交联，使它的保形性、回弹性、耐热性、电绝缘性都有进一步的改善。它的应用已扩大到电容器及变压器等绝缘材料、飞机和湿度较高的材料上。

聚氯乙烯也是工业化较早的品种之一，现在仍是国内外产量最大的塑料品种。它也是与日常生活关系最密切的塑料，如雨衣、鞋、提包、台布等。

20 世纪 50 年代前，聚氯乙烯的原料单体——氯乙烯的生产方法基本上采用电石路线：

$$CaC_2 + H_2O \longrightarrow CH \equiv CH \xrightarrow[HgCl_2]{HCl} \underset{\displaystyle Cl}{CH_2 = \underset{|}{CH}}$$

由于电石生产中耗电量大，成本高，限制了聚氯乙烯生产的发展。20 世纪 60 年代后，随着石油工业的发展，出现了以乙烯为原料的单体合成法，如二氯乙烷法：

$$CH_2=CH_2 + Cl_2 \longrightarrow \underset{\displaystyle Cl}{\underset{|}{CH_2}}-\underset{\displaystyle Cl}{\underset{|}{CH_2}} \longrightarrow CH_2=\underset{\displaystyle Cl}{\underset{|}{CH}}$$

氧氯化法：

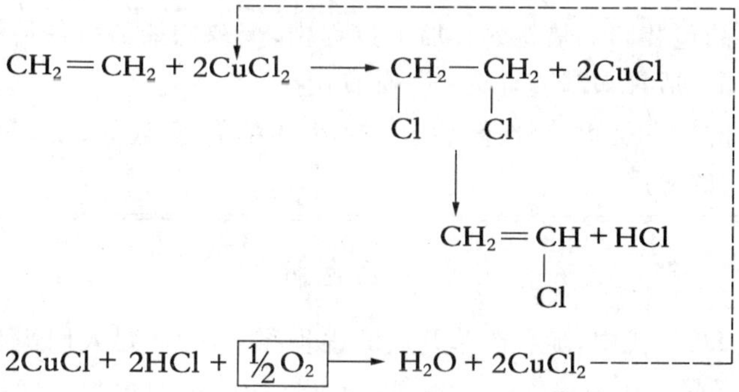

炔烯联合法：

$$CH_2=CH_2 + CH\equiv CH + Cl_2 \longrightarrow 2CH_2=\underset{\displaystyle Cl}{\underset{|}{CH}}$$

聚氯乙烯热稳定性较差，在加工中会分解出少量氯化氢和氯乙烯气体，后者又有致癌作用，而氯化氢又是进一步使树脂分解的催化剂。为此，在加工中除加入增塑剂之外，还要加入碱性稳定剂——抑制树脂分解。增塑剂有邻苯二甲酸酯、磷酸酯等；稳定剂有硬脂酸铅、钡、锌盐。根据加入增塑剂量的多少，可加工成硬制品（板、管）、软制品（薄膜、日用品）。

聚氯乙烯塑料突出的优点是耐化学腐蚀、不燃性、成本低和加工容易。故广泛地用来制造农用和民用薄膜、导线和电缆、板材管材、化工防腐设备、隔音绝热泡沫塑料、大量的包装材料及日常生活用品。

它的主要缺点是耐热性差，材料在 60℃以上就要变形；韧性不够理想，还有一定的毒性，所以不适宜用于食品包装。为克服上述缺点可用共聚或混聚的方法加以改进。目前已经有无毒聚氯乙烯树脂问世。这无疑扩大了它的应用范围。

聚苯乙烯由于有良好的高频绝缘性能，而且透明无毒，是目前第三大塑料产品。它的单体苯乙烯主要是以苯的烷基化而得到：

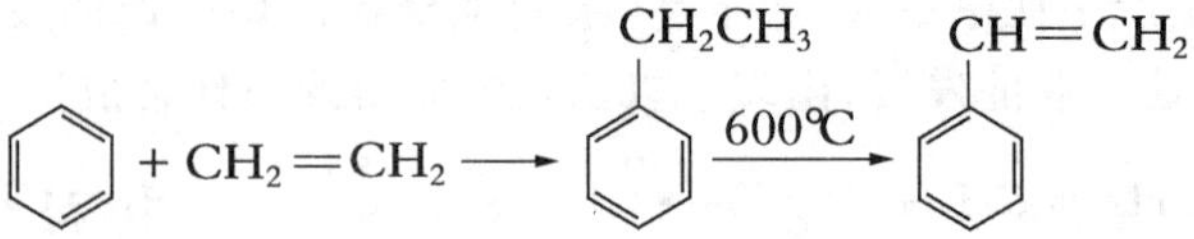

聚苯乙烯有很好的加工性能，它可采用常用的塑料加工方法制成薄膜、容器、玩具、发泡材料等。它也具有良好的绝缘性能，故常用于电容器绝缘层和电气零件。它的发泡材料具有密度小（0.33 g·cm^{-3}）和良好的隔音、隔热、防震性能而被广泛地用作精密仪器的包装和隔热材料。加工过程中，聚苯乙烯易与各种颜料拼合制成色彩鲜艳的制品，适宜来制造玩具和各种日用品。

它的最大的缺点是耐热性差、性脆、能溶于芳烃、卤代烃、醚、酮、汽油等溶剂中，故影响了它的应用。

小品　白色污染

20 世纪 80 年代中，随着改革开放的逐步深入，为满足人们快节奏的生活，快餐业悄然兴起。作为快餐的包装盒，经过发泡处理的聚苯乙烯，立刻占领了全部市场。这是因为它具有质轻坚固，卫生干净，不漏不渗，成本低廉等优点。然而，人们却不知道这种材料有一个致命的缺点，它的化学稳定性极好，在自然的条件下不会降解。把这种饭盒放在野外，即使 100 年后仍然是一个饭盒。由于人们在食用快餐后将饭盒随意丢弃，就造成了严重的环境污染。这种现象首先出现在铁路沿线。铁路两侧形成了两条白色的带子，固称之为白色污染。为解决这种污染，人们采取下列对策：

1. 寻找一种能替代聚苯乙烯的材料，而这种材料可以在自然的条件下发生降解而自行消失。如，采用纸浆压成的饭盒，或采用可以降解的合成材料。

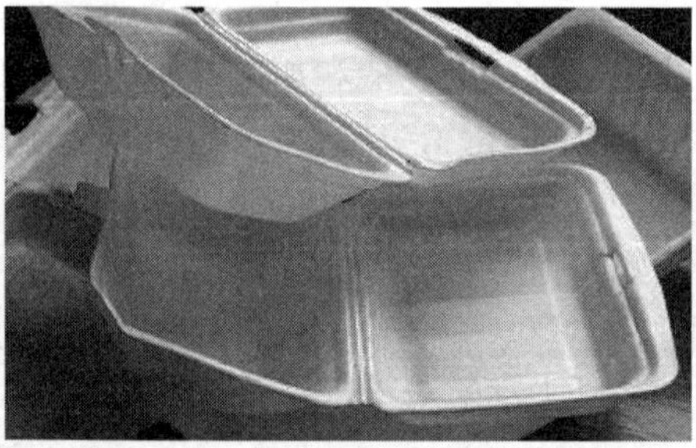

2. 对聚苯乙烯饭盒实施回收再利用。将废饭盒回收，经过清洗处理后，再加热熔化即可压制成有用的东西。如 4 个废饭盒就可制成一把小学生用的直尺，12 个废饭盒就可制成一个笔筒。

3. 加强环保意识的宣传和教育。不要随意丢弃废饭盒。

(2) 有机玻璃

有机玻璃的化学名称为“聚甲基丙烯酸甲酯”。它与普通玻璃完全是两码事。它是目前最优秀的透明材料,透光率达92%以上。普通玻璃如果厚度超过15 cm时,隔着它就看不清东西,而隔着1 m厚的有机玻璃去观看物体依然清晰可见。它不但晶莹剔透而且比普通玻璃轻一半,不易碎。把聚甲基丙烯酸甲酯在130℃以上的温度下用一定速度定向拉伸,可制得定向有机玻璃。用16 mm厚的该材料制成的战斗机顶罩,在遭到直径为10 cm的炮弹攻击时,炮弹只是穿过,而不会产生裂纹和锐角。如在聚合过程中加入各种色彩鲜艳的着色剂和珠光粉,则可制得五光十色的有机玻璃纽扣和珠光纽扣。此外,在光学仪器、建筑装饰方面也得到广泛的应用。

图 5.4 有机玻璃

有机玻璃(见图5.4)的最大缺点是耐磨性差,它需要经常打磨修理,同时它也不耐某些有机溶剂,如卤代烃、酯等。利用这个缺点倒是可以修复断裂的有机玻璃,只要在断裂处涂一点氯仿(三氯甲烷),再用力黏上就成。

有机玻璃的单体——甲基丙烯酸甲酯是以氰化钠、硫酸、丙酮、甲醇为原料而合成的:

$$2NaCN + H_2SO_4 \longrightarrow Na_2SO_4 + 2HCN$$

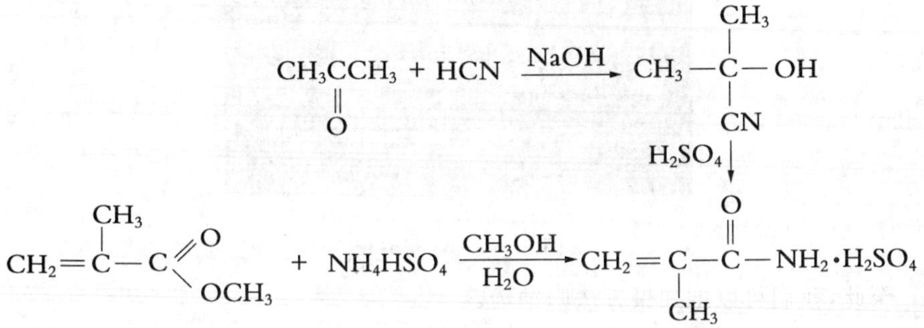

原料中的氢氰酸常来自于石油化工生产丙烯腈过程中的副产物。

(3) ABS 塑料

ABS 属工程塑料也广泛地应用于民用。ABS 是以丙烯腈(Acrylonitrile)、丁二烯(Butadiene)和苯乙烯(Styrene)加聚而成。这种以两个以上的单体进行的加聚,被称之为"共聚"(见图 5.5)。

图 5.5 共聚示意图

可以看出,参与共聚的各个原料都是含有碳—碳双键的。共聚的优点在于所得产品常具有各个单体所具备的综合性能。利用共聚技术可随心所欲地调节聚合物的性能,这已成为创造新材料的重要方法。ABS 之所以具有优异的性能,就是因为它秉承了聚苯乙烯的坚硬、透明、良好的加工性能和电绝缘性能;聚丁二烯的弹性和耐冲击;丙烯腈的高强度、耐热、耐溶剂等各种优点。大部分密码箱(见图 5.6)就是用 ABS 制成的。

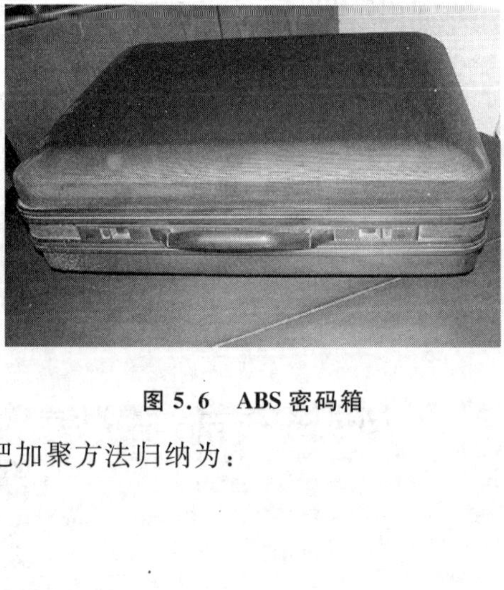

图 5.6 ABS 密码箱

至此,我们可以把加聚方法归纳为:

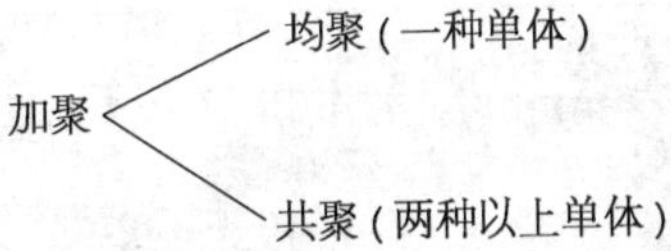

ABS 塑料被广泛用于制造电讯器材、汽车、飞机零件及各种仪表外壳。把它进行电镀,则可做成与金属镀件很难分辨的光亮镀件。

(4) 含氟塑料

含氟塑料中代表产品就是聚四氟乙烯、聚三氟氯乙烯、聚全氟丙烯:

$$\left[CF_2 - CF_2 \right]_n \qquad \left[CF_2 - \underset{\displaystyle Cl}{\underset{|}{CF}} \right]_n \qquad \left[CF_2 - \underset{\displaystyle CF_3}{\underset{|}{CF}} \right]_n$$

其中聚四氟乙烯性能最优,用途最广。首先,由于它不被任何酸碱乃至王水及各种溶剂所腐蚀,素有"塑料王"美称。其次,它还具有耐高低温的特性,在−269~250℃温度范围内都可使用。再有一个特性就是材料光滑致密,常用作轴承材料而不用加润滑剂(见图 5.7)。

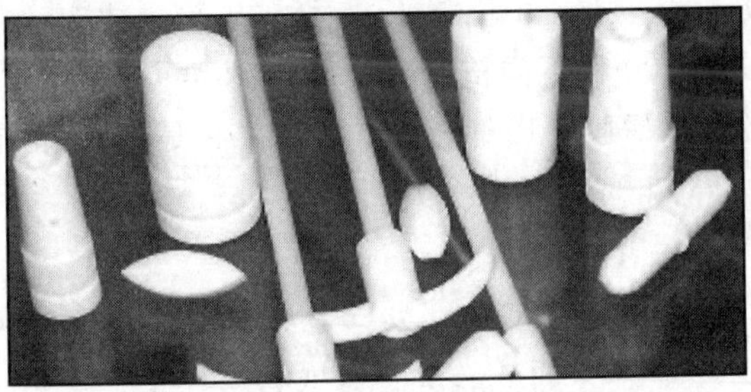

图 5.7 聚四氟乙烯产品

该材料首先在航天事业中得到应用,之后又推向民用,那就是大家熟悉的"不粘锅"(见图 5.8)。所谓不粘锅,实际上就是在普通的锅子上涂了一层聚四氟乙烯,由于它的致密性,导致了食物不会沾粘在锅底。当然,使用这种锅子必须注意两点:其一,要用木制锅铲,因为涂层极薄,铁铲容易将其损伤;其二,不粘锅不能空烧,也就是说,烧的时候,锅内必须有东西——水、油或食物。因为燃气灶具的火焰温度可达 700℃,空烧易将涂层损坏。

聚四氟乙烯的商品名为"特氟隆",这是来源于美国杜邦公司的商品名——Teflon。

聚四氟乙烯之所以有这样的特性,与其大分子结构密切相关。氟原子的

图 5.8　不粘锅

体积与氢不相上下，紧密地贴在碳链上，保护着碳链不受到氧化剂或任何药品的侵袭。

2. 橡胶

橡胶是指具有显著高弹性的一类高分子化合物。它分为天然橡胶和合成橡胶两种。

(1) 天然橡胶

天然橡胶可从近500种不同植物中获得，但主要是从热带植物——橡胶树中取得。目前世界的天然橡胶年产量为300万吨。它是顺式-聚异戊二烯的线型聚合物：

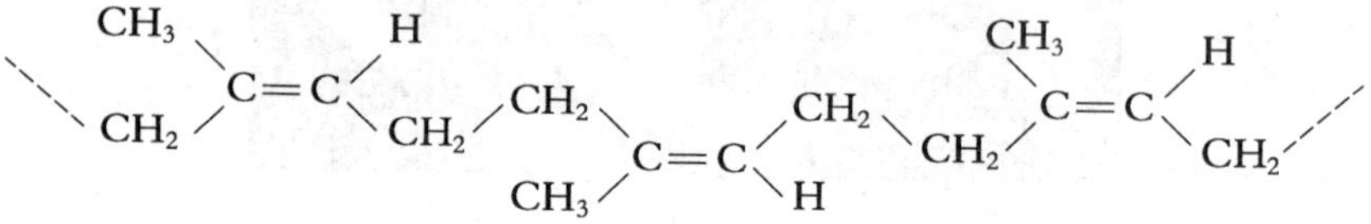

它有优良的弹性，是目前任何合成橡胶所不能比拟的，但它的数量及其他性能尚不能满足各方面的要求。

天然橡胶有两个特点：其一，天然橡胶的分子是线型或只有少数短支链的高分子，分子量很大，分子量的分布也很宽。这个特点给加工带来了好处，因为分子量低的可作分子量高的增塑剂，使炼胶容易进行。其二，单纯的线型分子，其橡胶制品的强度低，弹性小，遇冷变硬，遇热变软甚至流动，遇溶剂则溶解。显然，这样的橡胶制品没有使用价值。所以从橡胶树收获的胶乳，经浓缩、烟熏而得到的生胶不能直接做成具有高强度的制品，而是需要先进行“硫化”。这种工艺过程，通常是以硫磺粉和助促剂放入橡胶中进行挤压炼制。硫化过程如图5.9所示：

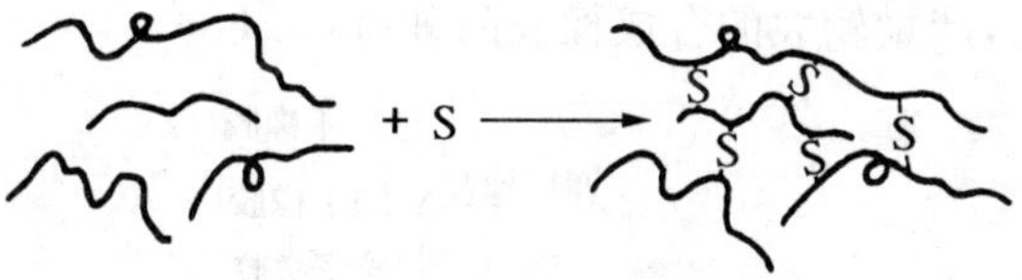

图 5.9 硫化过程示意图

实际上，硫化是利用橡胶高分子中还保留有双键，让硫在线型分子间进行交联，使线型分子变成了网状的体型分子：

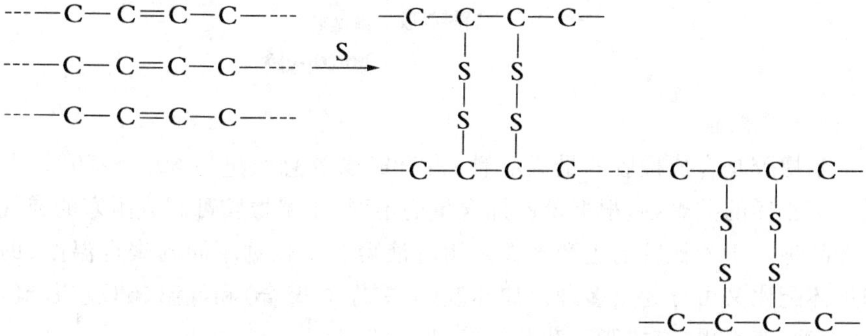

硫磺粉的用量直接影响橡胶的软硬度，加 0.5%～5%的硫磺，可得弹性很好的软橡皮；若硫磺粉用量超过 30%。则变成坚硬而不能伸张的硬橡皮了。

硫化后，使高聚物中大分子链变得比较牢固，受力后可以发生较大形变，但去外力后又恢复原状而不发生永久的形变，也就是说，既有弹性又有良好强度。遇到溶剂时也只能发生溶胀而不会把分子链拆开而溶解。同时，在硫化中消耗了部分双键，因而硫化橡胶的化学稳定性也比未硫化前好。

由于单纯硫化的橡胶其抗张强度、硬度、耐磨性、抗撕裂等性能还是不够理想，因此，在硫化前要添加填料来加以改进。最常用的填料是炭黑，它有很大的补强作用，故也称为增强填料；而像黏土、白垩等，对物性影响较小的填料称为“惰性”填料。在加工汽车轮胎时，还要加入一些合成纤维，以进一步增强橡胶制品的使用强度，通常称这些纤维为帘子线，俗称“嵌发丝”。

(2) 合成橡胶

100 多年之前，人们已经逐步弄清了天然橡胶的组成和结构，化学家正是从天然橡胶的结构上得到启迪，合成了各种具有共轭二烯 1,4-加成结构的聚合物来代替天然橡胶，使合成橡胶的产量已占橡胶总产量的 60%以上，尽管它们比天然橡胶普遍存在着加工困难，制品抗张强度差和纤维织物黏着力小的缺点，但仍被广泛使用。

目前使用较广，产量较大的合成橡胶品种有：

- 合成橡胶
  - 通用橡胶
    - 丁苯橡胶
    - 顺丁橡胶
    - 异戊橡胶
  - 氯丁橡胶
  - 乙丙橡胶
  - 丁基橡胶
  - 丁腈橡胶
  - 特种橡胶
    - 硅橡胶
    - 氟橡胶
    - 聚氨酯橡胶

(a) 丁苯橡胶

丁苯橡胶是合成橡胶的最大品种，占合成橡胶总产量的60%～70%，它是丁二烯与苯乙烯的共聚物，根据苯乙烯含量的不同，丁苯橡胶可制成耐寒的或气密性的特殊品种。丁苯橡胶的生产多数采用乳液聚合。根据不同的聚合温度、助剂品种和单体配比又可分为很多种。如高温(50℃左右聚合)和低温(5℃左右聚合)丁苯胶，充油、充炭黑、充树脂丁苯胶等等(见表5.2)。

表5.2 丁苯橡胶的主要类型

品　　名	主要特点
高温丁苯橡胶	在50℃聚合
低温丁苯橡胶	在5℃聚合，弹性大，耐磨好
充油丁苯橡胶	加石油馏分，耐寒，易加工
充炭黑丁苯橡胶	生胶混炼容易，成本低
充油充炭黑丁苯橡胶	兼有充油充炭黑胶的优点
充树脂丁苯橡胶	性能与所加树脂有关

丁二烯与苯乙烯的共聚合反应式如下：

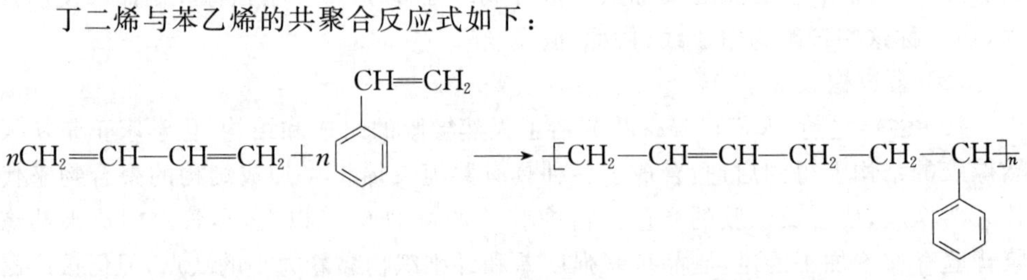

其中苯乙烯的相对含量对橡胶性能有很大影响，当苯乙烯含量为10%时可得

到弹性良好的耐寒橡胶，但机械性能差；当苯乙烯占 25% 时橡胶的弹性、物理机械性能以及加工性能均较好，是丁苯橡胶中最通用的品种，适合做汽车外胎；当苯乙烯含量达 50% 时橡胶的机械强度高但弹性低，只可供胶鞋工业用。

由于丁苯橡胶耐水、耐自然老化、耐臭氧，特别是耐磨性和气密性比天然橡胶好，因此目前大量用于制造汽车外胎，若与天然橡胶混用还可做密封材料、电绝缘材料。高苯乙烯含量的丁苯胶，还用来制造硬质橡胶工业制品、轻质海绵制品以及鞋底等日用生活品。

(b) 氯丁橡胶

人们通常把氯丁橡胶称为"万能橡胶"，这是由于它具有良好的耐油、耐氧化、耐燃、耐酸碱、耐老化、耐曲挠等优良性能而得名的。氯丁橡胶的单体氯丁二烯可由乙炔制得：

$$2CH{\equiv}CH \xrightarrow{CuCl_2} CH{\equiv}C{-}CH{=}CH_2 \xrightarrow{HCl} CH_2{=}\underset{\displaystyle Cl}{\underset{|}{C}}{-}CH{=}CH_2$$

单体不需要催化剂即可以聚合，空气中的氧可加速聚合。可用本体、溶液、乳液等聚合方法，但工业上以 30℃ 以下的乳液聚合用得最多。

氯丁橡胶主要用于制造运输带、防毒面具、电缆外皮、轮胎等，由于它不燃烧，遇火后分解出氯化氢能阻燃，所以专门用于制造地下采矿用的橡胶制品。它的缺点是比重较大，耐寒性和弹性都较差。把氯丁橡胶溶解在适当溶剂中对其他橡胶、皮革和部分塑料有良好的黏结性能，目前已广泛应用于制鞋工业上。

(c) 丁腈橡胶

丁腈橡胶是丁二烯与丙烯腈的共聚物

$$\left[CH_2{-}CH{=}CH{-}CH_2{-}CH_2{-}\underset{\displaystyle CN}{\underset{|}{CH}} \right]_n$$

与丁苯橡胶的制造相似，可以使两种单体以适当比例进行乳液聚合，共聚物中丁二烯组分使橡胶增加了弹性，而丙烯腈组分则由于氰基(—CN)是强极性基团而特别耐油。用它制造的油箱垫圈，印刷工业用的辊筒可经久使用而不吸油溶胀变形。丁腈橡胶的缺点是耐寒性差，同时大分子链中大量氰基的存在使它的电绝缘性低，弹性也不佳。

(d) 丁基橡胶

由异丁烯和少量异戊二烯为原料，在 −20℃ 以下的有机溶剂中进行催化聚合，即可得到丁基橡胶。

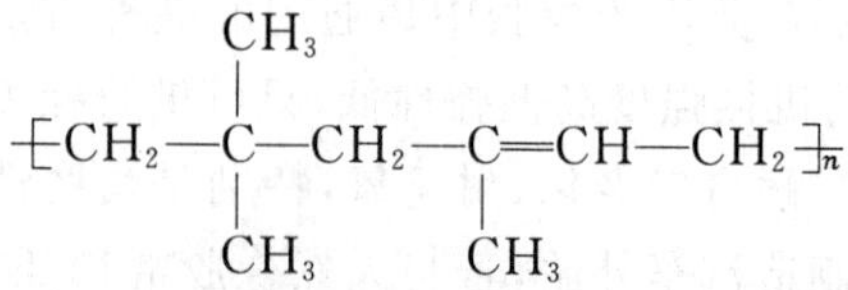

由于大分子链中有大量甲基堆砌在碳链的周围，分子的活动空隙小，使硫化后的产品具有优良的气密性，透气性极低，并且耐热性、耐老化性和电绝缘性都比天然橡胶好，是制造轮胎内胎和充气气球的原料，但由于它的弹性、耐磨性不佳，形变时因“内耗”而发热，所以不适宜作为轮胎的外胎用胶。

(e) 乙丙橡胶

聚乙烯是大分子结构最简单的聚合物，由于它的分子对称，排列规整，很易结晶而适于作塑料使用，但如果在乙烯聚合时加入15%左右的丙烯使之共聚：

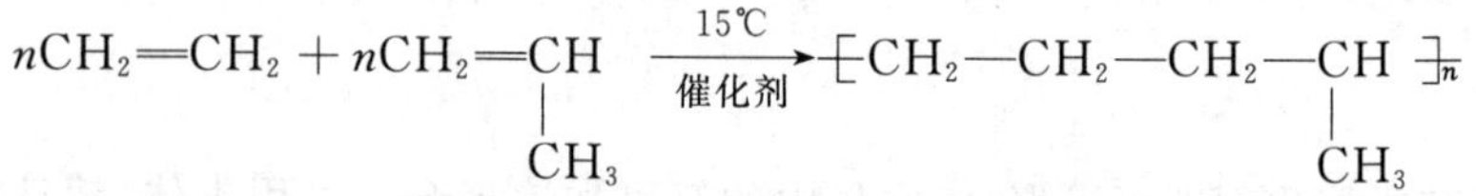

则此乙丙共聚物由于大分子链有不对称的片断存在，使其规整性破坏，结晶度下降，因而可作为橡胶使用。同时又由于乙丙共聚物中没有双键存在，因此它的耐热、耐氧化老化性好，使用温度比天然橡胶高，已广泛用于制造耐热胶管、垫片、三角胶带、输送带、电缆涂料及人力车胎等。正由于大分子链上无双键和极性较弱，因此不容易硫化，使制品耐撕裂性差，目前尚不适宜制造轮胎外胎，如果加入少量第三组分如双环戊二烯等非共轭烯烃进行三元共聚，则共聚物的硫化性能将有所改善，其应用范围也将扩大。

(3) 特种橡胶

(a) 硅橡胶

硅橡胶的主要品种是由高纯度的二甲基硅氧烷经水解、缩聚制成的聚甲基硅氧烷。

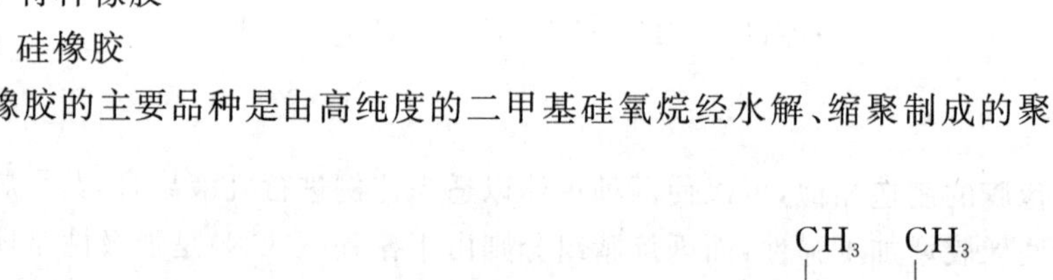

由于大分子链结构中—Si—O—链很柔顺，用过氧化物进行“硫化”后的制品，使用

温度可在－70～300℃之间。硅橡胶制品柔软光滑，物理性能稳定，对人体无毒害，又具有良好的加工性能，可制成各种形状和规格的制品，因此在医用材料中得到很重要的应用。如各种口径的导管、引流管、静脉插管、人造关节等都是由硅橡胶制成的。此外，飞机、火箭、导弹上的一些零件及电绝缘材料也用硅橡胶制造，硅橡胶的缺点是物理机械性能偏低，较脆、易撕裂。用白炭黑（活性 SiO_2）增强后有所改善。

（b）聚硫橡胶

一般合成橡胶或天然橡胶几乎都是二烯烃的聚合物，但是聚硫橡胶却是饱和二卤代化合物与多硫化合物缩合而成的聚合物，与二烯烃结构全无相似之处，如：

$$n\mathrm{ClCH_2CH_2Cl} + n\mathrm{Na_2S_4} \longrightarrow \mathrm{\{CH_2—CH_2—S(=S)—S(=S)\}_{\mathit{n}}} + 2n\mathrm{NaCl}$$

二氯乙烷　　　　　　　　　　　　赛可橡胶 A

$$n\mathrm{ClCH_2CH_2OCH_2CH_2Cl} + n\mathrm{Na_2S_4} \longrightarrow \mathrm{\{CH_2CH_2OCH_2CH_2—S(=S)—S(=S)\}_{\mathit{n}}} + 2n\mathrm{NaCl}$$

二氯代乙醚　　　　　　　　　　　　赛可橡胶 B

这类橡胶由于大分子链中有大量的硫原子存在，使其耐油性、耐溶剂性都很好，可用来制造各种胶管和衬垫。

（c）氟弹性体

氟弹性体是含氟的特种合成橡胶的统称，主要包括亚硝基氟橡胶（CNR）、偏二氟乙烯与全氟丙烯共聚物（Viton A）、三氟氯乙烯与偏二氟乙烯共聚物（Kel－F）和氟硅橡胶等。

$$\mathrm{\{CF_2—CF_2—N(CF_3)—O\}_{\mathit{n}}} \qquad \text{(CNR)}$$

$$\mathrm{\{CF_2—CH_2—CF(CF_3)—CF_2\}_{\mathit{n}}} \qquad \text{(Viton A)}$$

$$\mathrm{\{CF_2—CH_2—CF(Cl)—CF_2\}_{\mathit{n}}} \qquad \text{(Kel - F)}$$

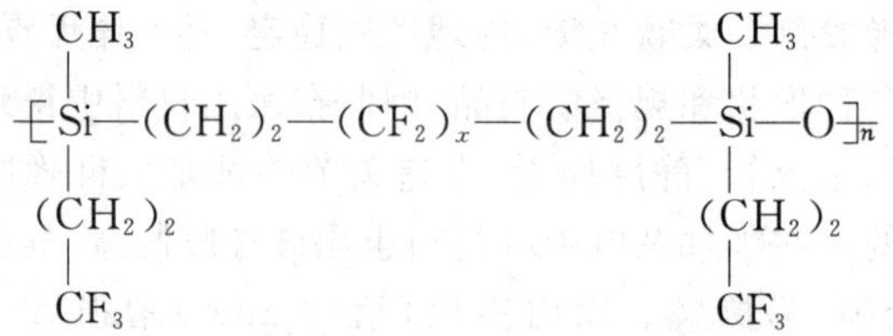 （氟硅橡胶）

它们是一类优良的耐热、耐溶剂、耐化学腐蚀的橡胶，其硫化胶可在－50～204℃下长期使用，已广泛应用于军事工业、化学工业和宇航技术中。如宇航员穿的登月靴所用的橡胶，要经受近－100℃的严寒，就只有求助于氟弹性体了。

d. 聚氨酯橡胶

在大分子链上含有重复的氨基甲酸酯链节

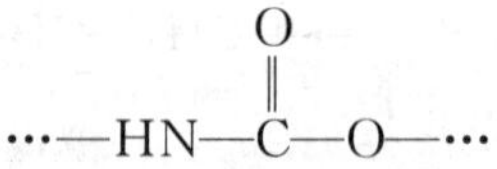

的聚合物称为聚氨酯，通常它是由二异氰酸酯类和二元醇类通过逐步加成聚合反应而制得的线型高分子化合物。如：

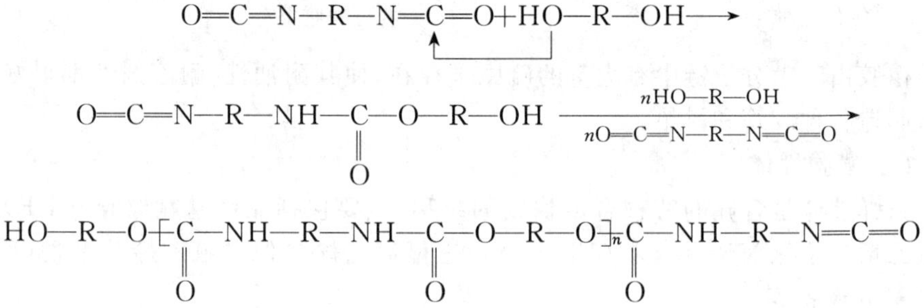

此反应除无低分子化合物缩去外，其余都类似于二元酸与二元醇的缩聚反应，如分子量是逐步增大，单体需等当量起反应，反应复杂，副反应多等。

聚氨酯是用途很广的一大类聚合物。根据结构和性能的不同可有不同的用途。它的线型均聚物可以制成纤维用作滤网和绝缘布等。而体型的热固性均聚物，可制成黏附性极好的漆膜，用来保护金属、皮革、木材和纸张等。采用不同配方和不同工艺，既可制成聚氨酯泡沫塑料，又可制成聚氨酯弹性体。前者是保温、绝热、隔音、防震的优良材料。

聚氨酯橡胶具有特别好的耐磨性，撕裂强度高，耐臭氧、紫外线和油，被用于生产高级轿车和飞机的轮胎。聚氨酯既有橡胶的弹性，又有塑料的加工性，能用热塑性树脂的加工方法加工（如注射、挤出、压延等），因此常称作聚氨酯热塑性弹性体。

3. 黏合剂

在人类的生产和生活中，经常会遇到胶接和黏合的问题。胶接就是用胶接剂来连接，它是不同于铆接、螺栓连接和焊接的一种新型连接工艺。例如，用白胶（聚醋酸乙烯酯乳液）把木材连接起来，用合成浆糊把纸黏合起来做成纸箱，用环氧树脂来连接机械零件，用磷酸-氧化铜无机胶黏剂来固定刀头等。这里列举的白胶、合成浆糊、环氧树脂、磷酸-氧化铜等都是胶黏剂，也称黏合剂。人类使用胶黏剂已有悠久的历史。远在几千年前人类就学会了以黏土、骨胶、淀粉、松脂等天然产物作胶黏剂使用。直到 20 世纪 30 年代，由于社会发展的需要以及高分子材料的发展，就开发了以合成高分子为基材的新型胶黏剂——合成胶黏剂。时至今日人类使用的胶黏剂几乎全是合成胶黏剂。

根据主体成分的化学结构和性能特点，可以把胶黏剂分为热固性树脂胶黏剂、热塑性树脂胶黏剂和橡胶型胶黏剂三大类。现就各类的代表品种作一个简明的介绍。

(1) 环氧树脂胶黏剂

环氧树脂是指在大分子链中含有环氧基团的 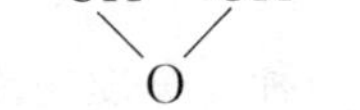 高分子化合物。它的种类很多，但以双酚 A（二酚基丙烷）与环氧氯丙烷缩合制得的环氧树脂产量最大，用途最广。合成反应可表示如下：

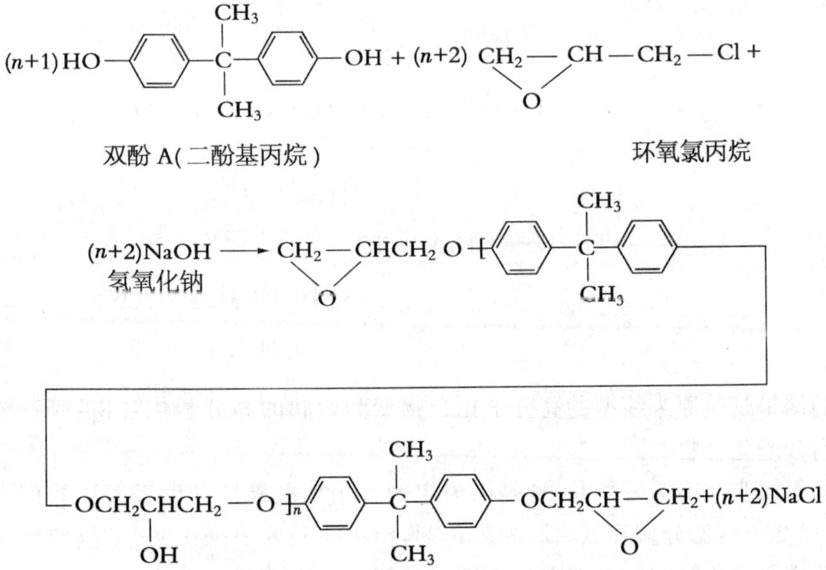

双酚 A 环氧树脂在 20 世纪 40 年代初期就已合成，早期实验发现双酚 A 环氧树脂可以用适量的胺类化合物或邻苯二甲酸酐固化。固化后的树脂对玻璃、陶瓷、金属等材料有很好的黏接性能。由于当时的生产实践对胶接技术无特殊需求，无溶剂型的合成胶黏剂概念尚未形成，因此全社会对此发现并未予以重视。第二次世界大战后，飞机制造工业的发展，对胶接技术提出了新的要求，人们这才开始注意到环氧树脂的胶接性能。特别是当在胺类固化的环氧树脂中，添加铝粉等填料及其他改性剂时，改进了环氧黏接剂对各种材料的胶接强度。这样，到了 50 年代环氧树脂的应用和研究便有了一个飞跃。随着新型的环氧树脂和固化剂的合成，可以配制各种性能的环氧胶黏剂。在金属与金属以及其他各种材料的胶接技术中得到了广泛的应用。尤其在航空工业中，高强度和耐高温的环氧树脂胶黏剂表现出了它独特的优越性。为飞机制造中采用胶接—铆接，胶接—点焊等复合连接方式或是全胶接打下了可靠的基础。此外环氧胶黏剂在汽车、拖拉机制造和汽配、电机和机械工业、电子装配、土木建筑乃至文物古迹的修复保护以及千家万户的日常民用加工中都有重要的用途。

环氧树脂是一种高黏度的流动液体，使用时必须加一定量的固化剂调匀，经过一段时间后即固化而完成胶接。常用的固化剂为有机胺类化合物。固化过程实际上是一个交联过程，有机胺上的每一个活泼氢都可以打开一个环氧基团，而使之交联固化。以乙二胺为例：

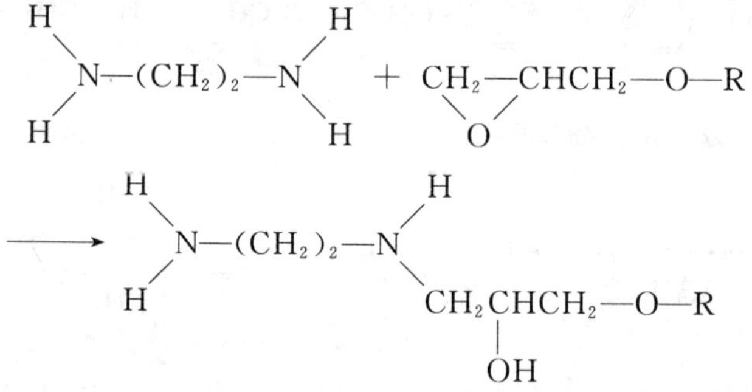

交联的结果是使原来线型的高分子化合物变为网状的高分子化合物，或者称之为三维高分子化合物。

环氧树脂被称为万能胶，这是因为它的适用范围极广。市售的环氧树脂黏合剂，常以 2 个容器分盛环氧树脂和固化剂，使用时只要根据说明，尽量调合搅匀后即可使用。固化时间随温度上升而缩短，所以高温固化更有利些。

(2) 快速胶接剂——氰基丙烯酸酯胶黏剂

氰基丙烯酸酯胶黏剂的主要成分是α-氰基丙烯酸酯,它的结构式为:

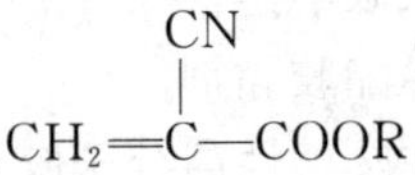

由于有短程的吸电子基团氰基和酯基的存在,这类单体很容易在水或弱碱的催化作用下进行阴离子聚合。最初是在一次测定纯α-氰基丙烯酸酯的折光率时,棱镜被黏住了,这才发现这一类化合物有极好的黏合力,后来就迅速地发展成为一类快速胶黏剂。市售的502胶水就是其中之一。

为了配制成便于贮存和使用的胶黏剂,必须在α-氰基丙烯酸酯单体中加入其他辅助成分。

α-氰基丙烯酸酯容易发生阴离子型聚合,单体的贮存稳定性与水分含量有密切的关系,含水量超过0.5%的单体是很不稳定的。为了防止贮存时发生聚合,需要加入一些酸性物质作为稳定剂,常用的是二氧化硫(用量为$60\times10^{-6}\%$)。此外,α-氰基丙烯酸酯也有可能发生自由基型聚合反应,所以单体贮存时还必须加对苯二酚之类的阻聚剂(用量为$100\times10^{-6}\%\sim500\times10^{-6}\%$)。

纯氰基丙烯酸酯是低黏度液体,虽然纯单体本身就具有很高的黏附力,但流动性太大,许多情况下使用不方便,所以在胶黏剂配方中往往加入高分子聚合物作增稠剂。例如添加5%～10%的聚甲基丙烯酸甲酯(分子量约30万)能使黏度显著提高,而胶接强度没有明显下降。

α-氰基丙烯酸酯胶黏剂是通过阴离子聚合反应进行固化的,被黏表面上微量吸附的水分或者其他碱性物质(A^-)足以催化聚合反应在室温下迅速进行:

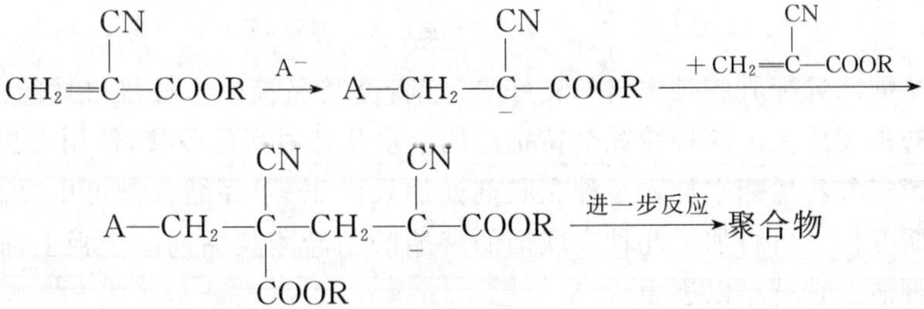

在胶接时先将胶黏剂涂于经过处理的被黏表面上,涂胶量以$4\ mg\cdot cm^{-2}\sim6\ mg\cdot cm^{-2}$为宜,在空气中晾置5 s至几分钟,然后叠合在一起并压紧,几分钟之内就可黏住。24～48h内可达最高强度,因此人们称之为快速胶或瞬间胶黏剂。如果胶接之后在70～100℃进行处理,强度还能显著提高。

α-氰基丙烯酸酯具有一些不愉快的气味，对眼睛、鼻黏膜有刺激作用，大量使用时应注意通风。它与皮肤接触时能迅速发生聚合，因此严防与身体上任何部位的皮肤接触，要特别小心，别溅入眼中。

(3) 白乳胶——聚醋酸乙烯酯胶黏剂

聚醋酸乙烯酯及其共聚物在热塑性高分子胶黏剂中占有很重要的地位。醋酸乙烯酯是无色液体，沸点 72℃。分子式为：

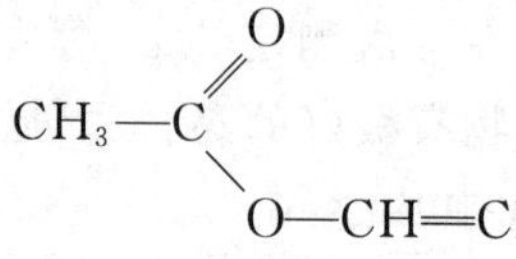

在没有引发剂时，醋酸乙烯酯是相当稳定的。但是在自由基引发剂的作用下很容易发生聚合。由于聚醋酸乙烯酯自由基的反应活性很高，容易和高分子发生链转移反应，因此所得聚合物含有许多支链。

大部分聚醋酸乙烯酯胶黏剂是以乳液的形式来使用的。这种乳液是通过乳液聚合来制备的，即借助于乳化剂的作用，把单体分散在水中，再用水溶性引发剂使其聚合。产物加上增稠剂、增塑剂、溶剂、填料、消泡剂和防腐剂等即可制成胶黏剂。其中增稠剂为聚乙烯醇，它还可以保护胶体，提高乳液的湿态黏性和黏附能力。其用量通常为4%～5%。聚乙烯醇本身也是一种胶黏剂，如墙纸黏结剂。有趣的是它不是靠乙烯醇单体聚合而得，而是通过聚醋酸乙烯酯水解来制备的。

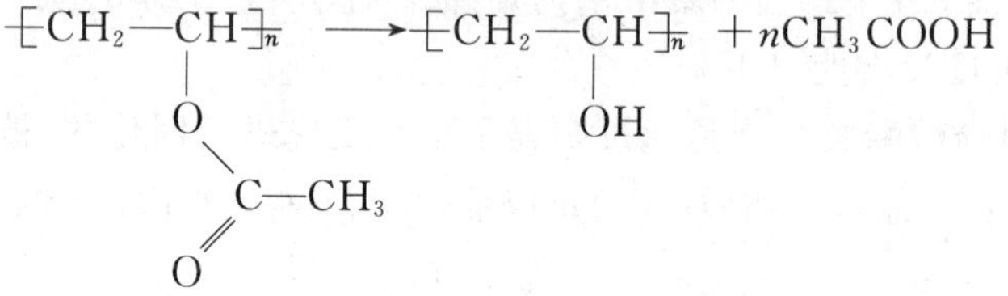

聚醋酸乙烯酯乳胶是木材的良好胶黏剂，经其黏接的木材接口处的强度比木材本身的强度还大。这种胶黏剂特别适用于多孔性材料的胶接，使用方法简便。

在聚醋酸乙烯酯中加入某种交联剂如加入丙酮-甲醛缩合物可望提高耐水性和降低蠕变性。可将加了此种交联剂的聚醋酸乙烯酯胶黏剂涂于板上捕捉老鼠，只要鼠脚沾上它就难以逃生。

聚醋酸乙烯酯也可直接由溶液聚合制成溶液胶黏剂，或者将固体聚合物溶解在适当的溶剂中配成胶液。这种溶液胶黏剂对非极性表面有较好的胶接强度，胶层透明性也比较好。溶液胶黏剂的固化过程实质上是随着溶剂的挥发，胶液浓度不断增加而达到一定的强度。由于溶剂的挥发速度随着浓度的增大而减慢，胶层中最后一部分溶剂要挥发出去是十分困难的。所以溶液胶黏剂一般强度较低，耐热性较差。常用于胶接玻璃纸、皮革、木材、织物等。

除了上述几种胶黏剂外，常用的还有橡胶胶黏剂，它们通常都是以天然橡胶或合成橡胶（氯丁橡胶、丁腈橡胶等）为主体材料配制成的非结构胶黏剂。它们的特点是具有优良的弹性，适于柔软的或热膨胀系数相差悬殊的材料，如橡胶与橡胶，橡胶与金属的胶接。不干胶也是一种量大面广的用于粘贴标签的胶黏剂，它的主要成分就是丙烯酸或丙烯酸酯与醋酸乙烯酯的共聚物。类似的胶黏剂还有办公用的透明聚酯胶带和封箱带之类，它们也是由聚丙烯酸酯类制成的。由此可知，胶黏剂全是高分子化合物。为什么高分子化合物含有胶接的性能呢？我们可以从下面几个方面去理解。

（4）胶接原理

首先，我们以两块玻璃为例，当玻璃叠合在一起时，中间只是空气，那么可以很容易地把两块玻璃分开，而若玻璃之间沾有水时，凭经验可知，玻璃板就很难分开了。然而水还不是理想的黏合剂，因为水层容易流动且强度甚弱，稍加用力即能使之变形。因此一种理想的黏合剂，它必须像水一样能在物体表面充分扩散，而本身又有足够的强度，不易受到外力的影响。环氧树脂在黏合时为液体，固化后为固体，完全符合了这一要求。

其次，任何表面，即使是打磨得很光滑的表面，若将其放大到微观尺寸来看，总是有凹凸不平的，黏合剂可以浸渗进入到被粘表面的凹陷深处，待固化之后便像铁锚似的与被粘体机械地连成一片。

最后，黏合剂上有各种化学基团，这些基团在黏合的过程中，会与被黏物体的表面发生某些化学作用，形成了化学键，无疑这是一种很坚牢的黏合。当然并不是所有黏合都会有这种化学键形成，但是总会有分子与分子之间某种吸引力存在，尽管这种吸引力比化学键要低得多，然而当黏合剂分子与被黏分子十分靠近时，一个大分子上各个点的吸引力加起来的总和也就十分可观了。

对于高分子化合物的黏合机理曾提出过各种理论，例如，机械结合理论、吸附理论、扩散理论、静电理论和化学键结合之说。然而，迄今为止尚无定量的描述，胶接过程很可能是这些作用力的综合结果。

二、表面活性材料

人类的生活，特别是现代人的生活已经离不开清洗用的洗涤剂。早在千年以前人类就已经知道草木灰水、皂荚水和茶籽饼水可以用来清洗衣服。18 世纪末，随着制碱工业的发展，人们又发明了用天然动植物油脂来制取肥皂的方法。到20世纪40年代，由于石油工业的飞速发展，化学家们又用廉价的石油产品为原料向人类提供了比肥皂更有效的合成洗涤剂。目前，洗涤剂品种不断向着多形态、多品种、多层次、专用化的方向发展。化学研究更使新用途的洗涤剂品种层出不穷，并且正在人类的生活中发挥其清洁和美化的作用。

1. 水的表面张力

洗涤过程所涉及的物理、化学变化及洗涤制品中对去污起关键作用的成分，都涉及表面活性剂的概念。

表面活性剂就是一种能显著地降低液体表面张力的物质。物质表面层的分子与内部分子周围的环境不同。内部分子所受四周邻近相同分子的作用力是对称的，各个方面的力彼此抵消，但是表面层的分子，则一方面受到本相内物质分子的作用，另一方面又受到性质不同的另一相中物质分子的作用。因此表面层分子的性质与内部分子不同。最简单的情况是液体及其蒸气所组成的体系。在气液界面上的分子受到指向液体内部的拉力，所以液体表面都有自动缩成最小的趋势。如果要把一个分子从内部移到界面时，就必须克服体系内部分子之间的吸引力而对体系做功。这就称之为表面功。从另一个角度来考虑，如果观察表面现象，就可以觉察到表面上处处存在着一种张力。这就是表面张力。下面的实验可以演示表面张力的存在。在图5.10，有一个金属丝环，环上系上一个丝线圈，把金属环连同丝线圈一起浸在肥皂液中，取出后，环中形成一层液膜。这时丝线圈则在液膜上可以自由游动，如图5.10(a)。如果把丝线圈内的液膜刺破，丝线圈即被弹开形成圆形，如图5.10(b)，就好像液面对丝线圈沿着环的半径方向有向外的拉力一样，如图中箭头所指。由此可以推测，当丝线圈内液膜未被刺破时，丝线也同样会受到拉力，只是由于丝线两侧均有液膜，其拉力相互抵消而已。

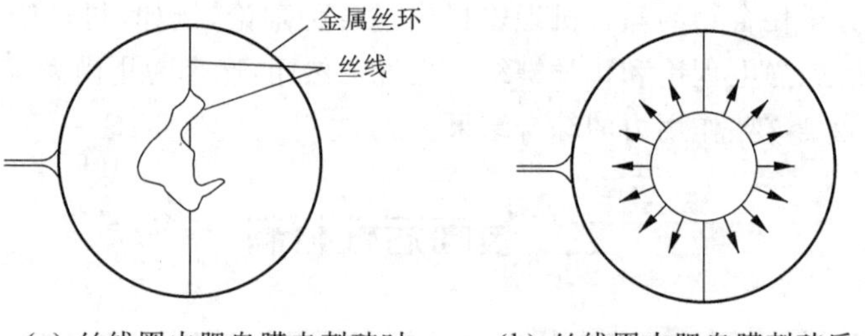

(a) 丝线圈内肥皂膜未刺破时　　(b) 丝线圈内肥皂膜刺破后

图5.10　金属丝环和软丝线圈浸入肥皂液中

另一个实验见图 5.11，把金属丝制成U形框架，另一根金属丝可在框架上滑动。把框架放在肥皂液中然后取出，框架上就有一层液膜，由于表面张力的作用，会把可滑动的金属丝拉上去，一直到框架顶部。如果在金属丝下面吊一重物，且此重物的质量 w_2 与滑动金属丝的质量 w_1 之和（即 w_1+w_2）所产生的重力与向上的表面张力平衡，金属丝就会保持不动。

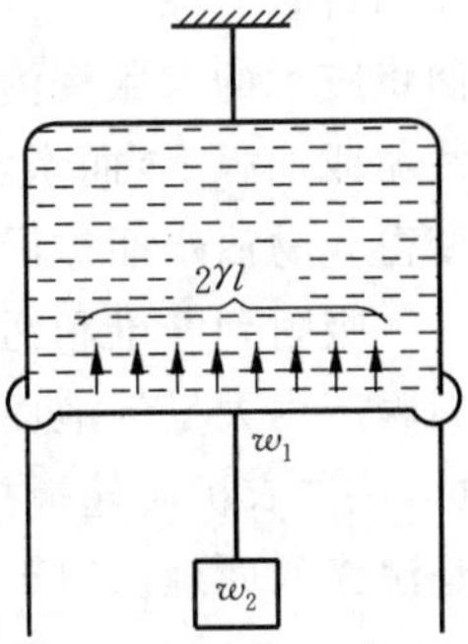

图 5.11 水平的可滑动的金属丝，在向上的表面张力 $2\gamma l$ 和向下的拉力 w_1+w_2 作用下处于平衡

虽然肥皂膜很薄，但和分子的大小相比，还是具有一定的厚度，可以认为肥皂膜有一定的体积，在金属丝框架的正反两面具有两个表面，所以表面张力在总长度为两个线长度上起作用。设表面张力为 γ，那么整个表面张力应与 w_1 和 w_2 产生的重力所平衡，若金属丝的长度为l，则

$$(w_1+w_2)\times g=2\cdot l\cdot\gamma$$

表面张力 γ 的单位为 $N\cdot m^{-1}$。

2. 两亲基物质及溶液表面张力

水的表面张力会因为加入溶质形成溶液而改变，能使水的表面张力降低的物质就称之为表面活性物质或表面活性剂，通常都是有机化合物。但在实践中，人们往往把那些明显降低水表面张力的两亲性质的有机物（即分子中同时含有亲水的极性基团和憎水（亲油）的非极性碳链或环，一般指 8 个碳以上的碳链）叫做表面活性剂。所谓两亲分子，以脂肪酸为例，亲水的—COOH 基使脂肪酸有进入水中的趋向，而憎水的烃基则竭力阻止其在水中溶解。这种分子就有很大的趋势存在于两相界面上，不同基团各选所亲的相而定向，因此才称为两亲分子。进入或“逃出”水面的趋势大小，决定于分子中极性基与非极性基的强弱对比。对于表面活性物质来说，非极性成分大，则表面活性也大。由于憎水部分企图离开水而移向表面，所以为增加单位表面所需的功较之纯水当然就要小些，因此溶液的表面张力明显降低。

我们穿着或使用的衣物上沾上污垢时，这些污垢就会黏着其上，产生一定的结合力，不会轻易地自动去除。这时就要用洗涤的方式将其除去。洗涤所用介质通常是水，若污垢是水溶性的，那么用大量水反复洗涤，污垢自然可以去除。但这些污垢经常是油性的，它们不溶在水中，靠机械摩擦也不易除去。这时就必须使用洗涤剂将它们除去。洗涤剂，实际上就是表面活性物质，也即两亲性质的物质。当我们将脏污的衣服浸泡在洗涤液中，表面活性剂中的憎水(亲油)部分很容易附着在污垢或油腻上，而亲水基定向排列向着水相，使原来不容易被水润湿的脏纤维表面变得容易沾水而被润湿。

吸附到纤维和污垢上的表面活性剂，还因降低了水的表面张力而使纤维和污垢因产生大量气泡而膨胀，使洗涤液进一步渗入其中。适当加一点机械力，如手搓，或洗衣机波轮搅拌，那些松弛的污垢颗粒变得细小而脱落并分散于水中。这就是洗涤的原理。以下简单介绍常用的几种洗涤剂。

3. 肥皂

肥皂是最常用的洗涤剂，为千家万户所广泛使用。制造肥皂的主要原料为天然油脂、碱及一些辅料。

1832 年化学家们确认，天然的动植物油脂大多是由三脂肪酸甘油酯组成。它们的结构式为：

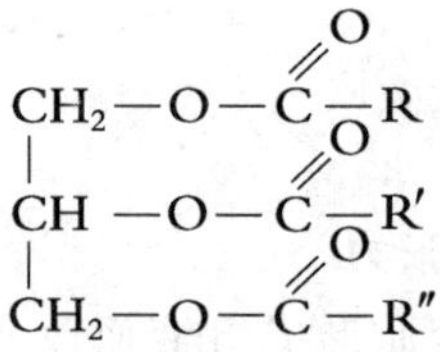

将油脂与氢氧化钠(或氢氧化钾)溶液共热就会发生一种叫做皂化过程的反应，生成了肥皂和甘油。以三硬脂酸甘油酯为例，反应式如下：

$$(C_{17}H_{35}COO)_3C_3H_5+3NaOH = 3C_{17}H_{35}COONa+C_3H_5(OH)_3$$

三硬脂酸甘油酯　　氢氧化钠　　钠肥皂　　甘油

由于生成的产物是一个互溶的混合物，因此加入食盐后，比重较轻的在盐溶液中溶解度较小的肥皂就会浮出水面而析出。这个过程就称之为盐析。再将肥皂中掺入一定量的香料和着色剂进行调和，冷却后成型即可切块包装。皂化反应的副产物是甘油，又名丙三醇，分子结构式为：

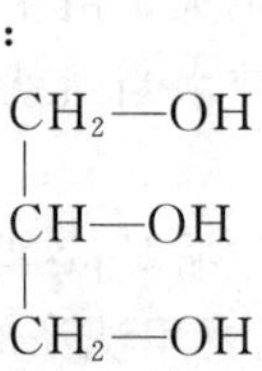

由于它有良好的助溶性、润滑性和很强的吸湿作用，因此在化妆品工业中被广泛采用作为重要原料。纯净的甘油是一种无色、无臭、有甜味的浆状液体，能溶于水、酒

精和碱，但不溶于有机溶剂如苯和醚。

肥皂的去污功能就在于它是一个钠盐，能溶于水中并水解为脂肪酸和氢氧化钠，而脂肪酸是一种具有两亲基团的物质，当然也是一个表面活性剂。

$$C_{17}H_{35}COONa + H_2O \longrightarrow \underset{亲油基}{C_{17}H_{35}} - \underset{亲水基}{COOH} + NaOH$$

由于肥皂水的表面张力被脂肪酸降低了，因此就会产生大量泡沫，加上 NaOH 渗入到被洗的污垢之中可以降低摩擦力，污垢就会轻易地被气泡带出而溶于大量的水中。

肥皂虽有去污能力，但遇到硬水时就会失去效果。因为硬水中含有的钙离子和镁离子，它们能与肥皂发生反应生成不溶于水的硬脂酸钙和硬脂酸镁，漂浮在水面上形成皂垢，所以一部分肥皂起不到去污的效果，反而增加了皂垢而玷污被洗物。办法之一是在肥皂中加入一种抗硬水剂，通常是加入一些磷酸盐，它们可以将钙、镁等离子络合而不让它们与肥皂作用。

采用高级的油脂原料如上等牛油、椰子油、橄榄油等还可以作成透明肥皂。为了增加其透明度也常用蓖麻油做原料。在制作工艺中，透明皂不经过盐析阶段，因此皂化反应中生成的甘油仍然残留在肥皂中，有时还需再添加一些甘油、酒精和砂糖等作为肥皂的透明剂。

4. 烷基苯磺酸钠及洗衣粉

为了开发比肥皂效果更好的洗涤剂，科学家们有意识地去人工合成两亲性质的物质，其中最早发明且用量为最广的是烷基苯磺酸钠，其分子式为：

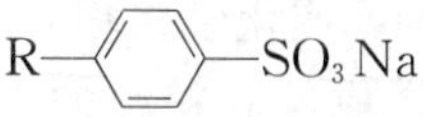

R 为烷基，通常其碳链为十二以上，以十二烷基为例其制备工艺如下：

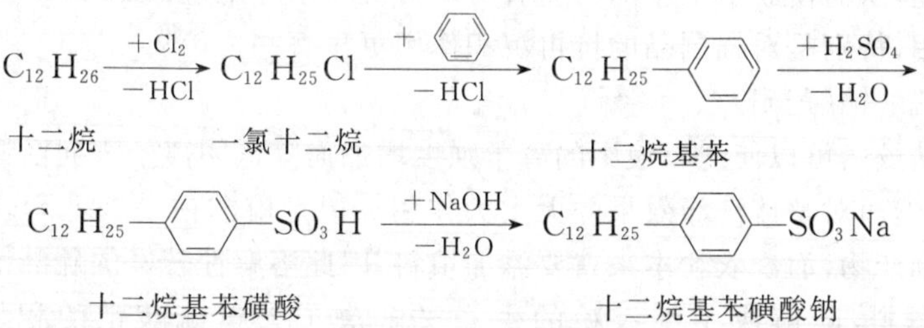

可以看出，烷基苯磺酸钠有一个亲水基团——磺酸根，又有一个亲油基团——十二烷基苯。因此它就具有较好的洗涤油污的能力，现市售洗衣粉的主要成分就是烷基苯磺酸钠，其含量通常为 10%～30%。除此之外，洗衣粉中还含有下列各种辅料。

(1) 三聚磷酸钠

三聚磷酸钠的分子式为 $Na_5P_3O_{10}$,因为有 5 个钠原子,所以商业上又称其为五钠,在洗衣粉中含 15%～25%,其含量的高低往往是洗衣粉质量高低的一种标志。因为它是一种起着降低表面活性剂用量和增加去污力的双重功能的材料,五钠具有络合高价金属离子的作用,还可以使硬水软化,特别对硬水地区,使用高含量三聚磷酸钠洗衣粉更为合适。三聚磷酸钠具有碱性,有利于酸性污垢的去除,还具有吸收水分,防止洗衣粉结块的功能,使洗衣粉始终保持干爽的颗粒状,保证了产品的商业外观价值。但是三聚磷酸钠的过量使用,也会造成环境污染。因为洗衣后的废水中含有大量的磷化合物,一旦排入河道,成为水中植物生长的肥料,而水藻的疯长,破坏了水中的生态平衡,降低了水中溶解氧的数量。

(2) 硅酸钠(水玻璃)

这是一种碱性缓冲剂,使洗衣液保持一定的碱度,并可降低洗衣液对金属的腐蚀作用。

(3) 碳酸钠(纯碱)

加此是为增加洗衣液的碱性,通常只在低档洗衣粉中添加此成分,高档洗衣粉不会用此辅料。含这种辅料的洗衣粉只适合于洗涤棉麻织品,不适用于丝毛织品。

(4) 过氧酸盐

洗衣粉中加入适量过氧酸盐,可提高洗涤质量。这是因为,过氧酸盐(通常为过硼酸钠或过碳酸钠)在热水或沸水中洗涤时,会遇热分解而释放出新生态氧原子,这种氧原子具有漂白、消毒的作用。国产洗衣粉一般不含这种辅料。

(5) 羧甲基纤维素(简称 CMC 或化学浆糊)

CMC 是一种抗再沉积剂。合成洗衣粉中的表面活性物质对防止污垢再沉积的能力较差,从而使脱落下来的污垢有可能再沉积于纤维表面。CMC 有较好的抗再沉积作用,特别是对棉制品的抗再沉积作用更显著些。

(6) 硫酸钠(芒硝)

硫酸钠虽然可以使洗衣液中的离子强度增加而降低阴离子表面活性剂的临界胶束浓度,然而对整体洗涤效果并无太大作用。但是硫酸钠是烷基苯磺酸钠生产过程中的副产物,而洗衣粉本来就要添加填料,因此溶解性较好的硫酸钠不失为一个极好的填料,既解决了洗衣粉的生产又解决了大量硫酸钠的积压,真是一举两得。

当然洗衣粉中还可添加一些特殊的助洗剂,如荧光增白剂、酶制剂来提高洗涤质量。若按主亲水基团来划分表面活性剂的话,那么烷基苯磺酸钠的主亲水基团是磺酸根。因此,这一类表面活性剂也称为阴离子型表面活性剂。

5. 非离子型表面活性剂及洗洁精

所谓非离子型表面活性剂是指聚氧乙烯缩合物之类的化合物。例如,聚氧乙烯烷基醚就是典型的非离子型表面活性剂。其分子式为:

$$R—O—(CH_2—CH_2O)_n—H$$

在这种分子中,亲油基团是 R,而亲水基团就是大量的醚键结构化合物。醚是具有 R—O—R 结构的化合物,它可以看作是水的二烃基衍生物。它中间的 C—O—C 就称之为醚键。醚键的角度不是线性的 180°而是 110°,和水的分子一样,其中的氧原子具有 sp^3 构型(水为 105°)。因此醚键的氧就带有负电性的极性,与水分子中的 H 产生氢键。这就是醚能部分溶于水的原因。

聚氧乙烯烷基醚是由脂肪醇与环氧烷作用而生成的:

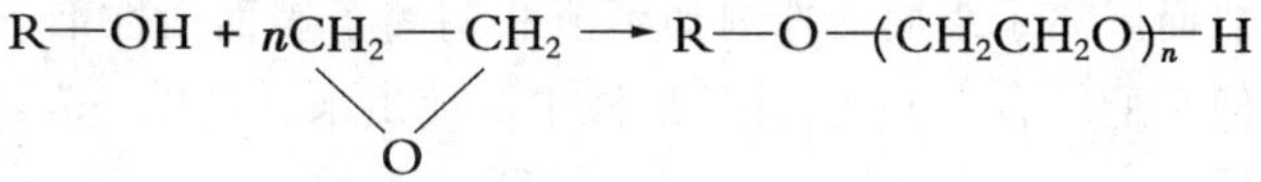

R 表示烷基,其链的长短决定其亲油性的大小,n 的大小决定其亲水性的大小,因此不同的 R 基及 n 值就构成了不同的表面活性。有的甚至再用硫酸处理构成了具有阴离子型的表面活性剂。以下为几种商品表面活性剂的结构:

商品名	化学名	结构式
平平加	聚氧乙烯十六烷基醇醚	$C_{16}H_{33}—O—(CH_2CH_2—O)_{25}H$
TX-6	聚氧乙烯壬烷基苯酚醚	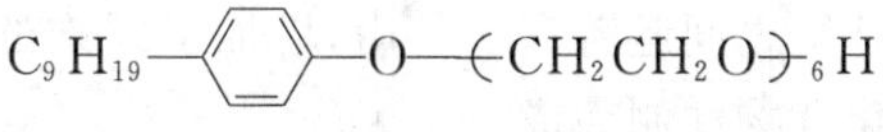
TX-10	聚氧乙烯壬烷基苯酚醚	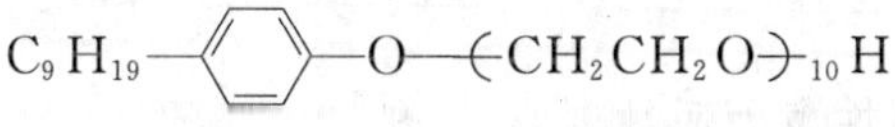
AES	聚氧乙烯十二烷基硫酸酯钠	$C_{12}H_{23}—O—(CH_2CH_2O)_nSO_3Na$

市售的洗洁精通常是由烷基苯磺酸钠(ABS)及聚氧乙烯十二烷基硫酸酯钠(AES)配成,总活性有效成分为 30%左右,其中还适当加些增泡剂如月桂酸乙二醇酰胺(俗称 6501)以增加其发泡性能。纯净的 ABS 及 AES 应该是无毒性的,因此洗洁精不仅可以用来洗涤餐具,还可以用来洗涤水果蔬菜等。为使洗洁精的使用起来方便一点,还在其中加入适量化学浆糊(CMC)以增加其黏度。判断洗洁精的好坏主

要看其活性有效成分的高低，以及 ABS 和 AES 的比例，而和黏度没有直接的关系。

6. 阳离子表面活性剂和消毒剂及纤维柔软剂

按照亲水基团的性质来分类的话，还有一类阳离子表面活性剂，那就是阳离子是亲水基团的季铵盐。在氮原子上接有 4 个基团，因此该氮原子带有正电荷。例如十六烷基三甲基氯化铵：

$$\begin{array}{c} CH_3 \\ | \\ CH_3(CH_2)_{14}CH_2—N^+—CH_3\ \ Cl^- \\ | \\ CH_3 \end{array}$$

这些阳离子表面活性剂虽然并不是很好的洗涤剂，但它们有灭菌作用。它们有时与非离子型表面活性剂一起使用，可以作为食品工业和乳制品生产中的清洁剂和消毒剂。然而阳离子表面活性剂却不能和阴离子表面活性剂一起使用，因为相反的电荷会使它们结合在一起，并从溶液中沉淀出来。这样一来，两种表面活性剂都失去了作用。

另一种季铵盐带有两个长碳链和两个较短的基团，如：

$$\begin{array}{c} CH_3 \\ | \\ CH_3(CH_2)_{16}CH_2—N^+—CH_3\ \ Cl^- \\ | \\ CH_3(CH_2)_{16}CH_2 \end{array}$$

这种化合物可以被纤维强烈地吸收，并在纤维表面上形成一层单分子层。其较长的碳链在纤维之间起着润滑作用，增加了纤维的柔软性。市场上的纤维柔软剂多数由此类化合物配制而成。

7. 两性表面活性剂

所谓两性表面活性剂是指在一个化学物质中，除了有一个亲油基团外，还有两个亲水基团，其中一个是阳离子，另一个是阴离子。从分子结构类分类，两性活性剂可分为 4 类：

(1) 甜菜碱型

$$\begin{array}{c} R \\ | \\ R—N^+—(CH_2)_n—COO^- \\ | \\ R \end{array}$$

（2）氨基酸型

$$\overset{+}{N}H_3-R-(CH_2)_n-COO^-$$

（3）咪唑啉型

（4）氧化氨型

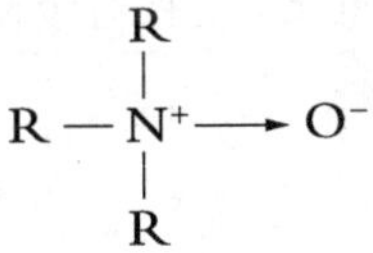

两性活性剂有如下的一些特点：

① 对水的硬度不敏感，所以在冷水，海水以及电解质溶液中依然有较好的去污力和发泡性。

② 其结构与蛋白质相似，所以对皮肤，毛发和眼睛的刺激很小，特别适宜于儿童用品。

③ 毒性低。

④ 生物降解度达 95%～100%，为绿色环保用品。

在实践应用中，将两性活性剂与其他活性剂配合使用，特别是与烷基糖苷配用，可以改变和调节它们的流变性，以达到可泵送性。用于香波和护肤霜具有低黏度，高储存稳定性，还有良好的钙皂分散性，为一般高档的化妆品中是不可缺少的原料。

三、吸 附 材 料

固体表面可以对气体或液体进行吸附的现象很早就为人们所发现，并在工业生产中利用这种性能。例如制糖工业中，用活性炭来处理糖液，以吸附其中杂质，从而得到洁白的产品，此种措施至少已有上百年的历史。我国劳动人民很早就知道新烧好的木炭有吸湿、吸臭的性能。在湖南长沙马王堆一号汉墓里就是用木炭作为防腐层和吸湿剂。这说明我国早在 2 000 多年前对吸附的应用已达到相当的水平。近几十年来吸附的应用范围越来越广，很多情况下利用吸附比采用其他方法更简便省事，而且往往产品质量较好。人们利用吸附回收少量的稀有金属，对混合物进行分离、提纯，回收溶剂，处理污水，净化空气以及实现吸附色谱等等。分子筛富氧就是利用某些分子筛(4A、5A、13X 等)优先吸附氮的性质，从而提高空气中氧的浓度。又如从天然气中回收汽油成分也采用吸附的办法。天然气基本上是低级脂肪烃的混合物,碳原子数越多的分子越容易被活性炭(或其他吸附剂)所吸附,因此,将天然气通过一定的吸附剂,被吸附的成分中主要是汽油,然后用过热水蒸气处理吸附剂,就可以将汽油成分提出来。又例如不少的工厂"废气",其中既有不少有害成分,但又夹杂着不少有用成分。对于有用成分必须予以回收,物尽其用。对于有害成分也必须除去。各种类型的吸附剂广泛应用于工业生产,吸附也已经成为重要的化工单元操作之一。在催化领域中关于吸附的研究和应用,对工农业生产和国民经济具有特殊的重要意义,没有对吸附的深入研究,很难设想会有今日石油化工如此蓬勃的发展。

1. 活性炭及净水器

经过特殊加工处理过的炭,具有多孔的结构,而且95%以上是极细微的小孔,孔径小于2nm(20Å)。因此,这种物质具有极大的表面积,定义1g物质所具表面积为比表面,则活性炭的比表面积可达800~1 000 $m^2 \cdot g^{-1}$。当固体表面与其他物质相接触时,会发生两种作用力。一种为物理作用力,称之为范德华作用力。另一种为化学作用力,由炭表面上的某些基团与附近物质形成了一定的化学键。这两种作用力均使炭呈现出对表面附近物质的吸引力而导致这些物质被固定在炭的表面上。这种现象称之为吸附。被吸附物质由于热运动的原因,也会发生解吸又称脱附现象,所以吸附和脱附是同时存在,在一定的条件下会达到平衡。达到吸附平衡后,炭表面上的被吸物的浓度不再变化。当某一条件改变后,平衡被破坏直至达到另一个新的平衡。

作为吸附剂的活性炭是利用果壳,如椰子壳、核桃壳、杏仁核、橄榄核等较为硬质的材料,经过120~130℃的干燥,然后在170℃以上进行炭化,使其中的有机物分解,直到400~600℃炭化完毕。由于炭化后,它的孔道是被杂物堵塞的,为此还需经历活化步骤以清除孔道中的杂物。活化是在高温炉中(750~950℃)通以水蒸气进行清扫。如此制得的炭称之为活性炭。它具有吸附量大,吸附速度快,又有较好的机械强度。

作为吸附剂的活性炭可以用于吸附有害物质,如防毒面具中就装入活性炭,当混有有毒物质的空气经过活性炭时就会被炭吸附,使空气得以净化。也可用于脱色,如甘蔗榨出的糖液是有色的,放入活性炭共煮后,糖液中的有色成分可以被活性炭吸收而使糖液澄清无色,再经过滤后制得的白糖就纯白无色了。目前家用的净水器大多也是以活性炭作为净化剂的。

净水器的功能有净化、矿化、磁化和消毒除菌4种,其中净化是由1个装有活性炭的吸附柱来完成的。通过活性炭的吸附除去水中有害的有机物及重金属离子。尽管活性炭对重金属离子的吸附能力较有机物差些，但经净化后的水中，汞、砷、镉、铅等含量均远低于国家规定的标准。水的色度、浓度、异味均较未净化前有较大的改善。

尽管活性炭有较大的吸附量，但总会有饱和的时候，因此，要适时更换净水器吸附柱中的活性炭，以免二次污染。换下的活性炭可以通过再活化处理以求"再生"。因此活性炭原则上是可以反复使用的。有些净水器，在净化部分后面接一自来水入口，当活性炭吸附接近饱和时，以自来水"反冲"，即通过倒流的水冲去被滤层阻隔的污物及细菌。这对延长吸附柱寿命有益。

活性炭的吸附速度虽然是很快的，但吸附过程也要求有一定的接触时间，因此净水器的流量必须根据吸附柱的容量而确定，流量太大则会来不及吸附而失去净化作用。一般家用净水器的速度为0.5～1 $L \cdot min^{-1}$。

2. 硅胶和干燥剂

二氧化硅（SiO_2）虽然是一个酸性氧化物，但它不溶于水。因此硅酸（H_4SiO_4）就无法用 SiO_2 与 H_2O 直接作用而制得。通常是用可溶性硅酸盐与酸作用而生成，如：

$$SiO_4^{4-} + 4H^+ \longrightarrow H_4SiO_4$$

硅酸是多种多样的，其组成随形成的条件而变，常以 $xSiO_2 \cdot yH_2O$ 来表示，在水溶液中生成时，开始主要是 H_4SiO_4，当放置或改变条件（加酸或其他电解质）时，就逐渐缩合，形成多硅酸的胶体溶液，也称硅酸溶胶，或者生成含水量较大，软而透明，有弹性的硅酸凝胶。据此可以制得一种吸附剂——硅胶。其制备过程大致是这样的：将适量的 Na_2SiO_3（偏硅酸钠）与酸混合，调节用量使生成的凝胶中含 8%～10%的 SiO_2，将凝胶静置 24h 进行所谓的老化，然后用热水洗去反应生成的盐。将洗净的凝胶在 160～170℃下烘干，并徐徐升温到 300℃，就得到了多孔性的硅胶。和活性炭类似，如此制得的硅胶具有多孔结构，因此也有较大的表面积可以起到良好的吸附作用。特别是对水有极好的吸附作用，吸湿率达到 30%以上，所以常用来作为干燥剂。常用的还有一种变色硅胶，它是将硅酸凝胶放入 $CoCl_2$（氯化钴）溶液浸泡，干燥活化后制得蓝色颗粒状硅胶。因为无水 $CoCl_2$ 为蓝色，而氯化钴的水合物$CoCl_2 \cdot 6H_2O$却是红色的，当硅胶吸水之后，其中的无水氯化钴就会逐步变成 $CoCl_2 \cdot 6H_2O$，从而使蓝色硅胶渐变为红色。所以根据变色硅胶中蓝变红的过程可以判断硅胶的吸水程度。硅胶全部变为红色后，即表明硅胶吸水已达饱和。此时必须更换新鲜的硅胶干燥剂。吸水饱和的硅胶可以很简单地在 120℃左右的温度下进行脱水再生，待硅胶全部变为深蓝色即告再生完毕，又可反复使用。由于变色硅胶的价格较贵，因此在大量使用硅胶的场合，也可以原色硅胶为主，中间夹掺一些变色硅胶以作为吸附是否已达饱和的指示。

硅胶作为干燥剂，使用十分方便。诸如食品工业中常在产品中放入一小袋硅胶，以防食品受潮变质。精密光学仪器的防潮如照相机等的保存也常用硅胶作为防潮剂。实验室中的干燥器底部常常也是放入硅胶作为干燥剂。

3. 沸石分子筛与择形吸附分离

自然界有一种矿石，化学成分为结晶的硅铝酸盐，当将它们加热时，会产生熔融并发生类似起泡沸腾的现象。人们称这类矿石为沸石或泡沸石。沸石的晶体中，有的会具有许多大小相同的“空腔”，“空腔”之间又有许多直径相同的孔道连着。有的则全部都是由直径相同的孔道所构成，这些孔道的直径大小与各种分子的大小是一个数量级的，因此，不同孔径的沸石就能筛分大小不一的分子，故又得名为“分子筛”。当然具有分子筛作用的不仅是沸石，还有微孔玻璃、炭分子筛、某些高聚物及无机物的薄膜等。也不是所有的沸石都有分子筛的功能，但习惯上常把沸石称作为分子筛。

自 1756 年发现第一种天然沸石(辉沸石)以来，已陆续发现有 36 种之多，其中主要的有斜菱沸石、毛沸石、丝光沸石、方沸石、菱沸石等。在对天然沸石进行系统研究之后，为得到纯净的沸石，人们开始致力于人工合成沸石。到 1954 年沸石的人工合成就工业化了。人工合成的沸石首先在化学工业中作为吸附剂，广泛用于干燥、净化或分离。20 世纪 60 年代开始，沸石又在催化剂和催化剂载体中崭露头角。目前人工合成的沸石已超过百种，常用的有 A 型、Y 型、X 型、M 型和 ZSM 型等。

沸石是结晶型的硅铝酸盐，它的化学组成式为：

$$M_{2/n}O \cdot Al_2O_3 \cdot xSiO_2 \cdot yH_2O$$

式中 M 为金属离子，n 为金属离子的价数，x 和 y 为倍数。

沸石的基本结构单元为硅氧四面体和铝氧四面体；

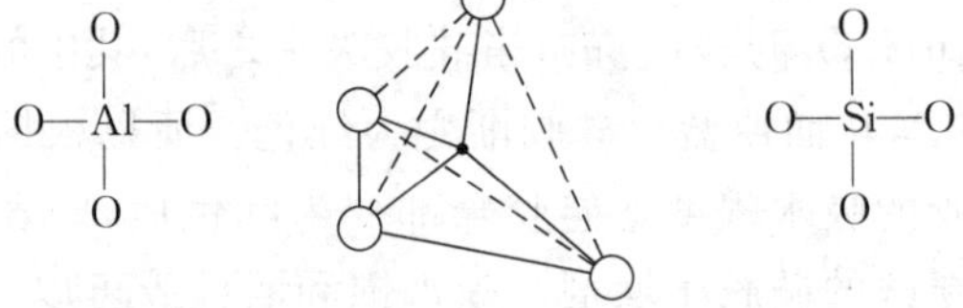

几个四面体相连构成环状结构，如由 4 个四面体可构成四元环，以此类推有五元环，六元环，八元环，十二元环等。

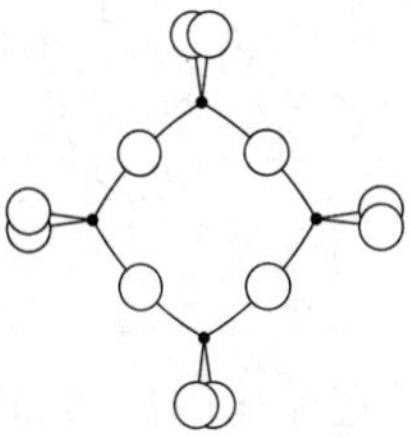

四元环

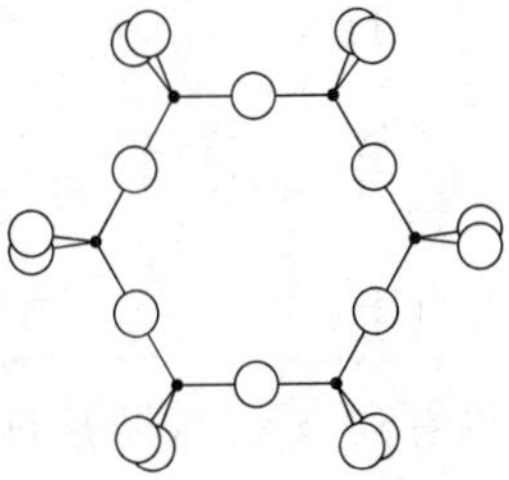

六元环

各种环围成的孔径各异，由构成环的四面体数目决定，再通过氧桥，把各种环连接起来，构成三维空间的多面体而形成孔腔，习惯上称它为笼。常见的有四方笼，六方柱笼，β 笼，α 笼等。

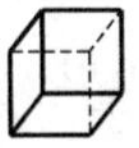

四方笼

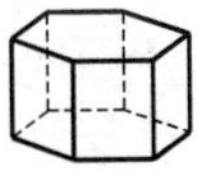

六方柱笼

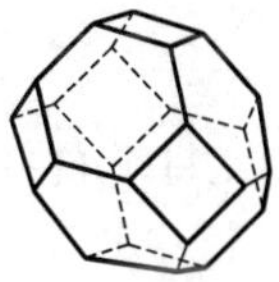

β 笼

如此连接而成的结构，看上去就似乎由无数条孔道相互沟通，中间还会出现空穴（笼）。这种孔道与空穴的尺寸又是与分子尺寸接近，因此就有筛分分子的作用。如八元环构成的孔道直径为 0.42～0.45nm，十二元环构成的孔道直径为0.8～0.9nm。

由于铝是三价的，构成四面体后，电荷不平衡，因此在沸石中必须另有阳离子存在而使整个沸石电荷平衡，而这种阳离子并不进入晶体结构，因此很容易被交换下来。制备时，起始阳离子常为钠离子，通过交换可以制得其他金属离子的沸石。

A 型沸石分子筛的孔道由八元环组成，因此孔径较小，如 NaA 型为 0.3nm，KA 型为 0.4nm，CaA 型为 0.5nm 左右，H_2O 分子的直径小于这些孔径，因此，H_2O 分子可自由进入孔道和空穴并被吸附，这就是 A 型沸石作为吸附干燥剂的原理。

X 型、Y 型、M 型的沸石主要是由十二元环组成孔道，孔径在0.8～1.0nm 之间，大部分化合物的分子可以进入。因此，其筛分作用就不明显。直到 20 世纪 70 年代由美国 Mobil 公司开发的 ZSM 型沸石问世，沸石分子筛才真正进入到筛分分子的角色，因为 ZSM 沸石是由十元环构成的孔道，其孔径在 0.55nm 左右。因此，对分子的尺寸大小就比较敏感。如二甲苯的异构体有对、间、邻 3 种：

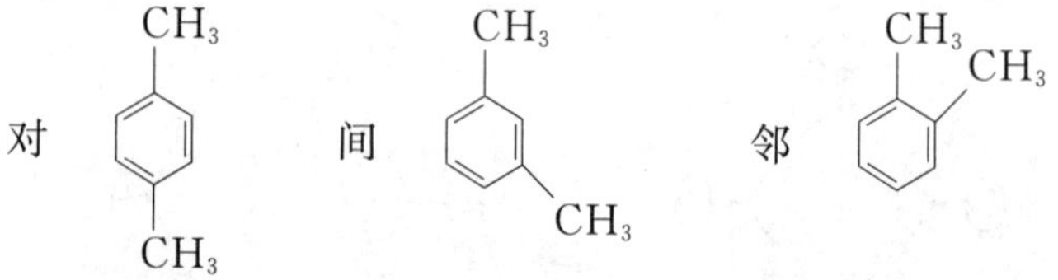

从形状上我们可以看到，对二甲苯是直形的，分子直径比间位和邻位二甲苯要小一些，而就是这个差别，使间位和邻位二甲苯，不能通过 ZSM 型沸石的孔道。因此当我们把混二甲苯通过 ZSM 型沸石时，利用它对对二甲苯的吸附作用，就可以将其从混合物中分离出来。这就是择形吸附分离。利用这种形状选择性，用沸石作为催化剂或者载体则可以收到择性催化的效果。例如以 ZMS 型沸石作为催化剂基质来进行甲苯-甲醇反应：

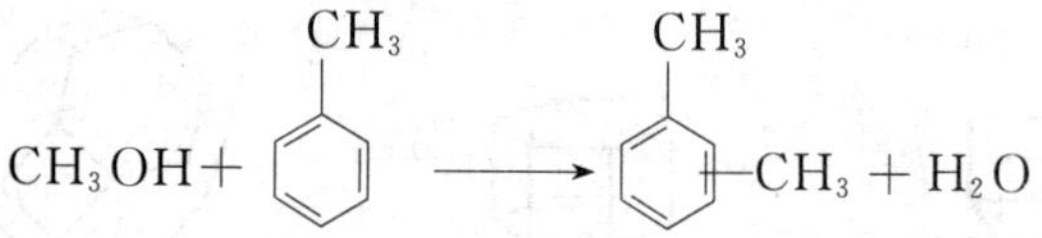

在反应中应该生成含有对、间、邻位的二甲苯混合物，可是，孔道只允许对位的二甲苯通过，因此产物中就只含有对二甲苯了。

沸石作为一种新型的吸附或催化材料，正在受到人们的重视，各种新型的沸石也正在不断地被合成出来，相信这种材料将会有更广阔的应用前景。

4. 高分子吸水材料

高吸水性树脂就是一种新型的功能高分子材料，它具有优异的吸水、保水功能，可吸收自身重量几百倍、上千倍，最高可以达到 5 300 倍的水，即使挤压也很难脱水，被冠以“超级吸附剂”的桂冠。

高吸水性树脂的种类很多，所用原料及工艺方法也各不相同。主要类型有聚丙烯酸酯类、聚乙烯醇类、醋酸乙烯共聚物类、聚氨酯类、聚环氧乙烷类、淀粉接枝共聚物类等，此外还有与橡胶共混的复合性吸水材料。在上述各种类型中，研究开发较多的为聚丙烯酸酯类。该树脂系以丙烯酸和烧碱为主要原料，采用逆向聚合法而制得。由于工艺较为简单，易于操作，制得的树脂吸水率高，生产成本较低，因此发展非常迅速。

高吸水性树脂是一种白色或微黄色、无毒无味的中性小颗粒。它与海绵、纱布、脱脂棉等吸水材料的物理吸水性不同，是通过化学作用吸水的。所以树脂一旦吸水成为膨胀的凝胶体，即使在机械力作用下也很难脱水。

因此可用作农业、园林、苗木移植用保水剂、化学试剂脱水剂、尿不湿以及妇女卫生巾等场合。在蔬菜，花卉的种植中，预先在土壤中撒千分之几的高吸水性树脂，可使蔬菜长势旺盛，增加产量。在植树造林中，如果将刚出土的苗木用高吸水性树脂的水凝胶液进行保水处理，其成活率可显著提高。

这种吸水材料放入欲脱水的化学试剂中可使试剂脱水，却不与试剂发生化学反应。它吸收试剂中的水分后，变成一种凝胶状的物质，并可被分离出来，烘干后可重复使用。

高吸水性树脂可代替医用药棉，加工成妇女卫生巾、婴幼儿纸尿布、纸手帕以及纸餐巾等。

高吸水性树脂最早是在1978年首先在日本三洋化成公司正式投入工业化生产和应用的，目前，全世界高吸水性树脂的总生产能力已经超过130万吨/年。我国从20世纪80年代末期开始进行高吸水性树脂的研究开发工作，目前总生产能力约为1万吨/年。我国高吸水性树脂的消费量约为2.0万吨/年，其中个人卫生用品（卫生巾、婴儿纸尿布等）消费量最大，其次是农林和其他方面。

四、硅酸盐材料

人类生活离不开衣食住行，生活质量的高低与这四大要素密切相关。其中居住条件的改善更是人们为之努力奋斗的目标之一。而建筑材料是建筑中的关键之一。几乎所有的建筑材料都与化学有关。

1. 玻璃

玻璃(glass)是生活中最常用的材料之一，在采光，隔热和装饰中被大量采用。玻璃是无定形硅酸盐的混合物，它的基本结构为硅氧四面体：

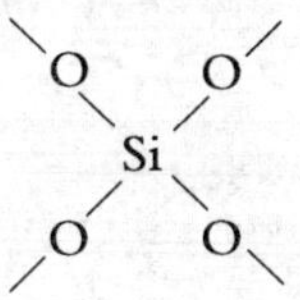

排列上杂乱无章，是一种无定形结构。因此，玻璃没有固定熔点，而在一定的温度范围内会软化。处于软化状态的玻璃可以吹制或轧制成任何形状（见

图 5.12)。

图 5.12　玻璃窗、玻璃茶具

普通玻璃为钠玻璃,是以砂、碳酸钠和碳酸钙共熔而制成。反应如下:

$$Na_2CO_3 + CaCO_3 + 6SiO_2 = Na_2CaSi_6O_{14} + 2CO_2$$

所得产物虽然以 $Na_2CaSi_6O_{14}$ 或 $Na_2O\ CaO\ 6SiO_2$ 来表示,但玻璃实际上是一种组成不确定的硅酸盐的混合物。玻璃中的 SiO_2 的成分愈高,就愈耐高温。如,石英(quartz)玻璃中 SiO_2 的含量超过 80%,所以就特别耐高温。再添加一点三氧化二硼(B_2O_3),就可降低它的热膨胀系数,因而它就不会因骤冷或骤热而破裂(见图 5.13)。

图 5.13　石英玻璃

还有一些玻璃是为特殊用途而制备的,在普通玻璃的配方中加入一些特殊成分就构成了所谓的特种玻璃。若在玻璃中以钾取代钠,则可得到熔点较高和较耐化学作用的钾玻璃。这种玻璃多用于制造耐高温的化学玻璃仪器，如燃烧管，高温反应器等。如果同时将钠玻璃中的钙以铅代替，则可制得有高折光性和高比重的钾-铅玻璃，这就是光学玻璃的原料，也是用于雕刻艺术的车料玻璃。

生活中我们常看到五彩缤纷的彩色玻璃(见图 5.14)，这是在制造玻璃时，加入少量有颜色的金属化合物而制得的(见表 5.3)。

表 5.3　彩色玻璃的添加物

加入物	颜色
氧化铜(CuO)或氧化铬(Cr_2O_3)	绿色
氧化钴(Co_2O_3)	蓝色
氧化亚铜(Cu_2O)	红色
二氧化锰(MnO_2)	紫色
氧化锡(SnO_2)或氟化钙(CaF_2)	乳白色
硅酸亚铁(Fe_2SiO_4)(量多) (量少)	黑色 暗绿色

图 5.14　彩色玻璃幕墙

现在有一种眼镜的镜片会变色，戴着它在室外阳光下行走时，它是一副墨镜，回到室内它又变成了一副亮镜。这又是怎么回事呢？其实，这是在镜片玻璃制造中加入了卤化银($AgCl$ 或 $AgBr$)并进行适当的热处理后制得的变色眼镜。当阳光照到玻璃上，卤化银分解，银原子聚集成较大的银粒，使玻璃变黑(实际是深棕色)能挡住 80%～90%的光线；一旦强光消失，卤素与银又化合为卤化银，玻璃便自动褪色，又恢复了透明度。

普通玻璃，因为含有较多的钠，所以它不耐碱。用玻璃瓶盛碱性物质也会使玻璃瓶因腐蚀而失去透明度，特别是磨口玻璃瓶和玻璃活塞是不允许与碱性物质长期接触，否则，磨口部分就会因腐蚀而被“咬住”。

在玻璃表面上进行镀层处理，可以得到许多装饰性玻璃，最常见的就是镀银制镜（见图5.15）。它是利用还原剂和银氨络合离子反应而析出银，这就是银镜反应。常用含有醛基的葡萄糖作为还原剂。其化学反应如下：

$$银离子 + 氨水 \rightleftharpoons Ag(NH_3)_2OH$$

$$2Ag(NH_3)_2OH + RCHO \longrightarrow 2Ag\downarrow + RCOONH_4 + 3NH_3 + H_2O$$

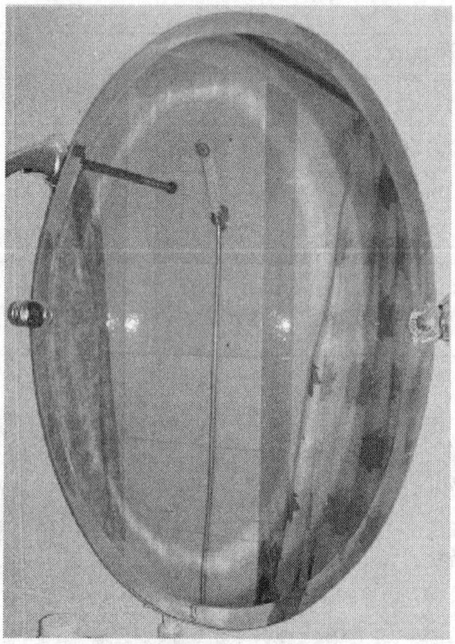

图5.15　镜子

氢氟酸（HF）对玻璃有腐蚀作用，因为会发生如下的反应：

$$SiO_2 + 6HF \longrightarrow H_2SiF_6 + 2H_2O$$

可以利用这种腐蚀作用，将玻璃的一面腐蚀成不透明，制成所谓的毛玻璃，也可利用氢氰酸来进行刻蚀玻璃而制成各种工艺品。

2. 水泥

水泥（见图5.16）是最常用的建材，城市建筑物和道路使用大量的水泥。普通水泥也称“波特兰”水泥，旧时也称“水门汀”，这是由英文（Cement）音译而来。

图 5.16　水泥建筑物

水泥的主要成分为硅酸三钙，由石灰石($CaCO_3$)和黏土(主要成分为 $SiO_2 \cdot xAl_2O_3$)制备而成。制备过程中的主要反应如下(见图 5.17)：

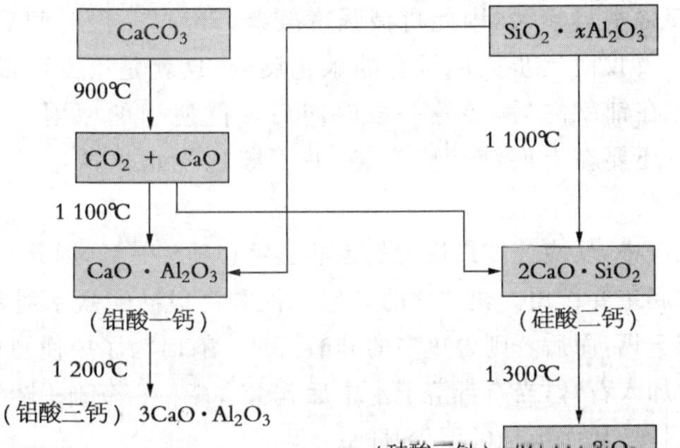

图 5.17　水泥制备流程示意图

可以看出水泥实际上是一个复杂的混合物，水泥加适量的水调合成浆经过一段时间后，便会凝固硬化。水泥的硬化过程可以分为两个阶段，第一阶段是从具有可塑性和流动性的水泥浆变成非流动性，并丧失可塑性。这个凝结阶段尚不具有强度。第二阶段才是真正的硬化而获得机械强度。硬化理论众说纷纭，下面是其中的一说：

硅酸盐水泥的主要成分硅酸三钙，在加水后产生水化反应：

$$3CaO \cdot SiO_2 + 2H_2O \longrightarrow 2CaO \cdot SiO_2 \cdot H_2O + Ca(OH)_2$$

而水泥中其他成分也有水化反应：

$$2CaO \cdot SiO_2 + H_2O \longrightarrow 2CaO \cdot SiO_2 \cdot H_2O$$

$$3CaO \cdot Al_2O_3 + 6H_2O \longrightarrow 3CaO \cdot Al_2O_3 \cdot 6H_2O$$

水化铝酸三钙又和硅酸三钙水解时产生的氢氧化钙结合成为水化铝酸四钙($4CaO \cdot Al_2O_3 \cdot 12H_2O$)。

硅酸三钙水解时所得的水化硅酸二钙在水中是不溶解的，但同一反应所生成的氢氧化钙就很容易溶解。溶解饱和后便析出胶体的氢氧化钙，使水化硅酸二钙和水化铝酸三钙变为凝胶状胶体。正是由于这些胶体赋予了水泥一定的黏性，并具有较大的可塑性。水泥的颗粒虽小，开始和水反应只是在颗粒表面进行。在水泥颗粒周围形成的凝胶外膜，造成了颗粒内水化反应的困难，此时由于凝胶含水量较大，因此机械强度较差。经过一段时间后，凝胶中的水分被颗粒内部吸收而逐步完成所有的水化反应，这就是第二阶段的硬化过程。这也就是水泥在铺就之后，要等一段时间后才能使用的原因。有时你还会看到水泥铺就后还要在上面铺一些麻袋，并不断地浇水。这也是为了让水化反应完成得彻底些。

在水化反应中，反应速度最快的是铝酸三钙和硅酸三钙，因此它们的含量对水泥的硬化速度起主要作用。快硬化的高铝水泥和高级硅酸盐水泥，就是因为前者含更多的铝酸三钙，而后者则含更多的硅酸三钙。有时为了要使硬化时间长一些，就会在水泥中加入石膏，当石膏溶于水中后就会和铝酸三钙作用生成难溶的铝硫酸钙，使凝胶迟慢，从而延长了硬化时间。

3. 砖瓦与陶瓷

身价百倍的艺术陶瓷和普通造房用的砖瓦在化学构造上是一家人。它们都是以黏土为原料而制备的，主要成分是高岭土($Al_2O_3 \cdot 2SiO_2 \cdot H_2O$)。

砖瓦的黏土，杂质含量较高。砖分青砖和红砖就是因为其中铁的价数不同。砖窑通常是隔绝空气的，处于还原性的气氛中。当烧窑将近完成时，如果用淋水的办法来降温，砖瓦中的铁为 Fe^{2+}，砖呈青色。如果开窑顶降温，则空气进入窑内，

铁氧化为 Fe^{3+}，砖瓦就成了红色(见图 5.18)。

图 5.18　砖与瓦

陶瓷是陶器和瓷器的总称(见图 5.19)。由于使用的原料是比较纯净的黏土，所以产品的质量和外观都要好得多。江西景德镇的瓷器之所以出名，就是它们的原料是极纯的高岭土。几千年前，人类就学会了陶瓷的烧制。西安著名的兵马俑就是陶俑。陶瓷除了作为建材、艺术品之外，还在电子工业上得到了应用，那就是压电陶瓷。利用陶瓷结构上的特点，在加压后会产生电场，例如，打火机的点火装置就是压电陶瓷。反过来，在陶瓷上加一个电场，则陶瓷会产生形变。

图 5.19　陶器与瓷器

五、金属材料及其防腐

金属材料以其优异的性能为人类社会的进步作出了巨大的贡献，同时也大大地提高了人类生活的质量。然而，金属材料容易被腐蚀，人们在大量使用金属材料的同时，也不断创造出各种方法去防止金属的被腐蚀。

1. 金属与合金

金属是人类最早使用的材料，也是目前使用得最多的材料。它可分为黑色金属和有色金属两大类。前者包括铁、铬、锰及其合金，余下的金属及其合金皆为有色金属。

图 5.20　钢铁产品

金属材料具有的优异特性，如金属的硬度和导电性是人类选用金属材料的主要原因。而这些特性完全取决于它们的化学性质。

（1）硬度

为了比较硬度，将自然界中硬度最高的金刚石的硬度规定为 10，表 5.4 列出了一些常见金属的硬度：

表 5.4　常见金属的硬度

金属	铬（Cr）	钨（W）	铁（Fe）	铜（Cu）	铝（Al）	镁（Mg）	钠（Na）
硬度	9	7	4～5	3	2.9	2.1	0.4

从表 5.4 可以看出，同为第三周期的钠和铝，其硬度大相径庭。钠用小刀就可以把它切开，而铝则相对较硬。这是因为，钠的原子半径大，铝的原子半径较小，铝的原子间的堆积密度就高，所以硬度就比钠高。

（2）导电性

金属原子是通过金属键相互结合的。这种键的特点之一就是存在着一些自由电子，即它们不固定在某一个原子，而是属于所有金属原子共享的。正是由于这种自由电子的存在，只要在金属上加上电场，这些自由电子就会顺电场而流动，因此几乎所有的金属都具有导电性。同样的道理，自由电子的浓度越高，导电性就越强。所以，导电性是 Ag >Al>Fe。

尽管金属铁曾经给人类带来过辉煌，然而人们现在更喜欢使用的是其掺碳合金——钢(见图 5.20)，以及掺有其他金属的合金钢(见图 5.21，见表 5.5)。

表 5.5　合金钢的成分及性质

合金钢	成　分	性　能	应　用
普通钢	含碳 (0.03%～2.11%)	坚韧，稍有弹性	通用材料
锰钢	含碳外， 含锰 11%～14%	坚而质轻，可被磁铁吸引	车架等
钨钢	含碳外，含钨 5.5%～6.75%	极坚硬，耐高温	车床切削刀具
不锈钢	含碳外，含镍 0.5%～8%，铬 12%～30%	不锈，耐酸碱腐蚀	防锈及装饰

图 5.21　不锈钢制品

合金之所以会具有这些特殊的性质也和金属的结构有关(见表 5.6)。在纯金属中所有原子的大小都是一样的，而在合金中，由于加入了大小不同的原子，它们改变了原金属中极为规整的层状结构。于是层间的滑动变得困难，合金的强度也就增加了。而这种原子间作用力的变化，还带给一些合金另一个特性，那就是熔点的变化。例如纯铅的熔点是 327℃，纯锡的熔点是 232℃。但是有一种焊条是由含 63%锡和 37%铅的合金制成的，熔点只有 181℃，比两者都低，使焊接变得更容易。

用于保护电器的保险丝的成分也是低熔合金(见图 5.22、见图 5.23),当电流过大时,因发热而将保险丝熔断,以及时切断电源。

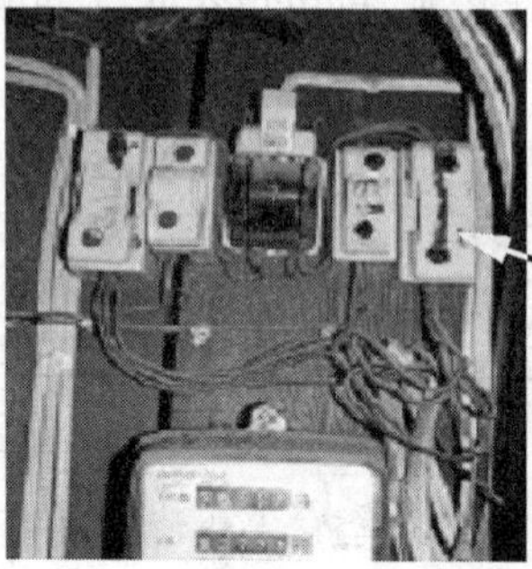

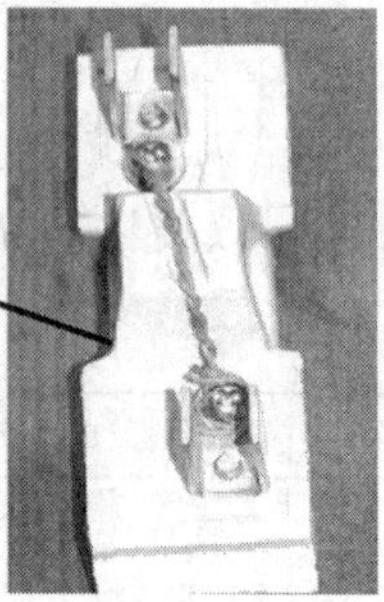

图 5.22　电器里的保险丝是低熔合金

表 5.6　常见合金

合　金	元　素	性　质	用　途
黄铜	铜、锌	牢固 抗腐蚀 有光泽	乐器 水龙头 珠宝装饰品
青铜	铜、锡	坚硬 抗腐蚀	潜艇配件 螺钉 烤架
不锈钢	铁、碳、镍、铬	牢固 耐腐蚀	餐具 厨具 医疗器械
碳素钢	铁、碳	价廉 牢固	工具 汽车车身 机械 钢梁
管道焊条	铅、锡	熔点低	金属管道的封口和堵漏
银币合金	银、铜	光亮 比纯银硬	珠宝 餐具
补牙汞齐	汞、银、锡、铜、锌	熔点低 易成形	补牙填充物
白镴(锡铅合金)	铅、锑、铜、锡	光亮 不变暗	餐具 装饰物品
武德合金	铋、铅、锡、镉	熔点低	保险丝 防火自动喷淋器

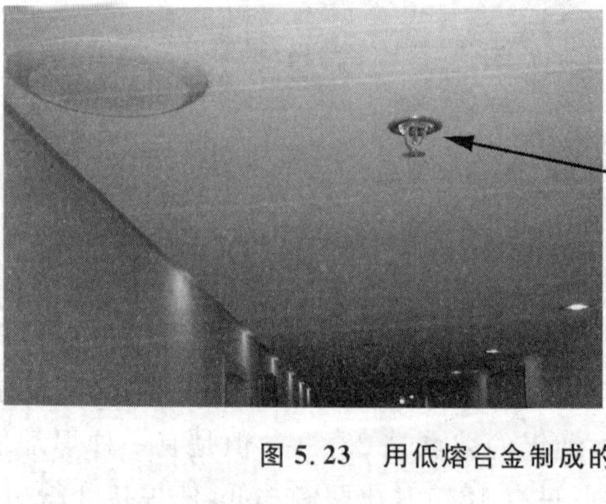

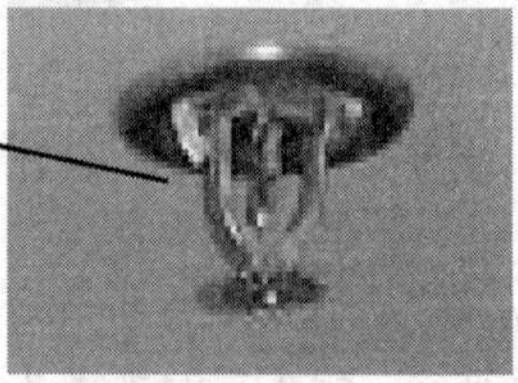

图 5.23　用低熔合金制成的自动喷淋头

2. 金属的防腐

1995 年 5 月广州海印桥的一根百米长的拉索因锈蚀而断裂，产生了严重的后果。生活中我们经常看到锈迹斑斑的金属(见图 5.24)，全世界每年因腐蚀而损失的金属占总产量的 10%以上。因此，材料的众多优秀性能和它的被腐蚀，始终是一对矛盾。在使用金属材料的同时，一定要注意防止它的被腐蚀。

图 5.24　锈迹斑斑的铁管

生活经验告诉我们，在干燥的气氛里，钢铁材料不易生锈，而在潮湿的气氛里极易生锈。这是因为在潮湿的空气中，钢铁表面会吸附一层水膜。通常，因二氧化碳的溶入，水膜呈微酸性，这等于在钢铁的表面上布了一层电解质溶液。钢铁中含有少量的碳，在铁和碳之间形成了无数个微小原电池。铁充当负极，碳为正极，于是铁不断地溶解而形成铁离子，溶液中的氢离子被还原成氢气，铁被腐蚀。这就是电化学腐蚀。

$Fe - 2e \longrightarrow Fe^{2+}$　　负极

$2H^{+} + 2e \longrightarrow H_2$　　正极

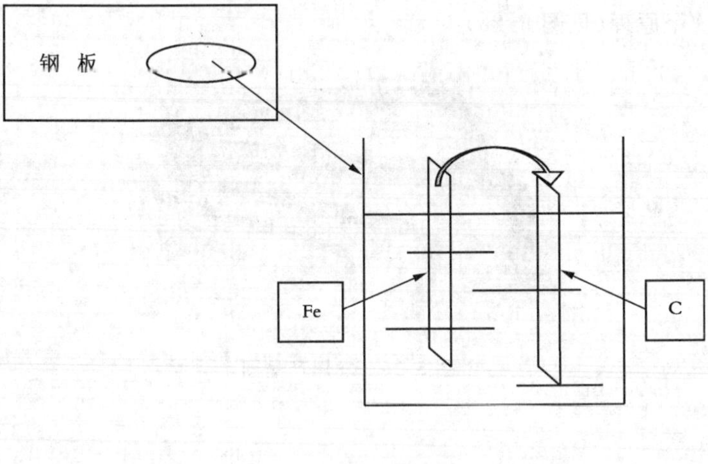

大部分金属都是因这种电化学的原因而被腐蚀。由于有氢气的析出，这种腐蚀也被称作为析氢腐蚀。

根据电化学腐蚀的原理，人们采用下列方法来防止金属的腐蚀：

1）表面涂层：表面上实施涂漆、涂搪瓷、涂塑等均能保护金属材料不被腐蚀（见图 5.25）。这是因为这些涂层阻止了金属和空气中的氧接触，从而防止了金属的腐蚀。

图 5.25　搪瓷锅

2）使金属表面形成一层致密层以阻止氧的渗入。例如，铝的表面氧化后会形成一层极为致密的保护层，结果是内部的铝不再被氧化。有时对铝制品进行阳极氧化处理，有意识地制造一层保护层。同时因为这层氧化物是含孔物质，所以还可以着色。铁与氧作用后生成的铁锈却是呈疏松状态，不能阻止进一步氧化。但是如果把铁器放在加热的亚硝酸钠的溶液中，就可以使铁器的表面形成一层极为致密的四氧化三铁保护层，这种方法也被称作表面钝化法。钢铁制品的发蓝和发黑就是根据这个原理（见图 5.26）。

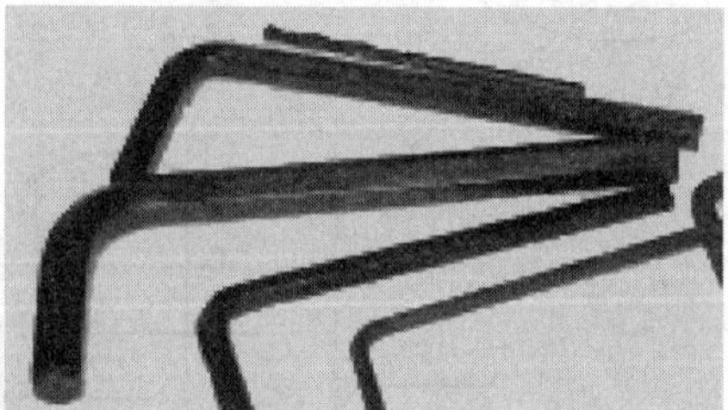

图 5.26　发黑产品图

3）在金属表面镀上一层能形成致密保护层的金属，也能起到防止腐蚀的效果。例如：镀锌的白铁皮，镀锡的马口铁。

4）牺牲阳极法。此法常应用在大型的钢铁制品上，例如，轮船、地下管道、闸门、贮罐等设备。在轮船的钢板上贴上几块活泼金属，就能使钢板不受腐蚀。这是因为，若在腐蚀环境中，这些活泼金属首先被腐蚀，同时它们把氧化过程中所释放的电子给了钢板，抑制了钢板失电子反应，也就抑制了腐蚀。

图 5.27 是采用锌片来保护贮罐的示意图。锌板先于铁而被腐蚀，其释放出来的电子给了铁，从而避免了铁的氧化。

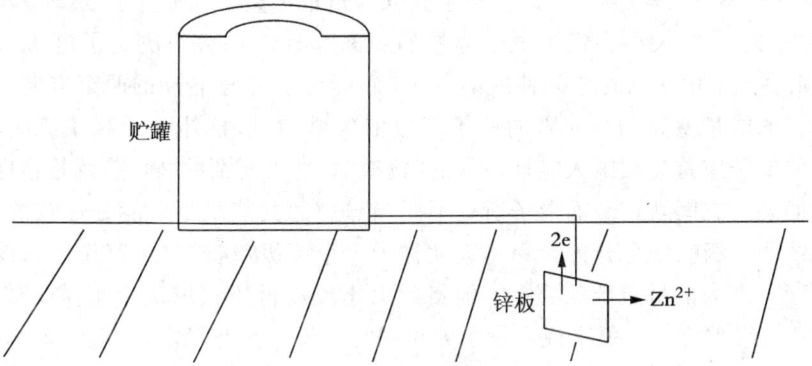

图 5.27　牺牲阳极保护贮罐的示意图

六、半导体和超导体材料

以导电性能来划分物质时，我们可以将其分为导体、绝缘体和半导体。近年来对超导体的研究有了突破性进展后，又多了一类具有特殊导电性能的物质。为了了解物质的导电性能，我们首先要了解原子和分子结构以及它的核外电子的运动情况。

1. 电子云和原子轨道

如众所知，宏观物体如绕太阳运动的地球、行驶着的火车、发射的炮弹等都是沿着一定的轨道运动的。然而微观的电子，具有波粒二象性。它在核外的运动并不像宏观物体那样，沿着固定的轨道运动。量子力学研究的结果告诉我们，不可能同时准确地测定一个核外电子的动量和位置。也就是说不能同时确切地了解电子在某一瞬间在核外空间所处的位置和运动速度。但是我们能用统计的方法来判断电子在核外空间某一区域内出现机会的多少，数学上称之为几率。对于氢原子核

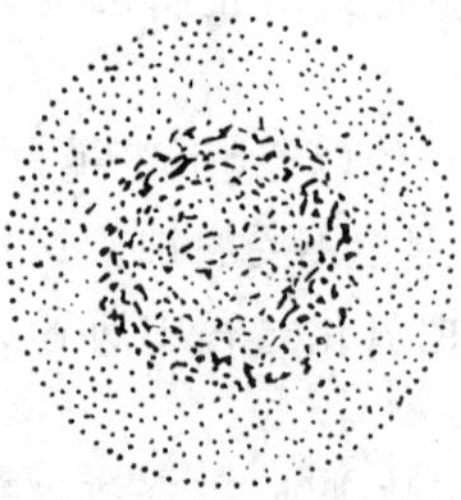

图 5.28　氢原子电子云

外的一个电子来说，它在核外一个球形区域内经常出现（如图 5.28），由图 5.28 可见，离核愈近，小黑点愈密，离核愈远则小黑点愈稀疏。这些密密麻麻的小黑点像一团带负电荷的云，把整个原子核包围起来，所以就形象化地称其为电子云。处于不同状态下的电子具有不同的电子云图，各显示其运动状态。如有 s 电子云，p 电子云，d 电子云，f 电子云等。

电子在原子中所处状态由 4 个量子数来决定。即主量子数（n），角量子数（l），磁量子数（m_l）及自旋量子数（m_s）。n 的大小决定了电子离核的距离远近，l 的大小决定了电子云的形状，m_l 则决定了电子云在空间伸展的方向，而 m_s 决定电子转动的两个方向。离核愈远电子的能量愈高。当元素的原子序数依次增加时，核外电子数亦依次增加。但增加的电子应首先被纳入能量最低的“轨道”。这里所谓的“轨道”就是指电子可能运动的某一空间轨迹。而电子所处不同“轨道”时其能量不可能是任意的，而是由不连续的一级一级分开的。每一级就称为一个能级，这样电子首先进入能量最低的能级。因为能量愈低愈稳定。能量的大小或高低不仅取决于主量子数 n，角量子数 l 也很重要。一般来说主量子数相同时 s 态比 p 态稳定，p 态比 d 态稳定。但当主量子数较大时，情形就比较复杂。如 $n=4$ 的电子应比 $n=3$ 的电子能量大，但实际上 $4s$ 态比 $3d$ 态就更稳定。同样 $5s$ 态的电子比 $4d$ 态的电子稳定。每个能级所能容纳的电子数目是有限制的，这可根据量子数及泡利不相容原理来计算。如第一层只能有 2 个电子，第二层为 8 个电子，第三层为 18 个电子……

2. 能带理论

一个固体物质中有许许多多的原子，它们的电子运动的轨道发生重叠，尤其是外层轨道重叠尤为重要。由于这种重叠作用，电子就不再局限于在一个原子内运动，而是在整个固体中运动，这种现象称之为电子的共有化现象。然而，重叠的外层电子也只能在相应的轨道之间转移和运动。例如 $3s$ 轨道引起 $3s$ 的共有化，$2p$ 则引起 $2p$ 轨道共有化。根据微观粒子应服从量子力学规律的特点，这种共有化的结果必然会引起能级的分裂。原来的每一个能级通过核与核、核与电子、电子与电子的相互作用，劈裂成许多不同的但彼此十分相近的能级，其数目与固体中的原子数相等。这些能级彼此非常接近，形成紧密的能带。例如有 N 个原子的 $3s$ 能级形成 $3s$ 能带，其中包括 N 个 $3s$ 共有化能级。每一个共有化能级对应于一个共有化轨道。根据泡利原理每个能级只能容纳 2 个电子，因此 $3s$ 能带能容纳 $2N$ 个电子。同样，$2p$ 能带包括 $2N$ 个共有化电子能级。每个能级对应于 3 个共有化轨道，因此可容纳 $6N$ 个电子。而如图 5.29 所示，$3s$ 能带与 $2p$ 能带之间有一个空白区，其中没有任何能级，故电子无法进入该区。这个区域称之为禁带。

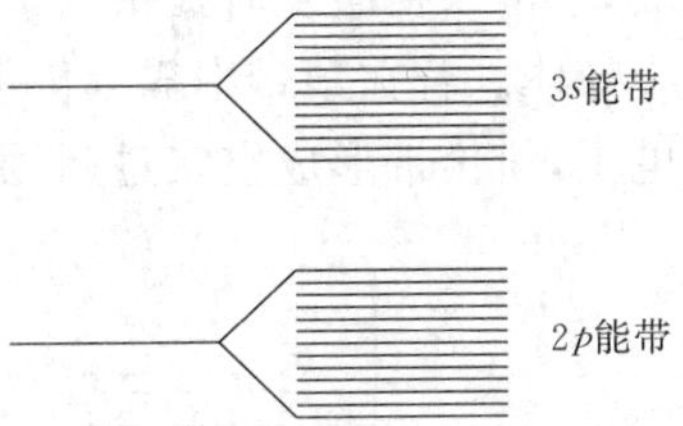

图 5.29　能带示意图

在正常情况下，电子总是首先填满能量最低的能级，因此这种分裂的能级在固体中形成了两个部分。下面一部分密集的能级组成一个带，通常是充满或部分充满价电子，所以该带也称为满带或者价带。上面一部分密集的能带也组成一个带，在通常情况下往往不存在电子，称为空带。只有在受激发的情况下才有电子进入，而这种激发态的电子使固体具有导电能力，故此带又称为导带。图 5.30 显示了固体材料的几种能带分布状况。

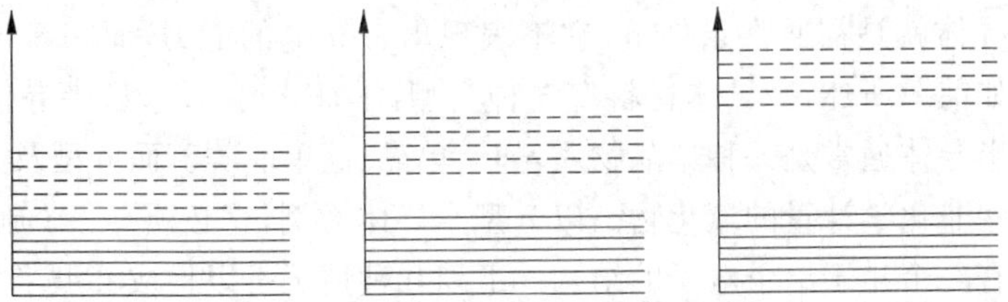

(a) 金属　　(b) 半导体　　(c) 绝缘体

图 5.30　能带的几种情况

图 5.30 中的(a)为金属材料的例子，价带与导带紧挨在一起，电子可自由活动于两个带中。在电场的作用下，这些电子依次运动就产生了电流，故金属是良导体，电阻特别小。(c)是绝缘体的例子，禁带特别宽，在一般的情况下，价带的电子无法进入导带，因此即使有电场存在也无导电作用。而(b)则为本征半导体的例子。价电子充满于价带，导带中没有电子。然而在能量的激发下，价带中的部分电子会跃迁到导带中，使导带由于有了自由电子而获得导电能力，并称为 n 型导电。同时满带中由于失去了部分电子而留下了空穴，使价带呈正电荷过剩。这种空穴在电场作用下也会移动，因而也构成了导电能力。然而这种导电是由带正电荷的空穴引起，所以也称为 p 型导电。可见本征半导体的特点是，禁带宽度较窄(0.2～3eV)，一经激发同时具有 n 型和 p 型导电能力。

绝缘体之所以不能导电，是因为其禁带宽度较大(5～10eV)，难以使价带中电子激发为导带的自由电子。然而人为地在禁带中造成某一个能级，使其电子的跃迁易于实现，那么也可构成半导体。如图5.31(a)所示，若在导带附近有一个施主能级,它可以在激发时提供电子使其跃迁到导带形成自由电子,那么这就形成了 n 型半导体。若在禁带中靠近价带处有一受主能级,它可以在激发时接受来自价带的电子,使价带形成空穴过剩,那么就形成了 p 型半导体,如图 5.31(b)所示。

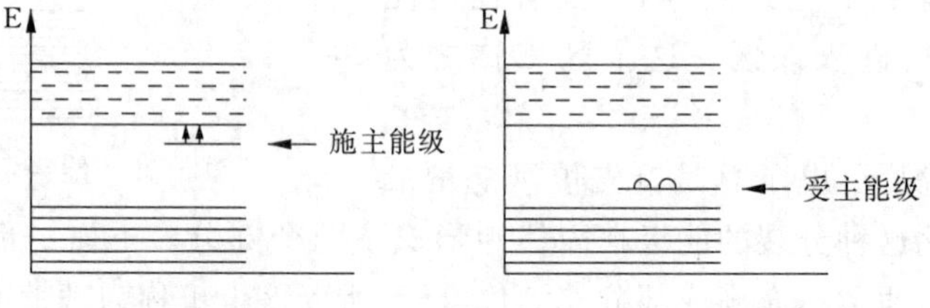

(a) n型半导体　　(b) p型半导体

图 5.31　半导体形成示意图

3. 半导体

所谓半导体就是在通常条件下,它不表现出有导电的能力,而在激发时能具有导电能力。如前节所述,半导体材料有 3 种类型,本征半导体、n 型半导体及 p 型半导体。本征半导体通常是一种单晶物质,如锗单晶、硅单晶等。而 n 型及 p 型半导体通常都是一些非化学计量的氧化物。以 n 型半导体为例,它必须有一个施主能级,也就是说它要有一个易于给予电子的结构。下列几种情况可以构成 n 型半导体:

(1) 正离子过剩

以 ZnO 为例,规整的 ZnO 晶体是绝缘体,然而在制备 ZnO 时难免在晶格中有过量的 Zn。如在还原条件下或热分解情况下常有过剩 Zn 出现。

$$ZnO + H_2 \longrightarrow Zn + H_2O$$

$$ZnO \longrightarrow Zn + 1/2O_2$$

这些过量的 Zn 原子往往出现在晶体晶格的间隙中,如图 5.32 所示。

$$\begin{matrix} Zn^{2+} & O^{2-} & Zn^{2+} & O^{2-} & Zn^{2+} & O^{2-} \\ O^{2-} & Zn^{2+} & O^{2-} & Zn^{2+} & O^{2-} & Zn^{2+} \\ & (e\cdot Zn^{2+}\cdot e) & & & (e\cdot Zn^{2+}\cdot e) & \\ Zn^{2+} & O^{2-} & Zn^{2+} & O^{2-} & Zn^{2+} & O^{2-} \\ O^{2-} & Zn^{2+} & O^{2-} & Zn^{2+} & O^{2-} & Zn^{2+} \end{matrix}$$

图 5.32　正离子过量示意图

这种过量的 Zn 可看作为 Zn^{2+} 带有两个电子。这两个电子属于间隙离子所有,它不参与电子共有化，所以有相当的自由度。当温度升高时，它们极易脱离间隙离子而成为准自由电子，使 ZnO 具有导电能力。我们称这种提供电子的 Zn 为施主物质。

(2) 负离子缺位

以 V_2O_5 为例，如图 5.33 所示。

O^{2-}	V^{5+}	O^{2-}	V^{5+}	O^{2-}
V^{5+}	O^{2-}	V^{5+}	O^{2-}	V^{5+}
O^{2-}	V^{5+}	[e]	V^{4+}	O^{2-}
V^{5+}	O^{2-}	V^{5+}	O^{2-}	V^{5+}

图 5.33　负离子缺位示意图

当 V_2O_5 中 O^{2-} 缺位出现时，由于晶体要保持中性，缺位[ ]可以束缚电子形成[e]，同时附近的 V^{5+} 变为 V^{4+}。这个被束缚的电子也有较大的自由度，随温度的升高可以变成准自由电子而引起导电。

(3) 高价离子同晶取代

若 ZnO 中的 Zn^{2+} 部分被 Al^{3+} 取代，为了保持电荷中性，每当取代一个 Zn^{2+}，晶格上必须加一个负电荷。如图 5.34 所示。

Zn^{2+}	O^{2-}	Zn^{2+}	O^{2-}	Zn^{2+}	O^{2-}
O^{2-}	Zn^{2+}	O^{2-}	Zn^{2+}	O^{2-}	Zn^{2+}
Zn^{2+}	O^{2-}	$[e \cdot Al]^{2+}$	O^{2-}	Zn^{2+}	O^{2-}
O^{2-}	Zn^{2+}	O^{2-}	Zn^{2+}	O^{2-}	Zn^{2+}

图 5.34　高价离子同晶取代示意图

该负电荷可看作 $[e \cdot Al]^{2+}$，其中的电子也只属于高价离子单独所有，可以成为 n 型半导体的施主来源。

(4) 掺杂

当在晶格间隙中掺入电负性较小的原子，例如在 ZnO 中掺入 Li。由于 Li 的电负性小，很容易把电子交给邻近的 Zn^{2+} 而形成 Li^+ 和 Zn^+。这些 Zn^+ 的产生实际上可以看作是 Zn^{2+} 束缚了一个电子，即看作为 $e \cdot Zn^{2+}$。这种电子当然也不参与共有化，有一定的自由度，也可激发到导带而引起导电。

总之，在导带附近形成一个能级并提供电子可被激发到导带，则就可以形成 n 型半导体。ZnO，CuO，CdO，BaO，CeO_2，CaO，TiO_2，SnO_2，V_2O_5，Sb_2O_3，Fe_2O_3，WO_3，MoO_3 等均为 n 型半导体。

同时，采用正离子缺位，低价离子同晶取代，掺入电负性大的杂质等方法也可构成 p 型半导体。如 NiO，CoO，Cu_2O，FeO，MnO_2，Cr_2O_3，WO_2，Bi_2O_3 等都可制备成 p 型半导体。

4. 超导体

自然界的物质就导电性而言，除了导体、半导体、绝缘体之外，科学家们又发现了一种有异常导电能力的物体，称之为超导体。

1908 年荷兰物理学家昂尼斯成功地制备了液态氦，获得了 4K 的低温。3 年后，他将水银冷却到零下 40℃(233K)，水银便凝成一条线，继续冷却到零下 269℃(4.2K)附近，在水银线上通上几毫安的电流，并测量它两端的电压，这时他发现，水银的电阻突然消失了(见图 5.35)。

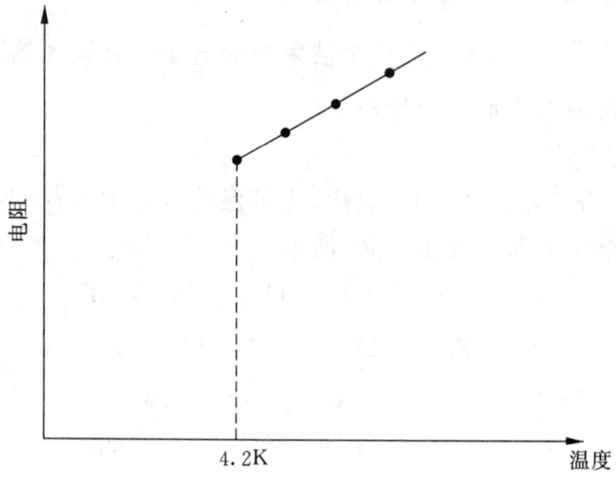

图 5.35 水银在 4.2K 时电阻消失

这种奇异的现象，引起了人们极大的重视。于是把这种电阻突然消失的零电阻现象叫做超导现象，具有超导性的物质叫超导体。电阻突然消失的温度称为转变温度或临界温度，用 T_c 表示。

然而，在当时的实验条件下，用仪表直接测量的精度难以使人置信。于是人们设计了一个更精密的实验。将一个超导体做成的圆环置于磁场中，然后降温到转变温度 T_c，再将磁场突然撤掉。由于电磁感应作用，在超导圆环内会产生一个感应电流。如果这个圆环的电阻确实为零，这个电流就应当没有任何损耗地一直维持下去，这就是著名的持续电流实验。事实上，经过长时间的观察，确实如此，因此零电阻现象被正式肯定。

超导体另有一个异常的特性，就是它的完全抗磁性，在一个浅平的锡盘上，放置一个体积很小但磁性极强的永久磁铁。然后将温度降至锡的 T_c。这时可以看到小磁铁竟离开锡盘表面，飘然浮起，与锡盘保持一定距离后便悬空不动了。这就是由于超导体的抗磁性，使小磁铁的磁力线无法穿透超导体，磁场发生畸变，便产生了一个向上的浮力。

现已知道元素周期表上已有 26 种金属具有超导性，它们的 T_c 值列于表 5.7 中。这些金属的 T_c 均在 10K 以下，难以有实用的价值。于是科学家们把注意力转向开发合金或金属化合物的研究上。表 5.8 为一些化合物的 T_c 值。

表 5.7 超导金属的 T_c 值(K)

元素	T_c	元素	T_c	元素	T_c
Ti	0.4	Re	1.7	In	3.41
Zr	0.54	Ru	0.49	Tl	2.38
Hf	0.16	Os	0.65	Sn	3.72
V	5.03	Ir	0.14	Pb	7.2
Nb	9.2	Zn	0.86	La	4.9
Ta	4.4	Cd	0.52	Th	0.37
Mo	0.92	Hg	4.15	Pa	1.4
W	0.01	Al	1.19	U	2.0
Tc	8.2	Ga	1.09		

表 5.8 一些超导化合物的 T_c 值(K)

化合物	T_c	化合物	T_c	化合物	T_c
V_3Si	17.0	Nb_3Al	18.8	$Nb_3(Al_{0.75},Ge_{0.25})$	21.0
V_3Ga	18.0	Nb_3Sn	18.1	NbGe	23.2

在将近 20 年的时间里，寻找高温超导体的研究工作没有多大进展。直到 1986 年瑞士的贝德诺兹和缪勒发现 La－Ba－Cu－O 混合氧化物具有超导性，T_c 为 35K。这才为超导体的研究作出了一个新的突破。他俩也因此获得了 1987 年的诺贝尔物理奖。以后，日本东京大学宣布获得 T_c 为 37.5K 的超导物质。接着美籍华人朱经武又把 T_c 提高到了40.2K。我国中科院赵忠贤则获得 48.6K的超导体。因此 1986 年是超导年，使金属氧化物的超导研究有了飞跃的发展。

继 La－Ba－Cu－O 之后，人们又广泛地尝试了其他混合体系。1987 年赵忠贤与朱经武分别独立地发现钇钡铜氧化物体系(Y－Ba－Cu－O)的 T_c 更高为 90K，这又是一次较大突破，因为这个温度高于液氮温度(77K)。以后铊钡钙铜(Tl－Ba－Ca－Cu－O)和铋锶钙铜(Bi－Sr－Ca－Cu－O)也被证实具有超导性且

T_c 高达 120K。

在这些混合氧化物中，似乎铜是不可缺少的。于是科学家们对Y-Ba-Cu-O体系进行了深入的研究，发现这种混合物中含有1个Y，2个Ba和3个铜，所以又称它为1-2-3化合物。由于Y-Ba-Cu-O是非化学计量化合物，氧原子不足必然形成结构上的缺陷。或许正是这种缺陷造就了超导性。在取代元素的大量研究之后发现，体系中的Y，Ba及Cu均可用其他金属代替。其中Cu虽可被取代，但也必须是变价的金属如Mn，Fe，Co，Ni等。

超导的机制以及混合氧化物为什么具有较高 T_c 的奥秘正在探索之中，可以相信随着科技水平的发展，在总结目前规律性的基础上一定可以彻底弄清超导的秘密，也可使转变温度提高到实用的高温。一旦实用化和工业化之后，超导体将会引起极大的变革。目前所知它们可以在制造大容量超导发电机，输送电流，实现磁力悬浮高速列车，以及控制核聚变等领域有极大的用途。

补充材料Ⅰ　表面活性剂及其作用

某些物质当它们以低浓度存在于一体系中时，可吸附在该体系的表面（界面）上，使这些表面（界面）的表面（界面）自由能发生明显降低的现象，这些物质被称为表面活性剂。现在广泛地应用于石油、纺织、农药、医药、采矿、食品、民用洗涤等各个领域。由于在工农业生产中主要是应用于水溶液，以改变水的表面活性，所以若不加说明，就是指降低水的表面自由能的表面活性剂。

表面活性剂分子是由具有亲水性的极性基团和具有憎水性的非极性基团所组成的有机化合物。它的非极性憎水基团一般是8～18碳的直链烃（也可能是环烃），因而表面活性剂都是两亲分子，吸附在水表面时采取极性基团向着水（头浸在水中），非极性基团脱离水（尾竖在水面上）的表面定向。这种定向排列，使表面上不饱和的力场得到某种程度上的平衡，从而降低了表面张力（或界面张力）。

一、表面活性剂的分类

表面活性剂有很多种分类方法，人们一般都认为按它的化学结构来分类比较合适。即当表面活性剂溶于水时，凡能电离生成离子的，叫离子型表面活性剂，凡在水中不电离的就叫做非离子型表面活性剂。离子型的还按生成的是正离子或负离子再进行分类。使用时应该注意，如某表面活性物质是阴离子型，它就不能和阳离子型混合使用，否则就会发生沉淀而不能得到应有的效果。

例如，阴离子表面活性剂如烷基硫酸酯钠：

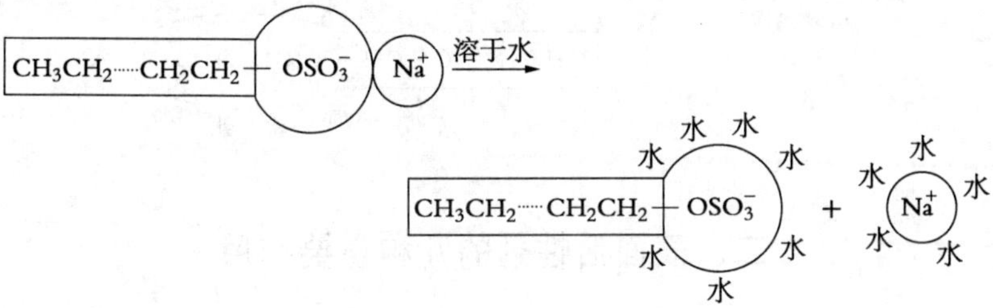

阳离子表面活性剂如烷基三甲基氯化铵：

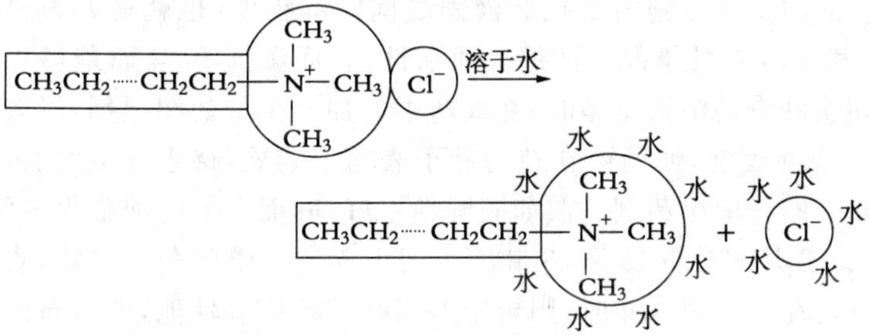

两性表面活性剂如甜菜碱型两性表面活性剂：

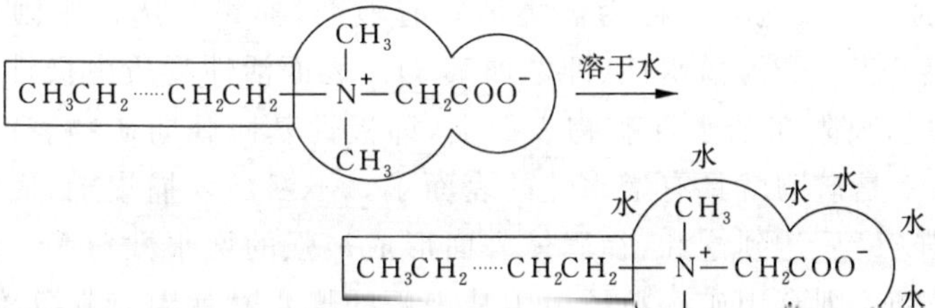

非离子表面活性剂如脂肪族高级醇聚氧乙烯加成物：

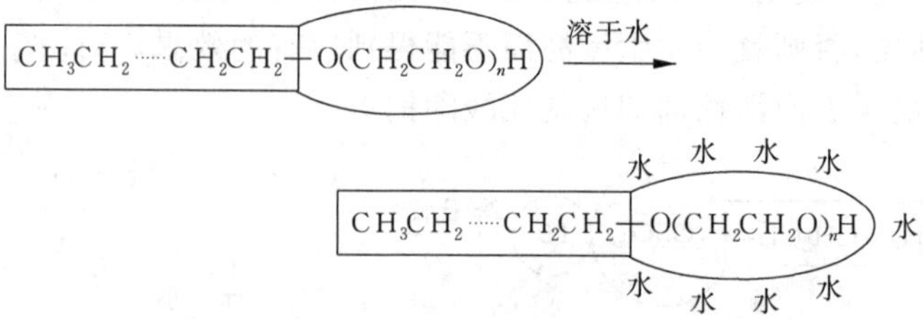

二、表面活性剂的几种重要作用

1. 润湿作用

在生产活动中常遇到需要控制液固之间润湿程度（也就是人为地改变接触角或 $\gamma_{液,气}$ 和 $\gamma_{液,固}$）的情况。使用表面活性剂（润湿剂等）常常能够得到预期的效果。例如喷洒农药消灭虫害时，在农药中常加有少量的润湿剂，以改进药液对植物表面的润湿程度，使药液在植物叶子表面上铺展，待水分蒸发后，在叶子表面上留下均匀的一薄层药剂。假如润湿性不好，叶面上的药液仍聚成液滴状，就很易滚下，或者是水分挥发后，在叶面上留下断断续续的药剂斑点，直接影响杀虫效果。可是在制备防水布时，则希望提高纤维的抗湿性能，即将布经表面活性剂处理后提高其 $\gamma_{液,固}$，以增加防水布的憎水性。又例如浮游选矿，用泡沫浮选法来提高矿石的品位。其基本原理是将低品位的粗矿磨碎，倾入水池中加入一些表面活性剂——在这里又称为捕集剂和起泡剂，捕集剂选择吸附在有用矿石粒子的表面上，使它变为憎水性（即增加其 θ）。表面活性物质由极性和非极性基所构成，极性基吸附在亲水性矿物表面上，即极件基闭朝向矿物表面，而非极性基朝向水中，于是矿物就具有憎水性的表面了。不断加入捕集剂，固体表面的憎水性随之增强，最后达到饱和，在固体表面形成很强的憎水性薄膜。然后再从水池底部通入气泡，则有用矿石粒子由于其表面的憎水性就附着在气泡上，上升到液面，然后再收集并灭泡和浓缩。不含矿物的泥沙、岩石等则留在水底而被除去（见图 I.1）。

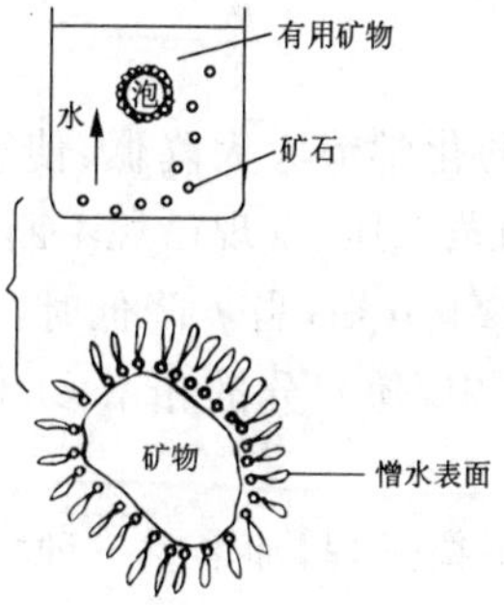

图 I.1　泡沫浮选的基本原理

2. 起泡作用

这里只讨论气相分散在液相中的泡沫。“泡”就是由液体薄膜包围着气体，泡沫则是很多气泡的聚集。以上提到过的泡沫浮游选矿，泡沫灭火，去污作用等，都需要起泡。而有时候却又需要消泡，如精制食糖，蒸馏操作等。根据需要，对泡沫的稳定性有不同的要求。起泡剂所起的作用主要如下：

1）降低表面张力：因为形成泡沫使体系增加了很大的界面，所以降低表面张力有助于降低体系的表面自由能而使体系得以稳定（见图I.2）。

图 I.2　表面活性剂的发泡作用

2）使所产生的泡沫膜牢固，有一定的机械强度，有弹性。良好的起泡剂结构，一般是中等长度的碳链，一端带有一个极性基团。

另外，像明胶、蛋白质这一类物质虽然降低表面张力不多，但形成的膜很牢固，所以也是很好的起泡剂。

3）能有适当的表面黏度：泡沫膜内包含的水受了重力作用和曲面压力，会从膜间排走，使泡沫膜变薄然后导致破裂，所以如果液体有适当的黏度，膜内的液体就不易流走。使泡沫增加稳定程度。

3. 加溶作用

非极性的碳氢化合物如苯等不能溶解于水，却能溶解于浓的肥皂溶液，这种现象叫做加溶作用，例如，苯在水中溶解度很小，但是，在 100mL 10%的油酸钠溶液中就可以溶解 10mL 升苯。

加溶作用有下列几个特点：

1）加溶作用可以使被溶物的化学势大大降低，使整个体系更加稳定：麦克拜恩曾用实验测定己烷被加溶时的蒸气压，发现己烷不断被加溶时，其蒸气压也随之降低。由热力学公式 $\mu=\mu^{\ominus}+RT\ln p$ 知，当 p 降低时，化学势 μ 也随之下降了，故体系更稳定。而在乳状液或溶胶中，随着分散相增多，体系的表面自由能增加，因而体系是不稳定的。

2）加溶作用是一个可逆的平衡过程，加溶时一种物质在肥皂溶液中的饱和溶液可以从两方面得到，从过饱和溶液或从物质的逐渐溶解而达到饱和，实验证明所得结果完全相同。这说明加溶作用是可逆的平衡过程。

3）加溶作用与真正的溶解作用也不相同。真正溶解过程会使溶剂的依数性质（如熔点降低、渗透压等）有很大的改变，但碳氢化合物加溶后，对溶剂依数性质影响很小，这说明加溶过程中溶质并未拆开成分子或离子，而是“整团”溶解在肥皂溶液中。

加溶作用的应用极为广泛。例如去除油脂污垢的洗涤作用（去除油污的洗涤作用较复杂，与肥皂或洗涤剂的润湿作用、加溶作用和乳化作用等都有关，而加溶作用是去污作用中很重要的一部分）。工业上合成丁苯橡胶时，利用加溶作用将原料溶于肥皂溶液中再进行聚合反应。还可以应用于染色，例如橙色 OT 染料，在胶体电解质溶液中被加溶后，就可以透入并溶于橙皮的蜡质外层，使橙子的色泽鲜艳。还用于纤维的染色。此外，加溶作用也用于农药以增加农药杀虫灭菌的功能，在医药方面也有所应用。

4. 乳化作用

乳化作用是表面活性剂的一个重要的作用。

当直接把水和“油”共同振摇时，虽可以使其相互分散，但静置后很快又会分成两层。要得到稳定的乳状液，通常必须有第三组分即乳化剂存在。乳化剂的作用在于使由机械分散所得的液滴不相互聚结。乳化剂种类很多，可以是蛋白质、树胶、肥皂或人工合成的表面活性剂等。这种乳化剂不仅仅是要表面活性的物质，并需在乳状液粒子的表面上能构成坚固的薄膜。对于粒子较粗大的乳状液，也可以用具有亲水性或憎水性的固体粉末如炭黑、氧化硅粉末等作为乳化剂，通常当所用的粉末乳化剂为亲水性时，则得到“油”分散在水中的乳状液；反之，如果粉末乳化剂为憎水性，则形成水分散在“油”中的乳状液。这是因为，如果乳状剂的亲水性

$$R-O(CH_2CH_2O)_n-SO_3M$$

C. 烷基苯磺酸钠

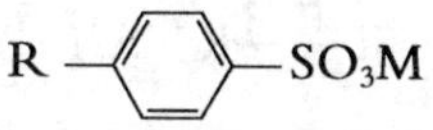

儿童用香波为两性表面活性剂:pH 的大小不是对眼睛刺激的关键,其关键是必须使用无刺激的两性活性剂。如:

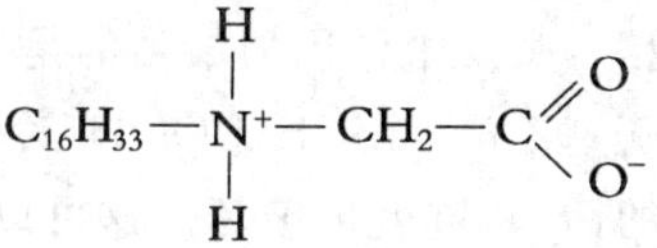

2) 助洗剂:作用为增加去垢力,稳定泡沫。常用如下材料:

A. 脂肪酸单甘油脂硫酸

B. 环氧乙烷缩合物

$$R-O(CH_2CH_2O)_n-H$$

对眼睛刺激小,用于儿童香波。

C. 阳离子表面活性剂,这是一种调理剂,使头发柔软,抗静电,杀菌。

3) 添加剂:

调理剂:多元醇,羊毛脂(使头发光泽,柔软)。

增稠剂:脂肪酸、醇、胺,氯化钠,硫酸钠,硬脂酸钠,十六醇,十八醇,聚乙烯醇,羧甲基纤维素(CMC)。

防腐剂:尼伯金乙酯、丙酯,对羟基苯甲酸酯(0.05%~0.1%),对氯间苯二酸(PC 防腐剂),0.2%甲醛。

抗头屑剂:硫化硒,硫化镉,六氯代苯,羟基喹啉,十一碳烯酸的衍生物,季铵盐。

色素和香精:随意。

(3) 烫发

如前所说,毛发中存在着多种作用力,这是毛发具有一定韧性和形状的原因。如果消除这些作用力,我们的毛发就会变得十分柔软而无形。烫发实际上是将头发做成我们所希望的形状。根据上述原理,我们可以先将这些作用力消除,然后将头发做成一定的形状,再让那些作用力恢复。于是,在这些作用力的帮助下使做成的形状保持了下来。具体办法有两种:

A. 热烫(或电烫):毛发中的氢键作用力随温度的升高而大幅度降低,为此可以用加热的方法将其消除。此外，二硫键在高于100℃，又有碱存在的情况下(这也就是在热烫或电烫中为什么加碱的原因)，会发生水解反应。

$$R-S-S-R \xrightarrow{H_2O} R-SH + HOS-R$$

这两个主要的作用力消除之后，头发就会变得十分柔软。当头发做成一定形状后，通过加热(或电烫)，再让头发的温度慢慢冷下来，其中的氢键和二硫键的作用力也逐步恢复，而此时的头发就会定形在你所做成的形状上。

B. 冷烫(或称“化学烫”)：头发中作用力最强的是二硫键。二硫键也很容易被还原剂所破坏。如果用氢硫基乙酸 $HSCH_2COOH$(冷烫剂的主要成分)及其盐类等化学还原物质处理头发的话，氢键就被破坏。这可以看作为还原剂提供氢原子，使二硫键打开变成两个硫氢键(—SH)，于是头发就从坚韧变为柔软。当头发随卷发器成型后，再用氧化剂(在冷烫药水中称为中和剂)去氧化，二硫键重新被建立，头发又会按新的定型而变得坚韧。

(4) 染发

染发可分为3大类：

A. 矿物性染发剂：使用铅、铁、铜、钴、铋、镍等金属的氧化物来达到染发的目的。因对人体有害而被禁用

B. 溶剂型：染料随溶剂如异丙醇或苯甲醇渗入头发或吸附在头发表面上造成的染色。

C. 永久型：氧化染发剂。让分子较小的染料物质进入头发内部，在用氧化剂处理使染料物质的分子变大，于是染料就定居在头发中了。即使洗发也不会将染料洗掉。

染黑色，对苯二胺

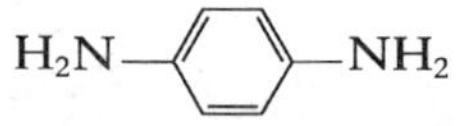

染棕色：4-(对苯二胺基)苯磺酸

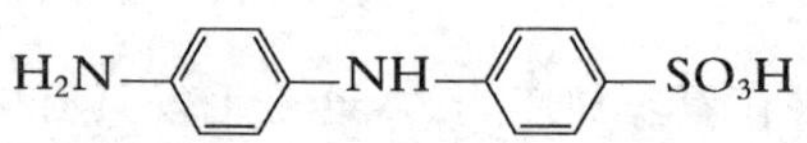

染中间色：对甲氧基间苯二胺(MMPD)，对乙氧基间苯二胺(EMPD)

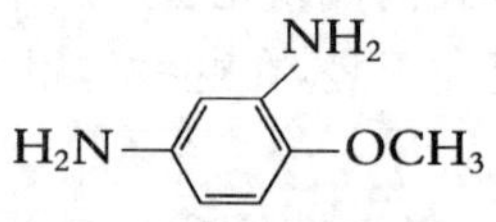

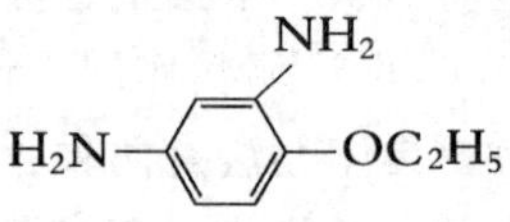

其中 MMPD 已被证实有致癌性。

以染黑发为例，其过程如下：

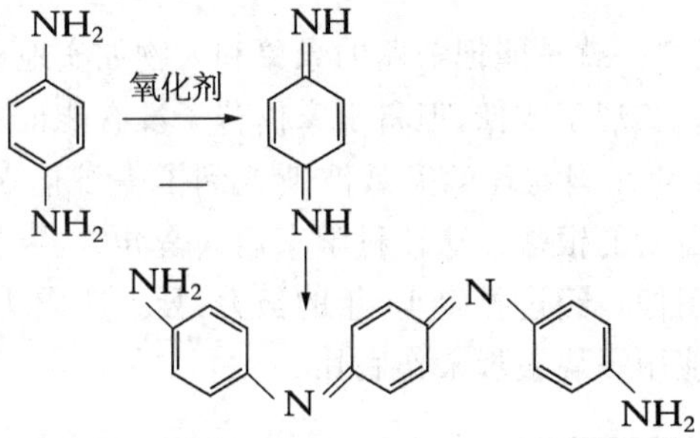

班德罗斯碱

小品　香水和古龙水

我们常常把喷洒在身上有香气产生的东西统称为香水。实际上香水可以分成两大类：一类为香水(perfumes)，另一类为古龙水(colognes)。

最初香水是从天然物质中提取出来的，例如从有芳香气味的花或草中提炼出来的精华物质，现今的香水已经有不少是化学合成的了。当然最好的香水依然是天然制品，这是因为香水的成分极为复杂，化学家们至今仍然无法分析出存在于天然物质中那些于香味极为重要但含量又极少的物质。一种好的香水常会有几十种成分。通常我们可以把香水的成分按它们的挥发性分为 3 个层次。最容易挥发的称之为头香(top note)，这就是当你使用香水时，首先闻到的气味。另一种称之为飘香(middle note)，这是大部分头香物质挥发掉之后所散发出来的气味。最后是挥发性最差的物质所发出的香味，称之为留香(end note)。所以在选择香水时，必须分清这 3 种香味，通常选择后两种香味为主，因为它们在身上停留的时间长一些。

一种好的香水，通常含有 10%～25% 的发香成分，其余就是溶剂了，最常用的溶剂是乙醇(酒精)。

古龙水实际上是稀释的香水，它通常只含有 1%～2% 的发香物质，所以它的香味只及香水的 1/10。

四、逼真的彩照

人类早期的梦想之一就是能把美丽的景象和人物如实地记录下来。物理学成功地用小孔成像技术,实现了成像,但科学家们苦于没有能记录图像的材料而依然无法实现梦想。1824 年法国物理学家聂波斯找到了一种能在光线的作用下而会分解的物质,那就是卤素的银盐。这让科学家们兴奋异常,因为能对光产生反应的物质,无疑就能记录图像。经过整整 15 年的努力,聂波斯成功了。

如图 6.4 所示,他用一块银板来作底片。

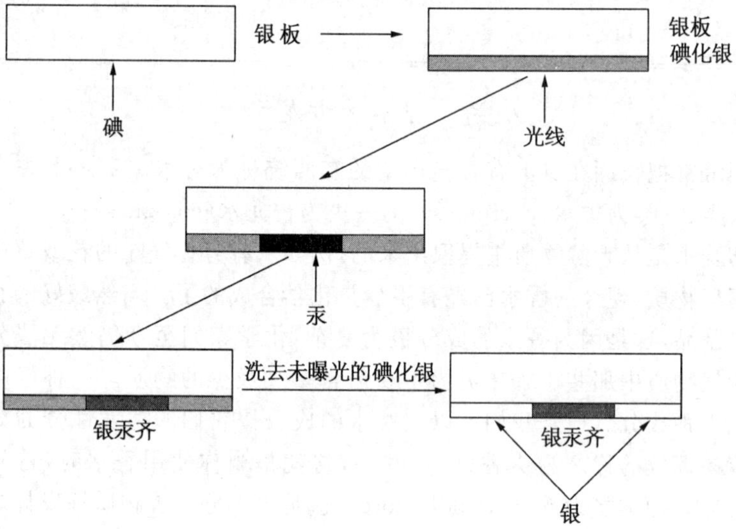

图 6.4　第一张黑白照示意图

银板上熏以碘蒸气,银板表面就形成了一层 AgI,再经长时间曝光(烈日下数十分钟),然后用汞蒸气熏曝光过的碘化银,使还原出来的银发生汞齐化反应,最后洗去未曝光的碘化银。这样就得到了一张由银汞齐构成的正像。

尽管这只是一张黑白的照片,但这毕竟是世界上第一张照相,它的出现确实使人们兴奋不已。然而,这种照相技术又难以推广而使人发愁。于是,全世界的科学家们为了能推广该技术而不懈地研究。

1841 年英国科学家泰博特发明了碘化银感光纸。这解决了昂贵的银板问题。

1851 年出现了珂罗酊湿板照相。

1871 年出现了溴化银明胶干板,使得操作更方便。

1887 年发明了增感染料。这解决了曝光时间过长的问题。

1951 年以三醋酸纤维素代替容易燃烧的珂罗酊，这解决了安全问题。

1970 年使用涤纶聚酯片基。并进入彩照普及的时代。

1. 黑白照相的原理——银盐的照相化学

要想得到一张黑白照片，首先要拿到一张黑白的底片。照相底片是在一个片基材料上复涂一层分散的卤化银，如 AgBr 的乳剂。当光线作用于这层乳剂时，卤化银立即分解：

$$2AgBr \longrightarrow 2Ag + Br_2$$

可以将这种接受曝光并产生变化的卤化银部分视为潜影。因为这么短的曝光时间是不可能让溴化银发生分解的。也就是说，这时在底片上仍然是一种看不见的影像。它能够由随后的显影过程而变成可见的图像。

显影过程实际上是一个通过化学手段让曝光继续完成的过程。显影工作是必须在暗室中进行的。然而，由于溴化银是一个色盲物质，它只认得蓝光。也就是说，只有蓝光才能使它分解。所以，实际上暗室中可以点亮红光，所以显影工作是在红灯下进行的。显影剂其实是一种还原剂。原则上，不管曝光与否，卤化银都能被还原剂还原而变成黑色的银粒。然而，显影时所用的显影剂却是有选择性的显影剂，它只还原曝光过的溴化银。之所以能够区分感光乳剂上未曝光和已曝光的部分，那是因为这两部分卤化银被显影剂还原的速率大不相同。当显影时，显影剂可以使曝光过的卤化银立即还原成大量的银粒而形成黑像。而未曝光的卤化银却极少或不被显影剂所还原。这样，在显影过程中，形成了一个与实际情况正好相反的负像。常用的显影剂有：

N-甲基对氨基酚（米吐尔）

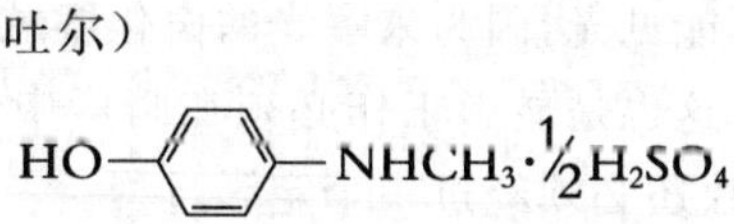

对苯二酚（海德路几奴）

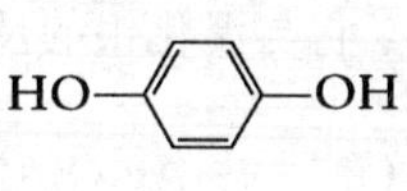

对氨基苯酚

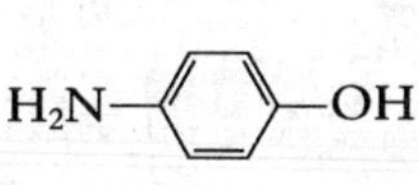

对苯二胺

2,4-二氨基苯酚(阿粉)

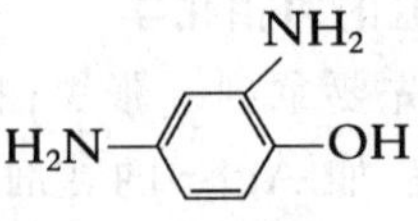

由于显影过程是一个选择性还原的过程,不是任何还原剂都可以担任显影任务的,因此有人总结出,作为显影剂必须要有两个羟基,或两个氨基,或一个羟基、一个氨基。在苯的衍生物中,这些基团又必须处于邻位或对位,不能是间位。以对苯二酚为例,其还原过程如下:

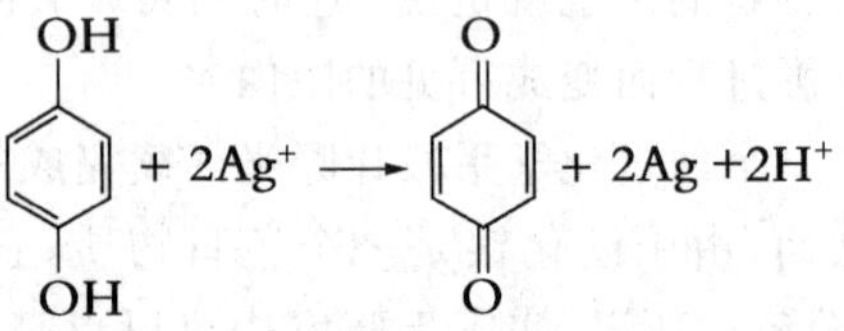

显影剂在将银粒离子还原成银的同时,自身被氧化成醌。由于该反应是可逆的,为防止逆反应的发生,加入亚硫酸根即可。所以在实际显影过程中,使用的是一个显影配方制成的混合溶液。除了显影剂外,还有促进剂(碱性物质如:Na_2CO_3),抑制剂(KBr),保护剂(Na_2SO_3)等。

由于选择性显影剂是利用还原速度上的差别来实现显影的,如果显影时间过长,或显影液温度过高,成像时就会有雾化出现。所以显影中对显影时间和温度的控制也是十分重要的。

显影后的底片仍然不能见光,因为未曝光的卤化银粒子仍然存在于乳剂之中,若见光就会再次被曝光。这也是显影工作必须在暗房中进行的原因。为此,要获得一帧永久性的图像,底片还必须经过一个定影过程。

所谓定影,就是用化学的方法,将未曝光的卤化银粒子全部去除。最常用的定影剂就是硫代硫酸钠($Na_2S_2O_3$),它与溴化银的反应如下:

$$\underset{\text{不溶}}{AgBr} + 2S_2O_3^{2-} \longrightarrow \underset{\text{可溶}}{Ag(S_2O_3)_2^{3-}} + Br^-$$

和显影液一样,定影液也是一个配方,在定影液中,也有一些附加成分,如:醋酸(中和显影液中的碱,以中止显影),亚硫酸钠(保护剂)等。为保证底片的质量,定影必须充分，然后彻底水洗，以去除底片上多余的化学物质。这样就得到了一张与原像相反的负片。将底片和照相纸叠在一起，曝光后再显影和定影，就可得到一张与原像完全一样的照片了。这就是黑白照片的全部化学过程，它包括：曝光（exposure）、显影（developing）、定影（fixing）和水洗。

2. 彩色成像方法之一 ——加色法

光学理论告诉我们，可见光（ 白光 ），是由红、绿、蓝 3 个原色组成的，人的视觉神经中也正好有感红、感绿、感蓝的 3 种神经细胞。世上任何一种颜色都是由这 3 种颜色叠合而成。人们称这 3 种颜色为三原色。因此记录彩色图像就简化为记录 3 种原色了。

1861 年麦克斯威尔第一次用加色法原理，获得了物体的彩色图像。其原理和过程如图 6.5 所示：

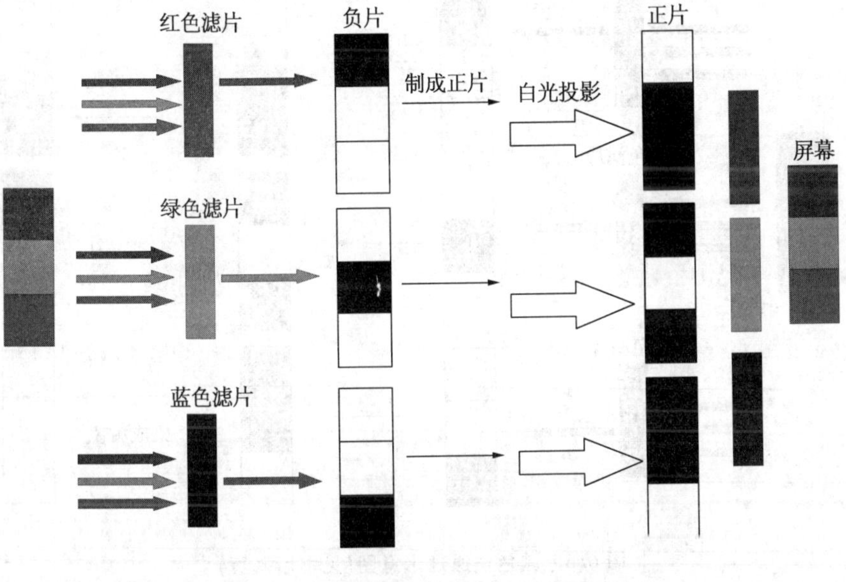

图 6.5 加色法原理示意图(见书后彩页)

在这种方法中使用 3 张黑白底片和 3 种原色的滤色片，拍摄彩色物体的 3 张负片。经红滤色片的负片上只有红色部位感光，再翻成正片，于是红色部位均无感光，成透明状，而绿色和蓝色的部位均被感光而成不透光的黑影。当白光通过时，只有红色部位有光线能通过，再经红色滤片，在屏幕上就得到了一个红色部位的红色成像。同样道理，另两张分别投入绿色和蓝色，于是，靠 3 种原色的叠合，在屏幕上就显出了物体原来的彩色成像。由于这是3种原色叠加而成的,所以称之为加色法。

加色法实现了彩色图像的记录,着实让人们兴奋,因为只要用3张黑白底片就能圆了多年的梦想。有人设想在一张片基上涂上3层感光材料去实现彩照的记录。就像拍摄黑白照一样。然而,此方法中采用的滤色片,都是原色滤色片,每一种原色滤色片只能通过一种颜色,所以不可能把这3个单独过程叠合在一起一次完成。因为每任意两种原色滤色片的叠合,就不能使任何颜色通过。

3. 彩色成像方法之二——减色法

1869年荷隆又发明了减色法彩色成像技术。其原理如图6.6所示:

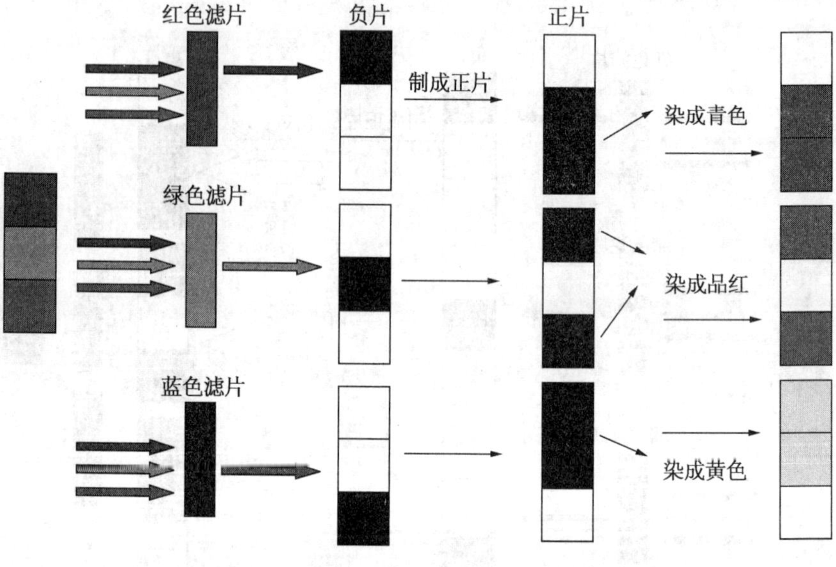

图6.6 减色法原理示意图(见书后彩页)

在减色法中使用了所谓的“余色”。余色也可称为“补色”。由图6.7可以看出余色和原色之间的关系。

和加色法一样,仍用3张黑白底片,进行加滤色片的曝光,再翻转成正片,把正片上曝光部位的黑影去除且全都染上滤色片的余色。这样,在第一张正片上,红色部位是透明的,其余部位都是红色的余色。第二张正片上,绿色部位是透明的,其余部位是绿色的余色。第三张正片上,蓝色部位是透明的而其余部位则是蓝色的

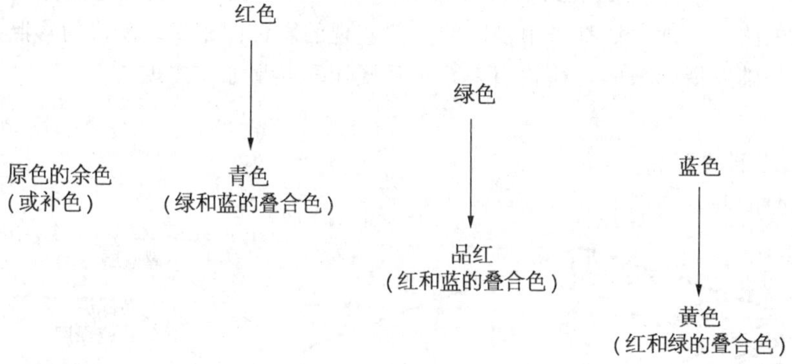

图 6.7　原色和余色的关系

余色。由上述可见，余色就是另两种原色的叠加颜色。红色的余色，就是青色(绿加蓝)，绿的余色为品红(红加蓝)，蓝的余色则是黄色(红加绿)。再将这 3 种染过余色的正片叠合在一起，当白光通过后就能在屏幕上得到一个和现实一样的彩色图像(见图 6.8)

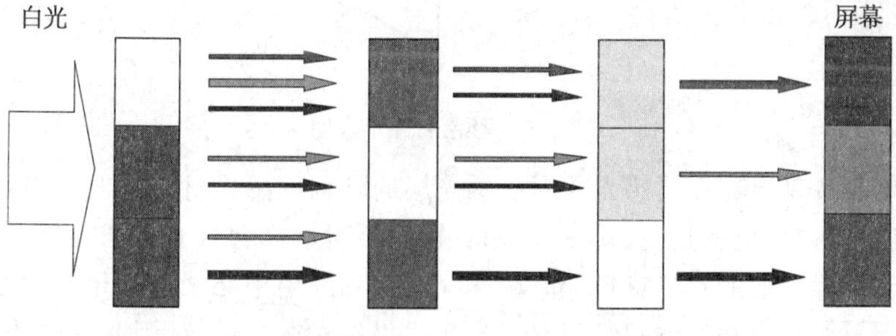

图 6.8　减色法成像示意图(见书后彩页)

以红色部位为例，白光通过第一张正片时，只有红色部位能让白光通过，而其余部位只能通过绿光和蓝光。进入到第二张正片时，红色部位的白光中只有红光蓝光能通过，在进入到第三张正片时，红光仍能通过，蓝光受阻，于是红色部位成的是红色像。绿色部位在第一张正片后，进入绿光和蓝光，而第二张正片上，绿色部位是透明的，可以让绿色和蓝色全部通过，但到了第三张正片时，绿色部位通过的蓝光将会受到黄色的阻挡而不能通过，绿色照样通过，这就会在屏幕上留下绿色部位的绿色成像。第三张正片的蓝色部位是透明的，但这时也只有蓝光通过，给出了蓝色部位的蓝色成像。至此，一帧彩色照片就出来了。因为用余色来成像，所以称为减色法。由于任意两种余色叠合在一起，仍能通过一种原色，因此就有可能把这

3 个过程合并为一。减色法为我们创造了用黑白照的技术来完成彩照的基础。无论是减色法还是加色法都采用投影的方法实现的彩色图正像。现代的彩照是在减色法的基础发展起来的。让我们来看一看现代彩照是如何实现的。

4. 彩照的底片

彩照的底片如图 6.9 所示：

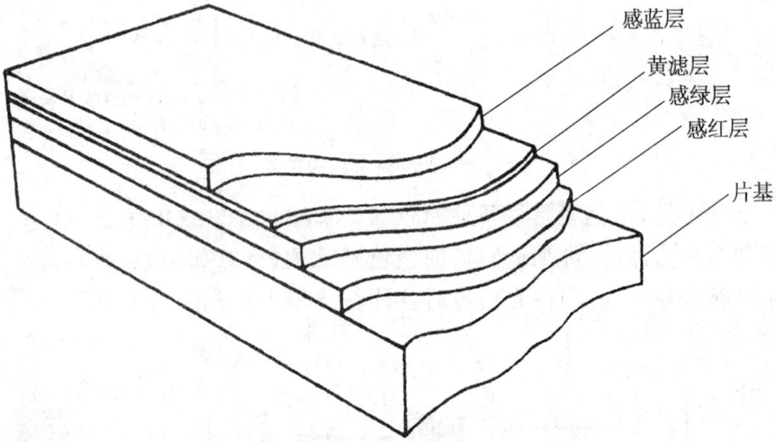

图 6.9　彩色底片示意图

在一张片基上有 3 层感光乳剂。感光层的乳剂的感光材料是溴化银，它是一种色盲感光材料，也就是说，它只对蓝光敏感，而对红光和绿光不产生反应。因此它只能作为感蓝层的感光材料。而在感绿层和感红层中必须加入相应的增感剂，使其分别只对绿色和红色敏感。由于这两层仍然对蓝光敏感，因此在感蓝层下面要加一个黄滤色层来吸收掉蓝光。曝光后，蓝色部位在感蓝层曝光，再经彩色显影，所谓彩色显影，实际上就是在黑白显影后，将形成的银像染成蓝色的余色，即黄色，再把银像洗去。换一句话说，感蓝层将形成因蓝色光影像而生成的黄色染料图像；而感绿层将生成因绿色光影像造成的品红染料图像；感红层将生成因红色光影像造成的青色染料图像。这 3 层像叠合起来就构成了彩色负片。你不妨注意自己的彩照底片，在这些底片上凡是绿草地都是品红色的，天空的云彩都是黄色的。

5. 彩照原理

我们要得到一张彩照，就必须先拍一张负片，通过负片再对彩色照相纸进行曝光，经彩色显影后就可得到一张彩色照片。下面以绿色物体曝光为例来说明彩色

照片成像的过程(如图 6.10 所示):

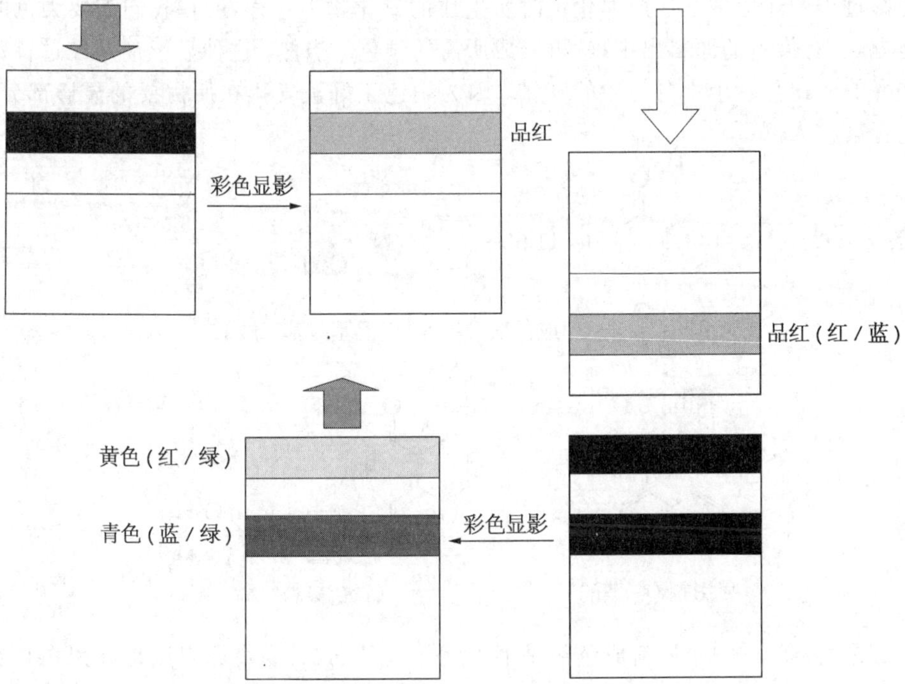

图 6.10　彩照冲洗过程示意图(见书后彩页)

将彩色底片对绿色光进行曝光,感绿层出现潜影,经显影使曝光的溴化银还原为金属银而形成黑色影像。同时,将银像部位染成品红,再洗去黑色银像,实际上这在彩色显影中就是一个漂白过程。定影后将未曝光的溴化银洗去,这就是用某些化学物质将金属银再氧化成卤化银,经第二次定影即可除去这个黑色影像。这样,在底片上就只剩下了绿色部位的品红图像,这就是彩色底片或者说是一张彩色的负片。再将负片和彩色照相纸叠合后曝光,负片上的品红染料图像只能让蓝光和绿光通过,于是照相纸上的感蓝层和感绿层上分别出现潜影,再经显色显影,定影,染色,漂白和第二次定影处理后,在这二层上就分别出现黄色(红加绿)和青色(绿加蓝)图像。而这两者叠合起来我们就只见到了绿色成像。红色和蓝色也是同样的原理。

要实现这样一种过程,其关键在于如何染色的问题。这里就必须借助于化学的魅力了。

我们知道,染料也是化学物质,当然可以设想为由 A 加 B 而合成。在制备感光乳剂的时候，加入合成染料的一种原料，例如说 A。而另一个原料 B 则就是在显影过程中还原剂在还原溴化银时所生成的氧化物。这样，就在我们需要染色的地方，就有染料的原料出现，就可染成所需的颜色。当然，这种显影剂是经过特殊选择的。这是一个十分巧妙的安排，因为染色正好被安排在所需要的显影部分。以青染料为例：

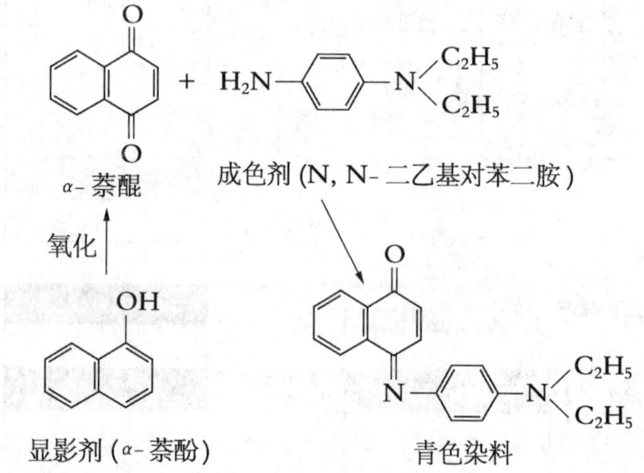

青色染料的一个原料成色剂是事先就加入乳剂，另一个原料则是在黑白显影过程中产生的萘醌。它只产生在需要染色的地方，因此和事先已经预埋在乳剂中的成色剂作用就生成了青色染料。

在彩色感光材料中，尚有一种称之为反转片的胶片，也就是在照相底片上直接得到正像的胶片。如，我们常用的幻灯片就是这种胶片。这是将感光过的彩色底片先用一般的黑白显影液进行显影，结果，各个感光层的溴化银，都形成潜影。因为不是用彩色显影剂，所以不会形成染料图像。

此后，用水洗或停显方法使显影中止。再将此胶片置于白光下均匀曝光。这样，原来未曝光的溴化银就全部被曝光，在放入彩色显影剂中显影，再经定影，漂白，再定影后即出现与原色相同的物体成像了。

思 考 题

1. 何为焰色反应？

2. 焰色反应的原理如何？

3. 为什么只有碱金属和碱土金属才有焰色反应？

4. 光谱分析仪的原理是什么？
5. 化妆品的主要原料有哪些？
6. 化妆品包括哪些东西？
7. lotion 和 cream 主要区别在哪里？
8. perfumes 和 colognes 的区别在哪里？
9. 化妆品中有哪些辅助成分和营养成分？
10. 照相技术中是利用银盐的什么性质？
11. 照相中常用的银盐是什么？
12. 黑白照相中有哪些主要的步骤？
13. 照相技术中是如何解决成像必须长时间曝光的问题？
14. 显影的目的是什么？
15. 为什么显影必须在暗房中进行？
16. 从本质上说显影剂是一种怎样的物质？
17. 为什么在显影过程中既要控制温度又要控制时间？
18. 定影是怎么回事？
19. 为什么定影工作仍须在暗房中进行？
20. 为什么无论底片还是照片在定影之后还需进行水洗？
21. 为什么底片上的图像是负像？
22. 三原色是哪 3 种颜色？
23. 何为加色法？
24. 何为余色？
25. 何为减色法？
26. 现代彩色底片的结构如何？
27. 为什么要在底片的乳剂中加增感剂？
28. 化学是如何为彩照底片的染色作出极为巧妙的安排的？

第七章 生命在于化学

生命和化学是如此紧密地联系在一起,无论是生命的起源还是生命活动本身,最终都归结到了化学运动。人体的生命运动实际上是无数化学反应的综合。可以说没有化学变化,就没有生命。了解人体内的各种化学变化,就能了解人类自身,也就有可能使人类更健康、更长寿。在生命活动的过程中,难免会出现各种各样的疾病,对付这些疾病就需要药物,而目前用于治疗疾病的药物,有 90%是合成药物。在 20 世纪,人类的平均寿命提高了将近 40 岁,其主要原因就是人类拥有了更多的合成药物。化学对生命的重要性可见一斑。

一、人 体 化 学

1. 人体的化学组成

人体的构造虽然复杂,但都是由一定形态的细胞组成。细胞质、活性物质以及体内其他液体均为胶体溶液,体内的一切化学反应都在这些胶体溶液中进行。构成人体的化学物质,除了血液中有少数游离的氮和氧之外,其余都是各种元素的化合物。其中以碳、氧和氢为最多,占全部成分的 90%以上。人体中水占了 60%左右,糖(又名碳水化合物),脂肪,核酸和蛋白质,以及无机盐构成了人体的主要成分。

(1) 糖

这里的糖(carbohydrates)是对一类碳水化合物的总称,其分子的通式为 $C_n(H_2O)_m$。生活中的食糖(sugar)只是其中的一种。糖类化合物分为单糖、低聚糖和多糖。单糖中的葡萄糖(glucose)对人体的生命运动极为重要。生物体的血液和细胞内都含有葡萄糖,血液中含有 1%左右的葡萄糖,由血液输送到全身。它是细胞快速能量的来源,每克葡萄糖氧化后能产生 16.7 kJ 热量。此外,属于单糖的还有果糖和核糖。

小品　葡萄糖的分子结构式

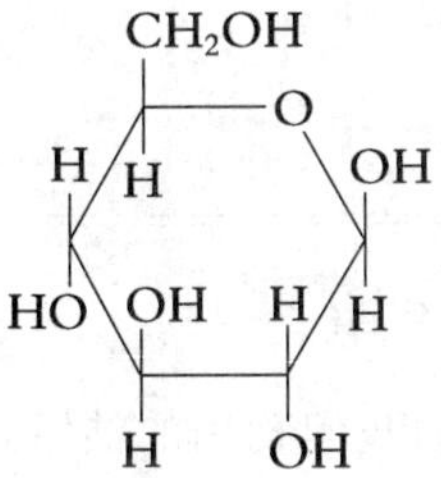

环式(α-型)

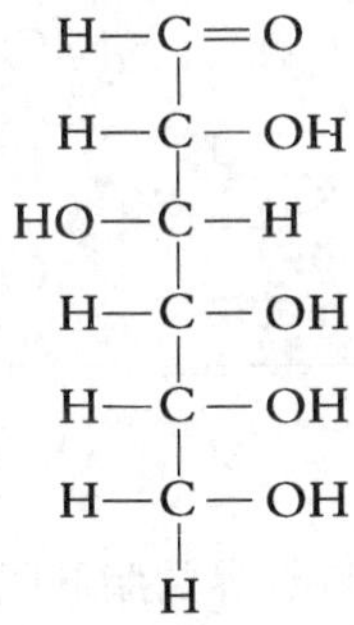

链式

低聚糖是指由少数几个单糖结合的化合物,例如,我们生活中所食用的白糖(即蔗糖),就是一个二聚糖,由一个葡萄糖和一个果糖构成。

糖类化合物之所以称为糖,那是因为许多糖类化合物都有甜味。糖类化合物为什么会有甜味?它们的甜味来自于它们结构中的OH基团,OH基团愈多,就愈甜。例如,乙二醇有两个OH基团,有点甜味,被称作为甘醇。丙三醇有3个OH基团就更甜了,人们称它为甘油。葡萄糖有更多的OH基团所以也是甜的。蔗糖是由葡萄糖和果糖组成,那就更甜了。

多糖则是由许多单糖聚合而成的化合物,例如淀粉(starch)和纤维素(cellulose)。它们在一定的条件下会分解为葡萄糖,所以可以用通式$(C_6H_{10}O_5)_n$来表示。人体就有这样的功能,可以把多余的葡萄糖变成糖元贮存起来,需要时再通过酶(enzyme)将它分解成糖。人的肝脏和肌肉中都贮有糖元。纤维素常见于植物中,例如麻、棉花都是富含纤维素的植物。但是,人体内没有纤维素酶,所以人不能靠食草为生,动物体内既有淀粉酶,又有纤维素酶,所以许多动物可以食草为生。

(2) 脂肪

脂肪(fat)也是人体的能量来源之一。在皮下、细胞和腹膜内都有大量脂肪,在需要时送到各组织代谢而供给能量。此外在各组织都有类似脂肪的物质,是脂肪酸与其他物质的结合物,称为复合脂。在神经组织内最多,含有磷酸的为磷脂,例如脑磷脂、卵磷脂。人体脂肪所含的脂肪酸有油酸、硬脂酸和软脂酸。从18世纪化学家们就已经知道,自然界的所有脂肪都具有一个相同的结构,那就是三脂肪酸甘油酯。它们水解之后的产物就是脂肪酸和甘油。不同的脂,其区别就在于 R 基团的不同。R 基团中若有烯键,则为不饱和脂肪酸酯。

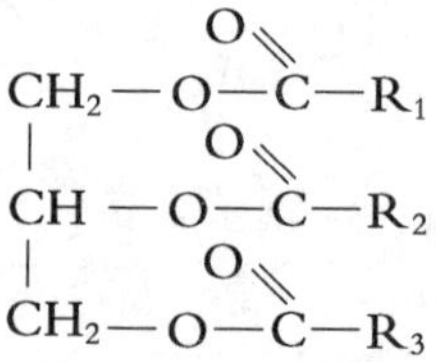

小品　脂与酯

脂通常是指自然界的脂肪类物质,例如我们食用的油脂,植物分泌的树脂等。酯(ester)则是化学意义上的一类化合物。它们可以看作是由羧酸和醇脱水后生成的产物,例如乙酸和乙醇脱去一分子水,生成了乙酸乙酯。由于自然界的脂也是这样的结构,所以可以说酯包括了脂,或者说脂是酯的一部分。一些分子量不大的酯类化合物,具有水果香味,例如油漆溶剂香蕉水就是乙酸异戊酯。酯可发生水解反应,生成羧酸和醇。

(3) 核酸

核酸(nucleic acid)是一类大分子有机化合物,由碳、氢、氧、氮、磷等元素构成。核酸有两种:一种是脱氧核糖核酸(DNA),另一种是核糖核酸(RNA)。它们都是由各种小分子按特定方式聚合而成,其中核酸的单体称为核苷酸。DNA 中所含的核苷酸种类只有 4 种,但数量可能达几十亿个。

一个物种区别于另一个物种的关键是每一个物种都具有自己独特的 DNA。在 DNA 中,核苷酸不同的排列顺序(见图 7.1),导致了生命物种的多样性。物种的繁衍也是通过 DNA 将母体的信息传递给下一代的。

(4) 蛋白质

蛋白质(protein)是生物体内一切组织的基本组成部分,人体中除了水之外,到处都有蛋白质。肌肉、内脏、各种转化酶,甚至毛发中都有蛋白质。

蛋白质是一类非常复杂的大分子化合物,蛋白质属于天然有机高分子化合物,由各种氨基酸(amino acid)组成,相对分子质量高达几万(例如白蛋白)、几十万(例如甲状腺球蛋白)、几千万(例如,烟草斑纹病毒的核蛋白)。正因为分子极大,它在细胞内就不会透析出细胞膜,在血管内就不会渗透出血管壁。它具有吸水性所以能使细胞或血管保持水分。

人体中有 10 000 多种蛋白质,占人体细胞干重的 80%。各种蛋白质在人体

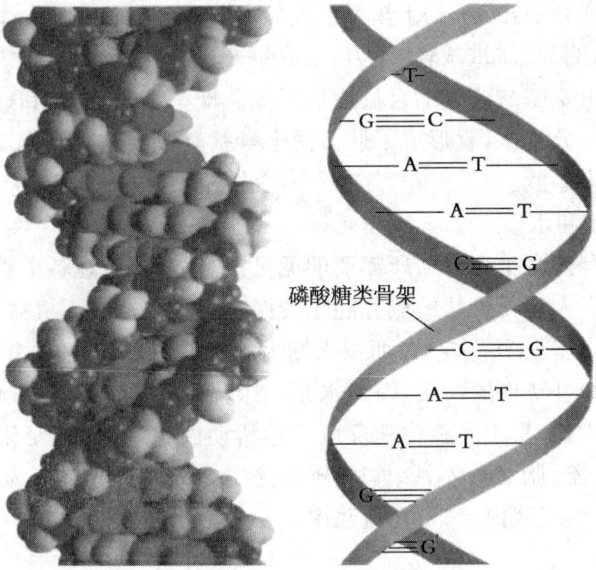

图 7.1　DNA 双螺旋结构图

内各司其职。如血红蛋白负责输送氧气。激素和酶也是蛋白质，它们在新陈代谢中起调节作用或催化剂的作用。蛋白质也是人体获得能量的来源，每一克蛋白质

小品　蛋白质的基础——氨基酸

蛋白质由 20 多种不同的氨基酸组成。氨基酸中氨基呈碱性，而羧基呈酸性，成了一个两性化合物。也正是这种性质，使氨基酸在人体内对酸碱起到了缓冲作用。体液的酸碱度能改变氨基酸的性质。酸性较强时，氨基酸呈阳离子性质，碱性较强时，则呈阴离子性质。使氨基酸呈中性的 pH 称为氨基酸的等电点。

$$H_3N^+-\underset{\underset{\displaystyle H}{|}}{\overset{\overset{\displaystyle R}{|}}{C}}-COOH \underset{H^+}{\overset{OH^-}{\rightleftharpoons}} H_2N-\underset{\underset{\displaystyle H}{|}}{\overset{\overset{\displaystyle R}{|}}{C}}-COOH \underset{H^+}{\overset{OH^-}{\rightleftharpoons}} H_2N-\underset{\underset{\displaystyle H}{|}}{\overset{\overset{\displaystyle R}{|}}{C}}-COO^-$$

呈阳离子性　　　　　等电点　　　　　呈阴离子性

氨基酸中有 8 种被称之为必需氨基酸，为人体不能合成，必须依靠食物而摄入。它们是亮氨酸、异亮氨酸、胱氨酸、苏氨酸、色氨酸、蛋氨酸、苯丙胺酸、缬氨酸。

在体内氧化后能释放出16.7kJ热量。成年人每天必须补充60g蛋白质,否则会引起营养缺乏症,例如,体重减轻,乏力,未成年人还会发育迟缓等。

蛋白质是由氨基酸通过缩合反应而形成。即一个氨基酸的氨基和另一个氨基酸的羧基脱去一分子水,就形成了肽。两个氨基酸形成的肽称为二肽,多个氨基酸形成的肽则称为多肽。

(5) 无机盐和水

人体中还有许多生命活动所需要的无机盐,它们分布在各个组织中,以骨骼和牙齿中为最多。人体无机盐的成分随年龄而变,年龄愈大,无机盐含量愈高。胎儿的含量为每千克体重20g左右,而成人则为胎儿的两倍。

水是人体不可缺少的物质,因为水是一个极好的溶剂,很多物质可溶于其中,有的还呈离子状态,易于实施化学反应。越活动的组织,化学变化越多,需要水也越多。牙质、骨骼、脂肪最不活动,水分也就最少。人体的2/3为水,其中70%在细胞内,20%在组织液内,10%在血浆中。

2. 人体中的化学变化

人体中发生的化学反应极多,它们的共同特点是反应速度极快,反应十分完全。有些反应若在体外进行,就几乎不可能发生。例如,人体的温度仅37℃左右,而糖燃烧成二氧化碳的反应就烧得非常完全。同样的反应若在体外进行,则需几百摄氏度的条件下才能进行。又例如,蛋白质的水解反应,体外要加热到100℃才能进行,且要花费一天的时间才能完成。而在人的消化道内,在37℃的温度下,一两个小时就能完成。更有许多反应,在体外是无法进行的,而在体内则轻而易举。这是因为人体内有一种特殊的物质,那就是酶。它是一种特殊的催化剂。酶是一种蛋白质,由细胞产生,但脱离细胞仍有作用。酶溶于水成胶体溶液,极不稳定,凡加热、遇酸或遇碱均有可能被破坏。酶既然是一种催化剂,那么反应的正反两个方向均可被它所催化,如人体内的脂肪转化酶,既可以将脂肪分解为油酸和甘油,又可以将油酸和甘油合成为脂肪。人体内的各种酶,其选择性极强,也就是它们的专一性特强。一种酶只能作用于某一个反应,如蛋白酶只能加速蛋白质的水解,而对糖和脂肪的转化毫无作用,而蔗糖的水解只有依赖于蔗糖酶。这样就保证了人体中需要的反应可以适时发生,而又不至于干扰其他部分。

很多酶必须有辅助因子(称为辅酶)才能起作用。辅酶往往是一种有机化合物,加热易被破坏。如羧酶必须要有辅羧酶的配合才能把丙酮酸变为乙醛。因此现在也有人认为,凡酶均有主酶和辅酶两部分,合起来才是全酶。有的酶还必须有诱激剂的触发才能发挥作用。如胃蛋白酶元只有在和氢离子接触时才变成胃蛋白酶。唾淀粉酶必须有氯离子存在才有分解淀粉的活性。有些诱激剂本身也可以是酶，称作为激酶。如，肠激酶会使没有作用的胰蛋白酶元，变为有作用的胰蛋白酶。

酶必须在一定的环境中才能起作用，体内大多数酶在 37℃和中性的溶液中才能发挥作用。稍有改变，反应就会受到影响。为维持正常的生命活动，人体内的环境，即生理环境必须恒定。

人体内所发生的化学变化，种类繁多，情况复杂，且有相互影响。因此这些反应必须相互协调才能有条不紊地维持生命运动。这种协调作用是依赖神经系统，尤其是大脑皮质的管制。大脑皮质通过神经和激素来影响器官的活动。而器官的活动基础是物质和能量的改变，也就是化学反应的过程。所以大脑皮质调节器官的活动，实际上就是调节其化学变化。化学反应往往是可逆的，当原料和产物达到一定比例时，反应也达到了平衡，这时正向反应速率与逆向反应速率相等。任何原料和产物量的变化又会引起变动，直至达到新的平衡。例如大脑皮质通过神经和激素来影响血液循环，血液循环加快，则原料(养分)供应充分，同时带走废物(生命活动中的化学反应产物)，因此化学反应迅速进行。若血液循环减缓，则原料减少，产物淤积，使化学反应减慢或停止，甚至向反方向进行。又如大脑皮质影响呼吸，改变氧的供应和二氧化碳的呼出，这里也是控制原料和产物的问题。此外，大脑还通过控制激素的分泌来调节酶的作用。近年来，激素在感觉、记忆、学习、行为等大脑活动中的作用也受到关注和进行更深入地研究。

二、化学元素在人体内的作用

1. 微量生命元素的作用

在诸多的化学元素中，有许多元素与人类生命活动密切相关，也是必不可少的。因此这些元素被称之为“生命元素”。目前，科学家们认为，生命元素有 27 种之多，其中 13 种为非金属元素，14 种为金属元素。它们在人体中维持着平衡，每一种元素的含量由生命活动的需要而定。既少不得，也多不得。通常把人体中含量低于 0.01 % 的生命元素称为微量生命元素。

到目前为止，已确认的微量生命元素有 16 种之多。它们是：锌、铜、铁、钴、铬、锰、钼、碘、砷、硼、硒、镍、锡、硅、氟、钒等。表 7.1 列举其中一些作用。

(1) 硒(Se)

以元素硒(Selenium)为例，它的作用是在人体内保护细胞不受损害，也是维持细胞正常功能的一种酶(谷胱甘肽过氧化物酶)的组成部分。并且对于免疫细胞吞噬病菌的能力有重要的作用。硒还可以保护眼睛和使视力敏锐。据报道，山鹰眼睛中的硒含量比人类高出了10倍。这就是为什么山鹰可以在高空看清地面上小动物的原因。人体若缺乏硒，则首先表现在视力上的衰退。最近有报道，有人用含硒量低于0.013 ppm(1 ppm＝1 mg·kg^{-1}）的基础饲料喂大白鼠，对照组则加0.5 ppm的硒。结果表明，后者明显优于前者，硒可以抑制癌症的发生和发展。动物试验表明，在饲料中加入适量亚硒酸钠可降低肝癌的发病率。据测量结果的统计数据为证：人体中硒含量高于一定数值，癌症就不容易发生。

表7.1 微量生命元素与人体健康

物质	日需要量(mg)	生理作用	缺乏症状	过量危害	存在食品
Fe	10～15	血红蛋白成分，输运O_2、CO_2，氧化还原酶反应中传递电子	低血色素贫血，心悸、心动过速、指甲扁平	铁沉着，皮肤发黑	肝脏，蔬菜、黑木耳、血糯
Cu	2.5	含于人体多种酶中，与Fe协同起氧化还原作用，形成人体黑色素	低血色素性贫血、白化症	沉积于肝、肾、脑中即成威尔逊病	同上
Zn	15	胰岛素成分，多种酶的组成部分，促进伤口愈合	发育障碍，免疫功能低、异食癖	刺激肿瘤生长	谷物、蔬菜、贝类
Co	0.1	维生素B_{12}组成部分，促进多种营养物质的生物效应	恶性贫血等，维生素B_{12}缺乏症状		蔬菜，肝脏
Mo		多种酶的辅助因子，减少人体对亚硝胺吸收			
Cr	5～10(μg)	作用于胰细胞上胰岛素敏感部位	易发糖尿病、冠心病、动脉硬化		海藻、鱼类、豆
Se	0.05～0.1	谷胱甘肽过氧化物酶的必需成分，抗衰老，抑制肿瘤	大骨节病、肝坏死	脱发、脱甲症、神经系统损害	海产品、猪、牛肾
F	1～2	骨骼，牙齿硬化	龋齿、心肌障碍	斑症、氟骨症	海产品、茶叶
I	0.1～0.3	甲状腺素成分	甲状腺肿、智力障碍	甲状腺亢进	海产品

毛发电极溶出法测定

54例健康人　　　　　　硒含量均高于600 ppm

57例消化道癌症患者　　硒含量均低于400 ppm

此结果具有极强的说服力，不是因为得了癌症才使硒含量减少，而是因为体内硒含量少了才得癌症。

(2) 锌(Zn)

再如元素锌(Zinc)对人体的作用，特别是对儿童生长发育的作用是十分重要的。很多孩子长不高，带孩子到医院检查后，医生往往会告诉你，你的孩子年龄 12 岁，骨龄只有 10 岁。这就意味着“发育迟缓”，究其原因则是体内缺锌。这种病例在挑食的儿童中常见。故发育阶段的儿童必须让体内有足够的锌。天然矿石“麦饭石”中含有丰富的硒和锌。

(3) 铁(Fe)

人体中铁(Iron)的含量仅为 4～6 g，但它却负有极为重要的功能。体内的铁大部分在血红蛋白内，是输送氧气的关键物质。虽然血红蛋白在不断代谢，但铁却可以留用，所以人每天需要补充的铁并不多(10～15mg)。食物中肝和蛋黄含铁很高，且易被吸收。此外，肉和绿色蔬菜中铁的含量也不少。

(4) 碘(I)

碘(Iodine)是人体内甲状腺素的主要成分。人体中碘集中在甲状腺中。甲状腺将碘和氨基酸结合成甲状腺素，再分泌入血液送到全身以刺激组织细胞，使其发生正常的活动。小孩和青年人甲状腺分泌较多，所以比较活泼。所以说甲状腺素是生命的动力。缺碘不仅缺少生命的动力，还会得所谓的“大脖子”病。所以说碘元素是人体中不可缺少的东西。相对来说，海生植物内含碘量高，经常吃海带之类食物，就不会缺碘。因而，沿海的居民很少得缺碘症。然而，我国内陆及山区的人，补碘就很困难。缺碘症是那里的常见病。为了全国大多数人民的健康，政府决定，在食盐中加碘，使每一个人都能得到足够的碘。所以。市场上出售的食盐都是加碘盐。如果甲状腺分泌过多，就是病态，称为甲亢。病状为烦躁不安，心跳加快，有发烧的感觉，甚至眼球都会突出来。患有这种病状的病人，胃口特别好，但人却日渐消瘦。为了抑制亢奋，就不能再补碘。当然也就不能食用加碘盐。由此可见，化学元素于人体，是既少不得，也多不得。个中的辩证关系可见一斑。

人体所需的微量生命元素，主要是靠摄入的食物中来获得的。因此，对食谱广，饮食量正常的人来说，一般是不会缺乏微量生命元素的。然而，对于儿童或老年人，因种种原因而造成补充渠道受阻，有时需要适当补充一些微量元素。市场上有专门针对这种需要的保健药物，将人体所需的各种微量生命元素和维生素全都集中在一颗小小的药丸内，如果你缺少某些生命微量元素的话，可以从这种药物中获得你所缺乏的东西。

2. 宏量元素与人体的健康

(1) 钙(Ca)

钙(Calcium)是牙和骨骼的重要组成部分。钙有维持组织，尤其是肌肉和神经正常反应的功能，血液和体液中的钙量是一定的，多了使肌肉和神经迟钝，少了就过度敏感。风疹块就因血液中缺钙而发生，治疗的方法就是静脉注射葡萄糖酸钙。

血清钙质必须维持在这个狭小的范围内。一旦少于这个数值，就必须由骨骼中的钙来补充，而高于这个数值时，再将多余的钙储存于骨骼之中或排泄。血液和骨骼之间的这种钙交流是受甲状旁腺的管制。甲状旁腺激素使骨骼脱钙。若甲状旁腺素分泌太少，或作甲状腺手术时，误将甲状旁腺一并割除，血钙就减少，常会发生抽搐等症。若分泌太多，骨质大量脱钙，使骨质变得稀松而不坚固，而血钙增加，细胞迟钝。

维生素 D 促进血液里的钙和磷浓度增加，并将一部分存储于骨骼之中，使骨骼钙化。所以，缺少钙和维生素 D 都会造成骨骼生长阻碍。

成人每日需要钙量约为 0.7 g，正在发育的小孩则要多些，约 1 g 左右，怀孕妇女由于胎儿需要，补钙更应多些。补钙的同时不要忘记补维生素 D。

据医学上的说法，钙还是人体内的信息传递物质。

(2) 磷(P)

磷(Phosphorus)在体内以磷酸盐形式存在，起着维持体内正常酸碱度的作用。另一种是以磷酸和磷脂的形式存在，它是糖和脂肪吸收和代谢过程中必需的物质。所以细胞的磷脂和核酸都含有磷。食物中骨、蛋、豆、乳富磷和钙；蔬菜、坚果富钙；肉和鱼富磷。

缺钙的人不宜吃菠菜和谷类，这是因为，菠菜中的草酸和谷类中的植酸都能和钙反应而生成不溶性的钙盐，从而不能为人体所吸收。

(3) 钾(K)、钠(Na)和氯(Cl)

钾(Potassium)、钠(Sodium)、氯(Chlorine)是维持体内渗透压、酸碱度，以及肌肉和神经细胞的应急性物质。细胞内由钾来维持，细胞外则由钠来维持，氯大部分是在胃液中。这三个元素在生理上都是重要的元素。

人体缺钠会感到头晕，乏力，长期缺钠易患心脏病，并可导致低钠综合征。这种情况容易出现在人体大量失水后，所以高温工作者的饮料中要加适量的食盐，水泻病人需要静脉注射生理盐水。一般成年人的食盐摄入量以 4～10 g/天为宜，高血压患者则以 1～3 g/天为宜。1988 年 5 月在斯德哥尔摩召开的“食盐与疾病”国际研讨会上，有报告说，人体随钠盐摄取量的增加，骨癌、食道癌和膀胱癌的发病率也增加。如果增加钾盐的摄取量，则胃肠癌的发病率成比例下降。也有报告说，在饮食中以部分镁盐和钾盐取代钠盐，会对糖尿病，高血压和骨质疏松症有一定疗效。市场上低钠盐的出现，就是为适应这一需要而制造的。

钠还和水肿有关，水肿组织中由于含过多钠盐，水就由外向内渗透而造成水肿。因此水肿病人应少食盐。

除此之外，还有一些常量元素也是生命活动中必不可少的，它们的功能如

表 7.2所示。

表 7.2　人体常量生命元素的含量和作用

元素名称	质量分数/%	作　用
氧(O)	65.00	水及有机物的成分
钙(Ca)	2.00	骨和牙的成分,神经传递,肌肉收缩
钠(Na)	0.15	维持细胞外的体液平衡
碳(C)	18.00	有机化合物的成分
磷(P)	1.00	生物合成和能量代谢
氯(Cl)	0.15	胃液成分细胞外维持平衡
氢(H)	10.00	水及有机物的成分
硫(S)	0.25	蛋白质的成分
镁(Mg)	0.05	酶的激活
氮(N)	3.00	有机化合物的成分
钾(K)	0.35	维持细胞内的体液平衡

尽管很多元素对人体健康是必不可少的,但并不是多多益善,正如图 7.2 所示,摄入过多也会引起中毒。

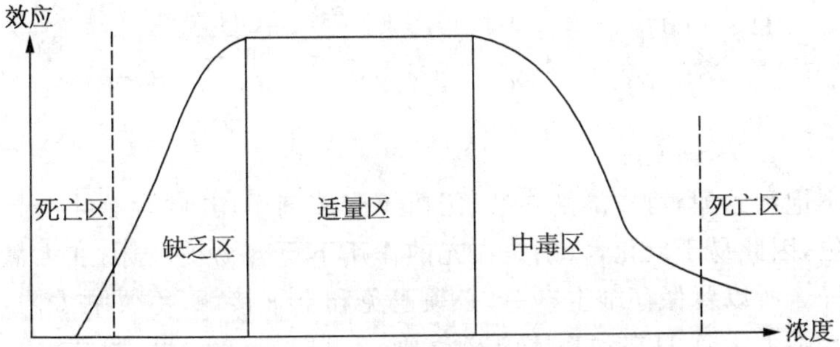

图 7.2　微量元素的安全范围

三、维　生　素

人体对维生素的需要量虽然非常小,但它是维持正常生理功能所必需的物质,因此十分重要。维生素是有机化合物,而不是构成细胞的物质。许多辅酶或辅基含有维生素成分,参与各种代谢活动。和激素不同,它不是体内内分泌腺分泌的。

有些维生素是由肠内寄生的细菌制造的，而有些则必须通过食物来供给。

各种维生素缺乏时，所影响的细胞功能不同，发生的症状也不同，但是细胞的任何功能受到损害，细胞的生长发育就不能正常进行，所以缺乏任何一种维生素，都能使人体的生长发育受阻碍，或者停止，甚至死亡。如脚气病、坏血病、癞皮病、夜盲症等皆由缺少维生素引起。从 1912 年波兰化学家冯克从米糠中提取出维生素 B_1 开始，人类不断地探明了若干于人体极为重要的维生素，如美国科学家戴维斯从鳕鱼肝中提取了维生素 A，肖波得到了维生素 B_{12}，目前已经发现的维生素有 20 多种而世界公认有 14 种维生素，表 7.3 为一些较为重要的维生素。

表 7.3　重要的维生素

脂溶性维生素	水溶性维生素
维生素 A(A_1，A_2，胡萝卜素)	维生素 B(B_1，B_2，B_6，B_{12}，烟酸，泛酸，叶酸，生物素，肌醇等)
维生素 D(D_2，D_3 等)	维生素 C(抗坏血酸)
维生素 E(α，β，γ，δ-生育酚)	维生素 P
维生素 F(亚油酸，亚麻酸，花生烯酸)	
维生素 K(K_1，K_2，K_3，K_4，K_5)	

1. 维生素 A

维生素 A_1 就是视黄醇，其结构式为：

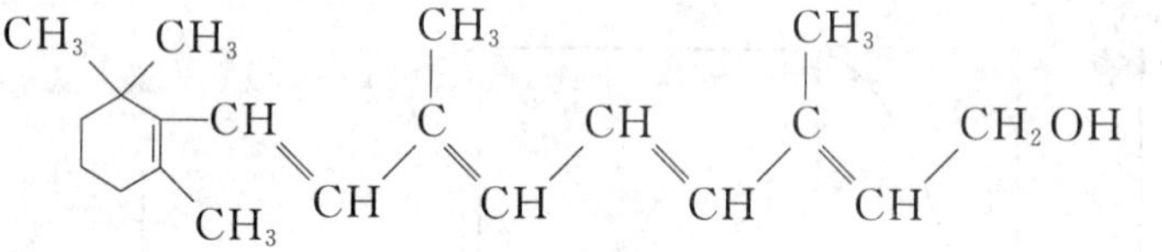

它是一个不饱和的醇，可以溶解在醚、氯仿等脂溶剂中，其中含有 4 个异戊二烯共轭双键单位，因此易于氧化，特别是在光的作用下更容易被破坏，在无氧条件下热稳定性很好。所以要保存维生素 A，必须避免和空气接触，不要晒太阳，热菜时要盖上盖子。维生素 A 只在动物体内有，譬如，鱼肝油、鱼子、肝、蛋黄等。

维生素 A_2 为脱氢视黄醇，在 3，4 -位上有双键。维生素 A_2 的生理作用与维生素 A_1 的相同，但生理活性只有 A_1 的 40%。类胡萝卜素等物质在体内会分解而显示维生素 A 的效力，所以又称维生素 A 原，其中以 β-胡萝卜素、α-胡萝卜素效力最强。β-胡萝卜素结构为：

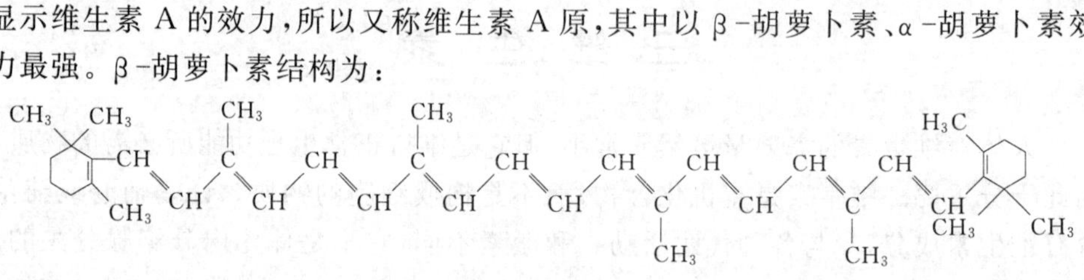

它水解后可以产生两个视黄醇。

维生素A有两个重要的功能。一是它为视紫红质的成分,而视紫红质是眼睛视网膜上的色素,遇到光线成为视黄质,这种变化刺激视神经,使人感觉到了光的明亮。视黄质再变回视紫红质后仍可再感光,在这反复变化中维生素A有消耗。如果不进行补充,视紫红质渐渐减少感光就不灵敏了。所以缺少维生素A,使视网膜不能很好感受弱光,在暗处不能辨别物体,这就是夜盲症。二是它为上皮生长所必需的物质,缺少了会使上皮萎缩,长出角质的细胞,引起蟾皮病、眼干燥症。角质细胞不能很好地保护下层组织,碰到细菌,易受感染。所以缺少维生素A易得各种传染病,譬如感冒、肺炎。最近的研究报道维生素A有抗癌作用。

人体的肝脏能储存维生素A,肝脏有病或对维生素A有吸收阻碍时,就会出现维生素A缺乏症。维生素A存在于奶油、蛋黄、肝脏,而类胡萝卜素则富含于胡萝卜、番茄、柑橘等黄绿色蔬菜与水果中。

2. 维生素D

维生素D常与维生素A共存。D中效力较高的有D_2(麦角钙化醇)与D_3(胆钙化醇),它们均为甾醇衍生物。人体中的麦角甾醇等维生素D原经紫外线作用后即可转化为维生素D_2,因而一般认为,成年人如果不是生活在见不到阳光的地方,很容易得到足够的维生素D。

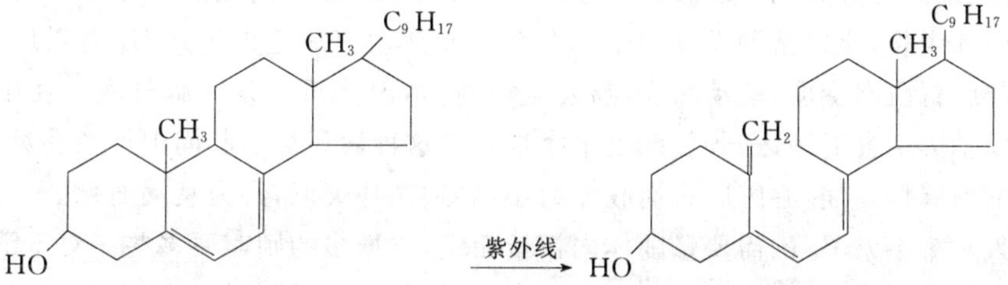

麦角甾醇　　　　维生素D_2

维生素D促进钙和磷在小肠吸收,使血钙和血磷浓度增加,磷酸钙在骨骼沉着,骨骼钙化。若由食物得到足量的钙和磷,维生素D少了也照常钙化。小孩需要许多磷酸钙,没有维生素D的帮助是不够用的,所以小孩必须补充维生素D。缺少维生素D,骨骼的磷酸钙少,骨质变软,这就是软骨症。严重的造成X形腿、O形腿、鸡胸或小儿佝偻病等。但维生素D吃多了也要中毒,在不应该有磷钙沉淀的组织内也发生了钙化,如肾、血管、心脏、支气管内皆有可能。

3. 维生素 B

(1) 维生素 B_1

维生素 B_1 为硫胺素，它的结构式为：

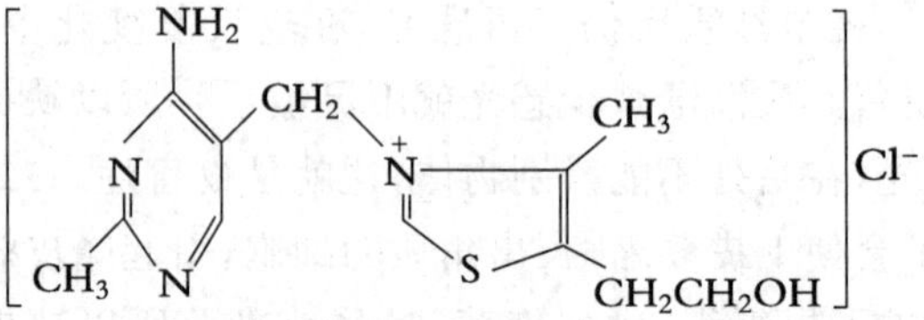

含硫胺素最多的食物为酵母、粗米、粗面、花生、黄豆、肝、肾、牛肉、瘦猪肉、鸡蛋等，而贝类、淡水鱼、蕨菜、紫菜中含有能使 B_1 分解的硫胺酶。

硫胺素有自由氨基，可以与酸结合成盐。医疗上常用盐酸硫胺素，因为它比硫胺素的溶解度大。硫胺素在酸性溶液中较稳定，遇热、遇碱，特别是有 Cu^{2+} 离子存在时十分容易分解。虽然维生素 B_1 的分布极广，各种食物中皆有，但若加热超过100℃，或加热时间过长损失极为严重。

硫胺在人体内和两个磷酸分子结合成焦磷酸硫胺，是体内脱羧酶的辅酶成分。脱羧酶可促成糖代谢的中间产物丙酮酸氧化。缺少焦磷酸硫胺素，脱羧酶没有作用，体内丙酮酸不能氧化，脑和血液中丙酮酸大大增加。维生素 B_1 少了，糖代谢不正常。神经组织完全由糖的氧化供给能量，维生素 B_1 就更为重要，缺少维生素 B_1 时，神经最易受到影响。硫胺素增进肠胃蠕动能力，促进消化液的分泌，又促进细胞代谢和生长，所以帮助身体的生长发育。如食物中缺乏维生素 B_1 则胃口欠佳，且引起肠胃肌肉变弱，蠕动减少，易发生便秘，情况严重则发生脚气病。在中国和日本以米为主食的地区，脚气病发生率很高。这种病还会引起周围神经发炎，导致肌肉渐渐麻痹萎缩，心脏肥大而收缩力小，导致循环失调，心力衰竭而死。

人对维生素 B_1 的需要量随体内糖量而定，吃糖多的则需要多些。对于消化道有疾病的人，孕妇以及常喝酒少吃食的人来说更需人为补充维生素 B_1。

(2) 维生素 B_2

维生素 B_2 是核黄素，这是因其存在于细胞核内而得此名。结构式为：

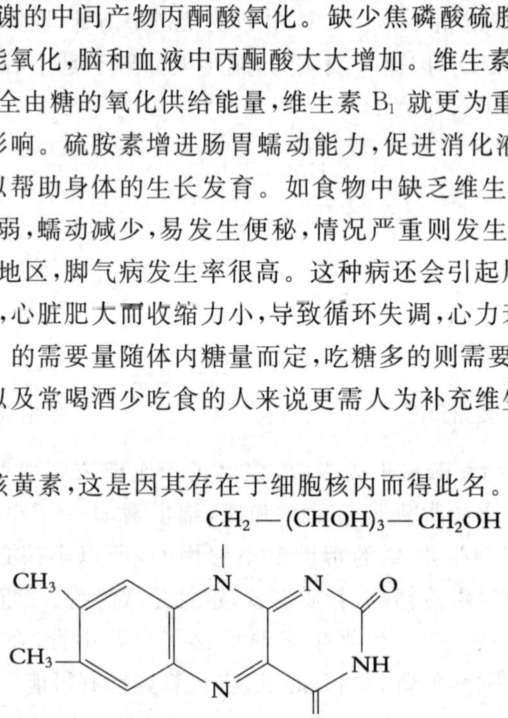

这是一种橘黄色的固体，微溶于水，受热不易破坏，但遇碱或见光可遭损坏。

在体内核黄素以黄素单核苷酸(FMN)和黄素腺嘌呤二核苷酸(FAD)形式存在，是生物体内一些氧化还原酶(黄素蛋白)的辅基，与酶蛋白结合较牢。所以核黄素广泛参与体内各种氧化还原反应，能促进糖、脂肪和蛋白质代谢，对维持皮肤、黏膜和视觉的正常机能均有一定作用。缺少维生素 B_2 则细胞内氧化作用不能很好地进行。其表现为发生皮炎，烂嘴角，舌头发亮发红，舌乳头肥大呈地图状，眼睛怕光，易流泪，角膜充血，会局部发痒，脱屑等。

食物中以肝、酵母、肾、心脏、蛋、瘦肉、米糠、麦麸、花生、菠菜中的维生素 B_2 含量多，此外乳中也有不少。核黄素在消化道很容易被吸收。谷类和蔬菜中的核黄素和其他物质结合很紧，必须在煮熟的过程中让核黄素分离出来才能被吸收。

(3) 烟酸和烟酰胺

烟酸和烟酰胺是维生素 B 家族中的一员，它们是白色晶体，微溶于水，遇热和氧都不易破坏。它们的结构式如下：

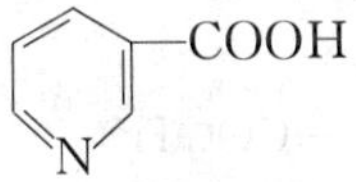

烟酸

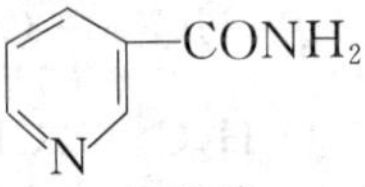

烟酰胺

各种细胞内都含有氧化作用所需要的辅酶，称作为辅酶Ⅰ和辅酶Ⅱ，它们是烟酰胺和核糖、磷酸、腺苷的结合物，因此烟酰胺是正常细胞氧化作用所必需的物质。

食物中若缺少烟酰胺，最初没有症状，直到严重时才会发生，这就是癞皮病。过去在灾民及贫苦人群中才有，现在已很少见了。它的症状是皮肤发炎、舌炎、胃口不好、腹泻、贫血、重的还会神态失常。皮肤的表现很特殊，是左右对称的硬而粗糙，颜色深暗，手、腕、颈部受太阳照射的部位最为严重，两手好像戴了手套一样。

食物中以萝卜叶、番茄、菠菜、牛肉、肝、酵母中含量为最丰富。

(4) 其他 B 族维生素

人体中除上述维生素 B 之外，尚有另外一些 B 族维生素，它们分别是下列物质：

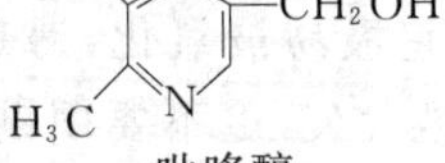

吡哆醇

吡哆醛

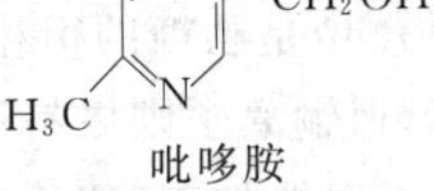

吡哆胺

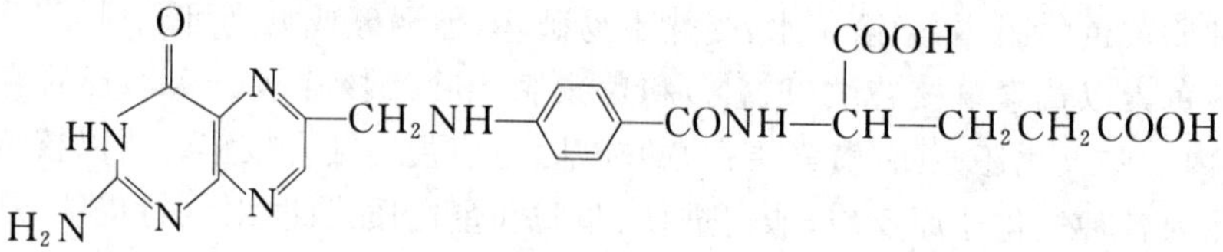

叶酸

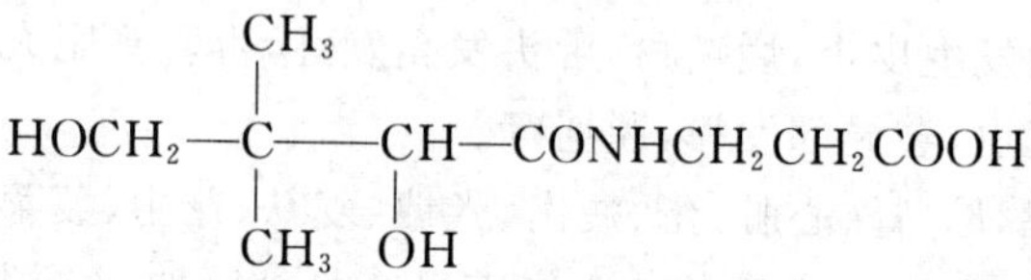

泛酸

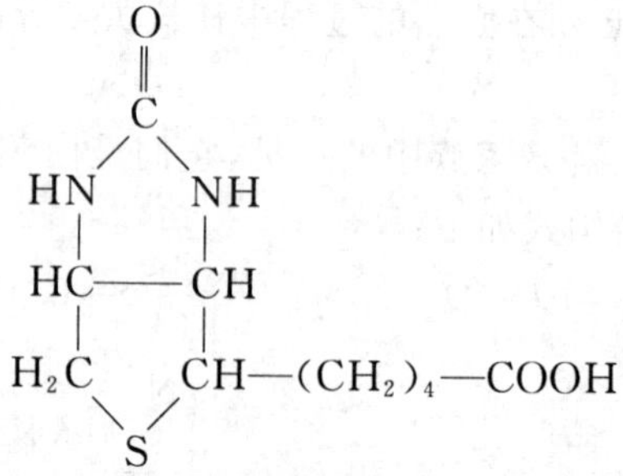

生物素

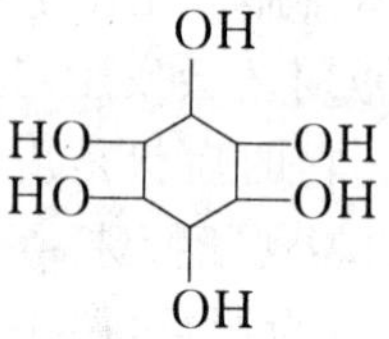

肌醇

$[(CH_3)_3N^+CH_2CH_2OH]OH^-$

胆碱

在各种维生素 B 中，烟酸、泛酸、生物素、胆碱、肌醇与皮肤黏膜病以及神经系统疾病有关，胆碱、肌醇还与分解脂肪有关，有预防脂肪肝的作用，叶酸是骨髓巨红细胞和白细胞等细胞生存和分裂的必需物质，临床上可用于治疗巨红细胞贫血，叶酸还有抗癌作用。

4. 维生素 C

维生素 C 是己糖的衍生物，白色晶体易溶于水。它极易被氧化，遇热遇碱均会被破坏，遇铜离子则更易被分解。所以煮菜不宜加热太久，更不要用铜锅，也不宜加碱。煮时要加盖，切碎的蔬菜不宜久放，否则与空气接触时间长了之后会被氧化而破坏其中的维生素 C。

维生素 C 又名抗坏血酸，在体内参与氧化还原反应。抗坏血酸可被氧化为脱氢抗坏血酸，而脱氢抗坏血酸在人体内的还原物质如谷胱甘肽等的作用下，又会还原为抗坏血酸。这一反应的循环进行保证了维生素 C 参与生理氧化还原作用。

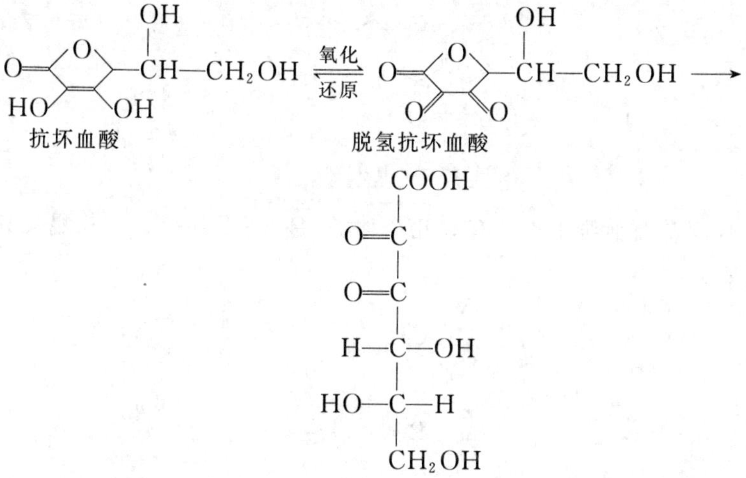

抗坏血酸　　脱氢抗坏血酸

2,3-二酮古罗糖酸

细胞互相黏连成组织，这黏连的物质是胶原蛋白。维生素 C 是制造胶原蛋白不可缺少的物质。此外维生素 C 的氧化还原反应在人体内起传递氢的作用，促成人体组织和细胞间质的生成，并保持正常的生理机能。人体骨骼中的软骨母质、血管内皮、任何纤维组织的成胶质都要维生素 C 来保护。缺少维生素 C，细胞间质中的胶原纤维消失，基质解聚，血管通透性增强，造成坏血病，俗称漏血病。譬如皮下有小血斑，受压后出血更多。齿龈出血，关节内出血，肿痛。骨质薄而稀松。如果有创口或骨折，很难复原。造血机能衰退，造成贫血。病人抵抗力差，容易传染到疾病。

维生素 C 对人体亚硝胺的形成有阻抑作用，大剂量维生素 C 的服用可预防感冒和癌症。过量维生素 C 不会引起中毒，它会通过尿而排出，但长期大量服用有形成结石的可能性。

水果、番茄、蔬菜都含丰富的维生素 C，橘子一类的水果含量更高。动物性食物中含量较少，只在肝、肾、脑中有一些。维生素 C 在消化道很容易被吸收，摄入的几乎完全吸收。人体内还有贮存维生素 C 的功能，垂体和肾上腺含量最高，短时的缺少还不致引起疾病。

5. 维生素 P 和维生素 K

以维生素 C 治疗坏血病时，必须有生物类黄酮物质存在，那就是维生素 P。它有提高人体中毛细血管强度的作用,并能促使毛细血管渗透压正常化。维生素 P 包括黄烷酮、黄酮、黄酮醇,它们的化学结构基本骨架如下:

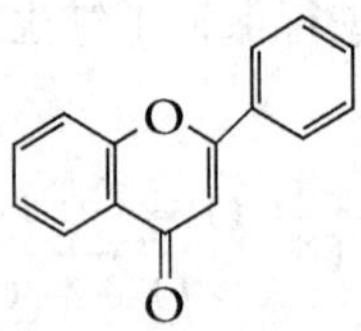

维生素 P 的基本骨架

维生素 K 又称凝血维生素。有好几个种类,是 2 -甲基- 1,4 -萘醌及其衍生物。结构式如下:

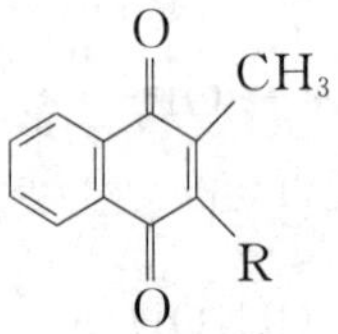

维生素 K

维生素 K 可以溶于脂溶剂,受热不易被破坏,但遇碱即失效。人工合成的维生素 K 都是水溶性的,可以制成针剂进行注射。很多细菌可以制造出维生素 K,人体肠腔内的细菌就会制造,所以成人不需补充维生素 K。

维生素 K 的生理功能跟血凝有关,它是加速血液凝固,促进肝脏合成凝血酶原所必需的因子。维生素 K 有 K_1(植物性)、K_2(动物性)、K_3、K_4(人工合成)等多种。

维生素 K 存在于绿叶蔬菜及蛋黄中,新生婴儿及肝脏有疾病的人应补充维生素 K。

6. 维生素 E

维生素 E 即生育酚,共有 8 种异构体,以 α、β、γ、δ 4 种较为重要。最重要的是 α -生育酚。其结构式为:

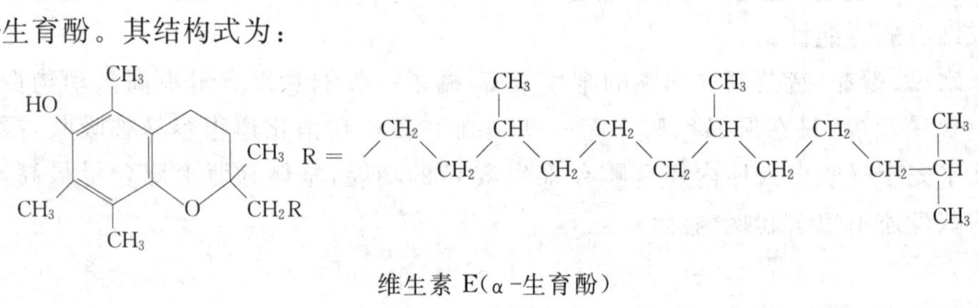

维生素 E(α -生育酚)

α -生育酚水解后生成的 α -生育氢醌分子中,有两个酚羟基,因而易被氧化,其机制为:

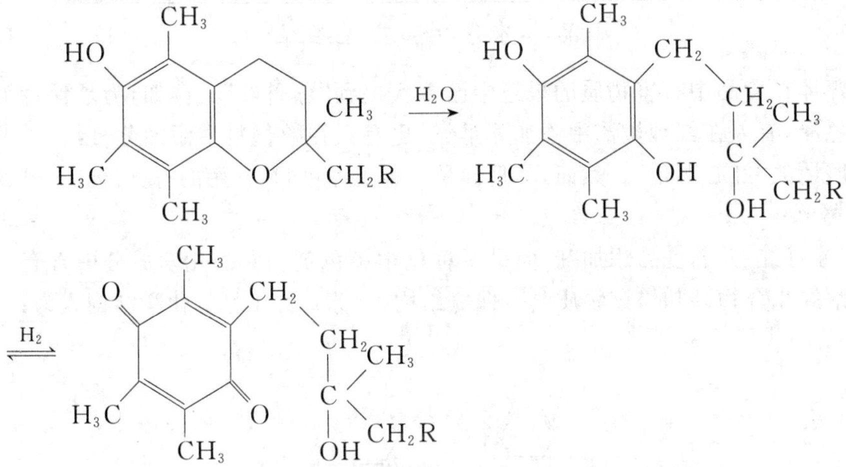

维生素 E 性质稳定，能耐酸、碱，在无氧存在时可耐 200℃的高温。在有氧存在时，维生素 E 易被氧化，是食用油脂最理想的抗氧化剂。在人体内，维生素 E 也具有抗氧化作用，有抗衰老的效果。其抗氧化作用又与微量元素硒的代谢密切相关。维生素 E 也具有增加血液中胆固醇的作用，还可减轻各种毒物对人体器官的损害。

课堂讨论——如何对待食品中的有害物质？

媒体上经常有关于食品中存在有害物质的报道。我们应该如何去看待它呢？是信它不再食用这种食品，还是冒着危险继续食用呢？例如说，曾有报道称：可乐中含有致癌的“苯”。理由是，可乐中添加了防腐剂“苯甲酸钠”，而可乐中又有具有还原性的“维生素 C”，两者反应后会产生“苯”。于是就有人不再喝可乐了。又如：台湾地区有关部门宣布阳澄湖出口的大闸蟹含有 4.7 ppb ($1\ ppb = 1\ \mu g \cdot kg^{-1}$)致癌物质“硝基呋喃”。又有人不吃阳澄湖的蟹了。你认为应该如何对待这样的报道呢？

提示

1. 请记住哲学的名言“从量变到质变”。

2. 化学反应都是有条件的，A 加 B 会生成 C，不是说有 A 和 B 就一定出现 C。

小品　苏丹红和孔雀石绿

媒体在食品中有害物质的报道中已多次提到"苏丹红"。例如，为了保持鲜红的色泽，有人在红辣椒酱中添加苏丹红；更有人在鸭饲料中添加苏丹红，以求生产所谓的"红心鸭蛋"。然而，苏丹红是一种工业染料，常用的有苏丹红 1 号、2 号、3 号和 4 号。

"苏丹红"并非食品添加剂，而是一种化学染色剂。它的化学成分中含有一种叫萘的化合物，同时，该物质具有偶氮结构，如苏丹红 1 号的化学结构式为：

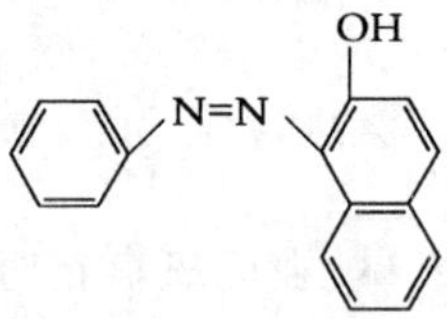

由于这种化学结构的性质决定了它具有致癌性，对人体的肝肾器官具有明显的毒性作用。苏丹红属于化工染色剂，主要是用于石油、机油和其他的一些工业溶剂中，目的是使其增色，也用于鞋、地板等的增光。所以，我们必须拒绝将苏丹红作为食品的添加剂。

据 2006 年香港《文汇报》报道，港府食环署食物安全中心对 15 个桂花鱼样本进行化验，结果发现 11 个样本含有孔雀石绿。

长期以来，渔民都用它来预防鱼的水霉病、鳃霉病、小瓜虫病等，而且为了使鳞受损的鱼延长生命，在运输过程中和存放池内，也常使用孔雀石绿。

"孔雀石绿"不是"孔雀石"，后者是自然界的一种矿石，学名为碱式碳酸铜。它的化学结构式为：

$$CuCO_3 \cdot Cu(OH)_2$$

而"孔雀石绿"(Malachite green)则是一个具有三苯结构的有机化合物：

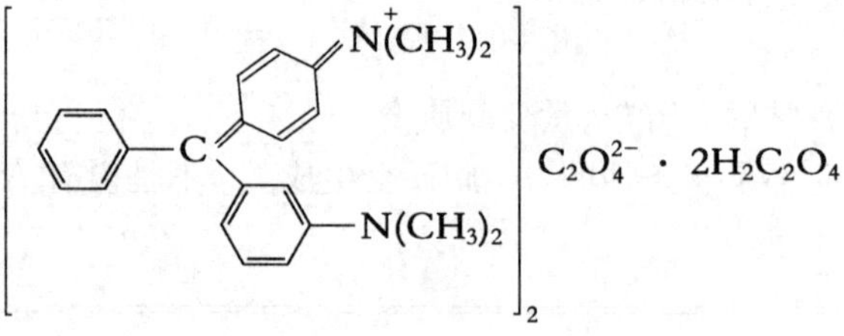

这是一种带有金属光泽的绿色结晶体，又名碱性绿、盐基块绿、孔雀绿，它既是杀真菌剂，又是染料，易溶于水，溶液呈蓝绿色。科研结果表明，孔雀石绿具有高毒素、高残留和致癌、致畸、致突变等副作用。鉴于孔雀石绿的危害性，许多国家都将孔雀石绿列为水产养殖禁用药物。我国也于 2002 年 5 月将孔雀石绿列入《食品动物禁用的兽药及其化合物清单》中，禁止用于所有食品动物。

在选购时，肉眼如何去识别带有孔雀石绿的水产品呢？

一是看鱼鳞的创伤是否着色。受创伤的鱼经过浓度大的"孔雀石绿"溶液浸泡后，表面发绿，严重的呈现青草绿色。

二是看鱼的鳍条。正常情况下，鱼的鳍条应是白色，而"孔雀石绿"溶液浸泡后的鱼，鳍条易着色。

三是若发现通体色泽发亮的鱼应警惕。

四、合成药物

化学学科对于人类健康的贡献还表现在化学为人类提供了合成药物。

人类的平均年龄正在不断地增加，1900 年仅 45 岁，而到了 1980 年已是 70 岁了，到 2000 年突破了 78 岁。其中一个重要的原因就是人类拥有了愈来愈多的药物。综观我们的药箱，其内容在过去的几十年中已有了翻天覆地的变化。一次世界大战时，医生能够使用的药物仅十几种，而现在已经到了数不清的地步了。化学在合成药物中的作用是举足轻重的。让我们略举几例来看一看化学在合成药物中的重要性。

1. 酸碱功能的妙用

人体的胃壁上有着成千上万个细胞，它们不断分泌盐酸，其作用为抑制细菌的生长，以及促进食物的水解，以便消化食物。正常情况下，这些酸不会伤害胃的内壁，因为内壁的黏膜细胞以每分钟 50 万个的速度在更新。然而，当分泌的酸过量的话，或者胃部有溃疡时，人就会感觉不适。针对这种症状，医学上就有了制酸剂。例如，开始使用碱性的碳酸氢钠(小苏打)、碳酸钙或碳酸镁等。之后又发现，若同时用增强黏膜保护的药物，则将会获得更大的疗效。于是就有了氢氧化铝和氢氧化镁药物，它们极为有效地形成一层保护性薄膜阻止胃酸对溃疡的作用。尤其是氢氧化铝，它是一个两性化合物，在水溶液中存在下列两种方式的电离：

$$Al^{3+} + 3OH^- \rightleftharpoons Al(OH)_3 \rightleftharpoons H_3AlO_3 \rightleftharpoons H^+ + AlO_2^- + H_2O$$

上述平衡遇酸则向左移动，遇碱向右移动。起到了调节胃酸酸度的作用，但这种氢氧化铝的薄膜是将整个胃壁都覆盖，这样就会造成胃壁的不适。

现在有一种 pH 为 10 的柠檬酸铋胶体妥善地解决了这个矛盾。原来溃疡表面的 pH 稍高于正常胃黏膜，正好是柠檬酸铋形成沉淀的酸度，而在 pH 较低的正常胃壁，它却不会沉淀，选择性地保护了溃疡部位，又不至于造成胃壁的不适。

小品　巧妙的“外衣”

阿斯匹林(aspirin)是一种作用缓和而通用性较强的退热止痛药物，没有副作用，所以深受人们偏爱。然而它却对胃壁有伤害，服用后会有不适感觉。一种新型的阿斯匹林是让它穿上了一件“外衣”。这件外衣在胃部的酸性环境中是不会溶解的。但是它却会在微碱性的肠中溶解，药物的吸收本来就是在肠道中进行的，这件“外衣”就起到了一举两得的效果，既不伤害胃部，又可以让药物被肠子吸收。这种巧妙的外衣是由甲基丙烯酸的共聚物制成的。

现在人们已经能够制造各种“外衣”，要药物在什么环境中溶解都可以。这里可以看到酸碱功能的又一次利用。

2. 染料也能治病

1935 年德国病理学家多马克(G. Domark，1939 年诺贝尔生理和医学奖获得者)偶然发现，经一种染料(Prontosil——染羊毛的红色染料)着色的培养基不会发霉长毛，于是认定这种染料有杀菌作用。后来，他女儿受链球菌感染，求遍了所有的医生仍未见好。在无药可治的情况下，他让自己的女儿服用了这种染料，奇迹果然发生了，他女儿的病被治愈了。可是，当人们用这种染料去做标准灭菌试验时，却一点儿也看不到这种染料有杀菌作用。这究竟又是怎么一回事呢?

图 7.3　染料可以杀菌

化学家解释说：这种染料是一种偶氮化合物，其偶氮键在酸性中很容易被破坏，分解成对苯二胺和氨基苯磺酰胺。而人的胃部是酸性的，染料在胃部发生了偶氮键的断裂和还原反应,染料早已不复存在,应该做分解产物的灭菌试验(见图 7.3)。果然,医生们证实产物中的氨基苯磺酰胺具有极强的杀菌作用。

染料 (prontosil)

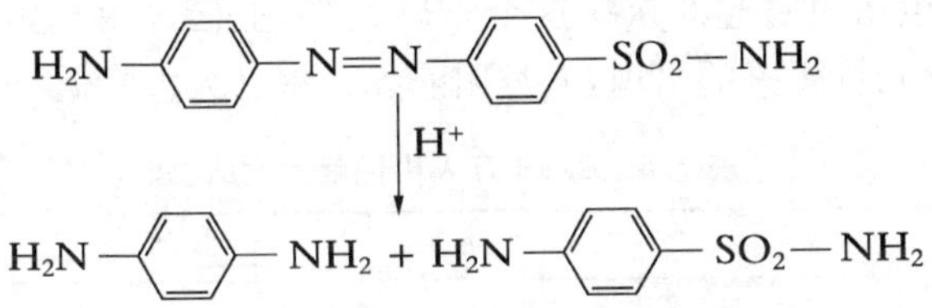

对苯二胺　　　对氨基苯磺酰胺

这个发现导致了一系列磺胺药物的合成和试验成功。到 1964 年为止,大约有 5000 多种磺胺类化合物被合成和进行了药效试验。其中确定有疗效并成为正规常用的药物有十几种。

小品　磺胺药物

多马克为女儿治病中的这个发现,导致了一系列磺胺化合物的合成和进行临床试验。其中直到目前还经常使用的有:

ST 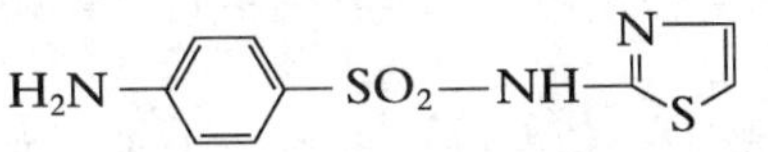 磺胺噻唑

SD 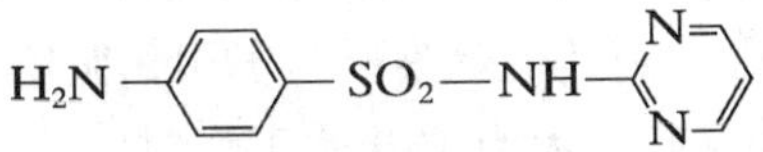 磺胺哒嗪

SG 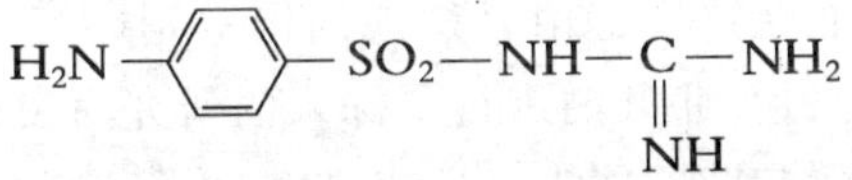 磺胺脒

SMZ 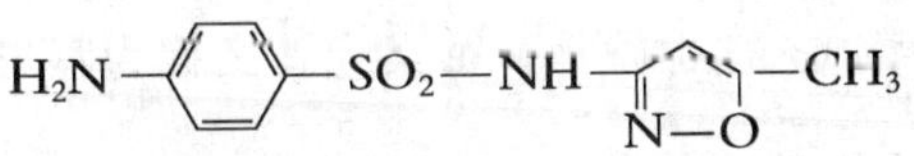 新诺明

磺胺药之所以可以杀灭细菌是因为它能阻止细菌生长所必需的维生素——叶酸的合成。在叶酸的合成过程中,需要一个关键组分——对氨基苯甲酸。

磺胺的结构与对氨基苯甲酸十分相似,因此也就非常容易地冒名顶替,搅乱了叶酸的生成。细菌因缺乏维生素而不能生存。而人类体内合成叶酸是不需要对氨基苯磺酸或对氨基苯磺酰胺的。

3. 细菌的克星——抗生素

随磺胺药物之后出现的抗生素更为人类作出了巨大的贡献。在我们这个时代,消除由于微生物而引起的疾病这个难题,实际上已经由抗菌素和抗生素解决了。由于抗菌素和抗生素的出现,人类因病死亡率已大大降低(见表 7.4)。

表 7.4　每 10 万人中因病死亡人数

	1900 年	1970 年
传染病	500	50
流感和肺炎	210	30
白喉	40	<1
伤寒及副伤寒	30	<1
百日咳	10	<1

抗生素如青霉素(penicillin)是由微生物产生的一种物质,它们能阻止其他微生物的生长。由于它们是如此的有效,以至于被誉为"神药"。其功能通常是去帮助白血球阻止细菌的繁殖。当一个人得了重病或者因此而死亡,这就意味着,侵入人体的细菌的繁殖速度超过了白血球吞噬它们的速度,细菌毒素增长的速度比抗体增加的速度来得快,而白血球抗体再加上抗生素的作用,就有可能挫败致病细菌的攻击。

(1) 青霉素

青霉素 1928 年首先被伦敦大学细菌学家弗莱明发现。当时他正在研究葡萄球菌的培养,这种菌会引起脓肿或者其他感染。为了用显微镜检查培养情况,他需要把培养皿的盖子移开一会儿。有一天当他开始工作时,突然注意到培养基被一种蓝绿色的霉菌所污染。而在这个霉菌繁殖地周围一定距离内,所有的葡萄球菌全被摧毁了。怀着极大的兴趣,弗莱明进行了深入的研究后发现,长霉菌的培养基也具有阻抑或杀灭许多致病病菌的能力。后来证实这霉菌就是 *Penicillium notatum*(因形状像铅笔而得名)。这也就是青霉素为什么称为盘尼西林的原因。青霉素族抗菌素的通式为

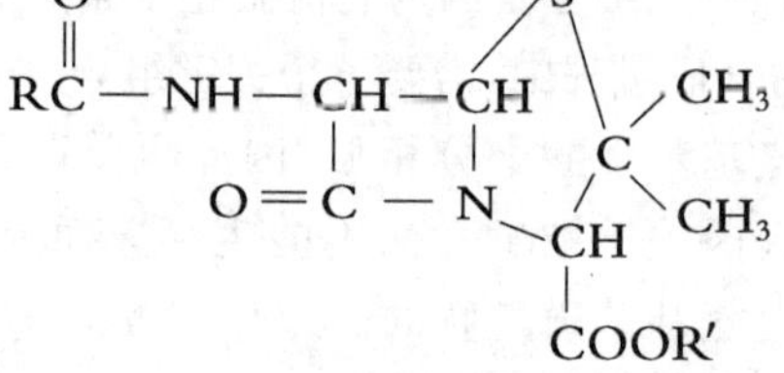

其中 R 为苄基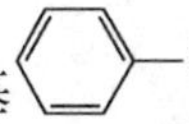—CH_2—，R′为 H 时即为应用最广的青霉素 G。它对动物细胞是无毒的，它的活性也是有选择性的。目前有许多种类的青霉素，主要是 R 基团的不同，G 型是应用最广泛的一种。青霉素的生产目前仍是以生化方法即发酵制备为主，杀菌的机理与抑制细菌细胞壁的合成有关。

(2) 链霉素和四环素

链霉素是 1937 年从土壤中分离出来的一种物质，这个化合物对控制某些病菌有极好的活性，于是 1947 年交付临床使用，然而由于它的不良副反应，尤其是儿童使用常会导致失聪，目前已被淘汰而禁用。1945 年达干从一种金黄色的土壤真菌中发现了一种新抗生素，称作为 aureomycin（金霉素），这就是第一个发现的四环素族的抗生素。随之而来，研究此类物质的高潮迭起。比萨实验室曾不遗余力试验了11.6万个土壤样品才得到了第二个四环素。四环素也是一类抗生素的总称，之所以称其为四环素，是因为这些抗生素中都有 4 个环相连。如下列 3 种常用的四环素：

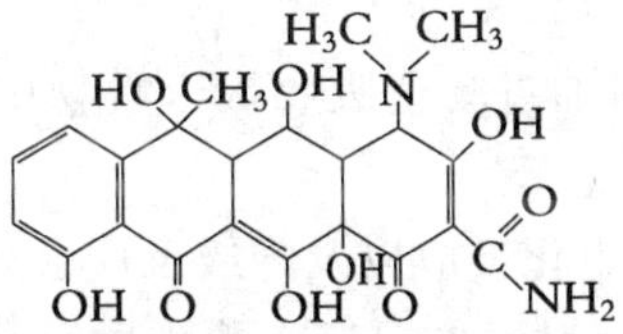

土霉素(Terramycin)

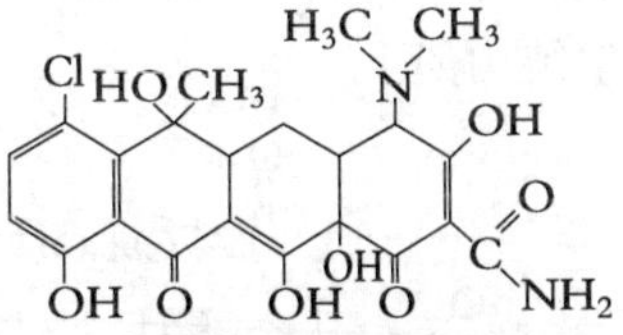

金霉素(Aureomycin)

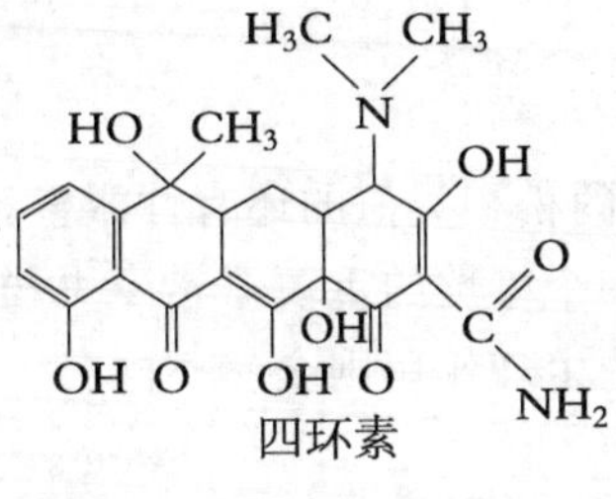

四环素

四环素也有副作用，那就是它也会杀灭正常存在于人体肠内的寄生细菌，从而引起腹泻。另有四环素牙，即儿童时期服用四环素过多会使牙齿发黄。

4. 计划生育的功臣——类固醇(激素)类药物

有一类天然存在的重要药物,那就是由下列四环结构组成的类固醇化合物:

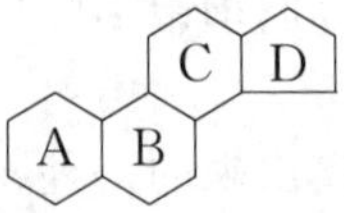

它们存在于几乎所有的动物和植物体内。其中最为广泛的动物类固醇就是胆固醇 $C_{27}H_{46}O$,它的化学结构如下:

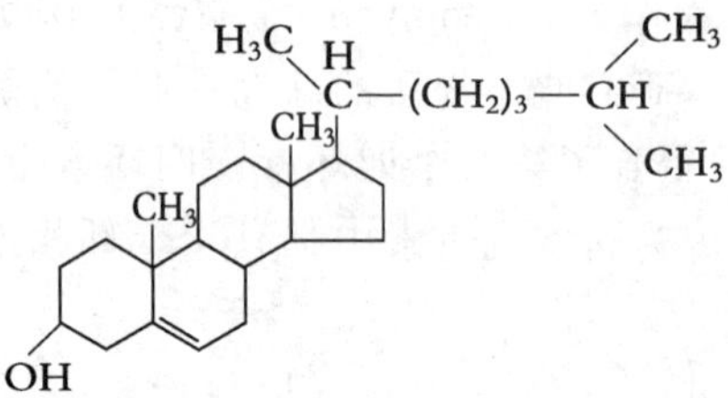

人体自身会合成胆固醇,也可通过肠壁吸收摄入食物中的胆固醇。人类的胆结石及动脉硬化症与此有关。

胆固醇在人体中发生的生化反应以及降级反应会产生许多重要的类固醇。可的松(cortisone)就是其中的一种。它是肾上腺皮质激素中的一种激素。当它被局部使用或者注射到有病的关节上时,它的作用就犹如一个消炎剂,因此,广泛地被应用于治疗关节炎。它的化学结构如下:

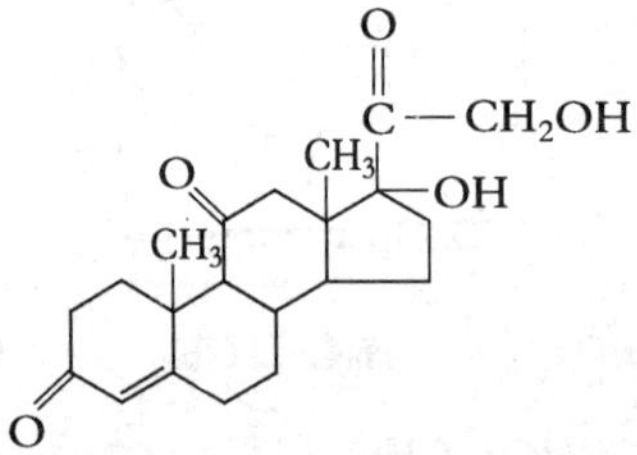

化学结构与胆固醇和可的松相类似的还有性激素。雌激素中一种称为黄体酮(progesterone)的激素与另一个雄性的重要激素睾丸甾酮(testosterone)在化学结构上只有些微差别,但它们的生理作用则全然不同。

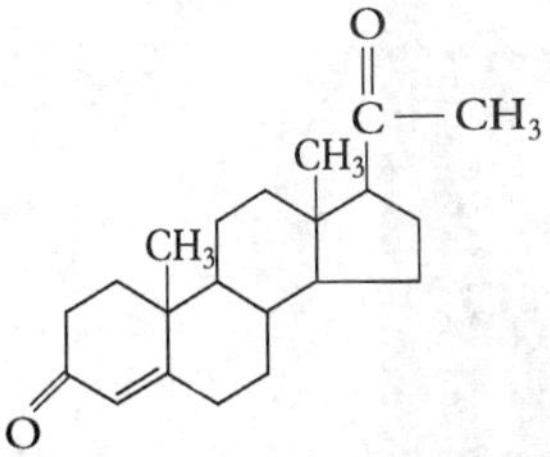

黄体酮

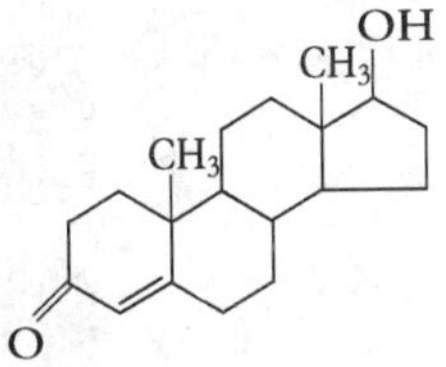

睾酮

另外一些雌激素(estrogen)如雌二醇(estradiol)和雌酮(estron)的特点是在四环结构中都带有一个苯环：

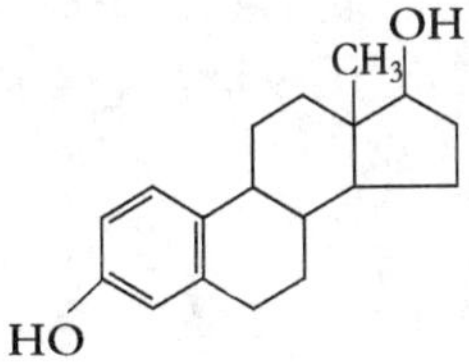

雌二醇

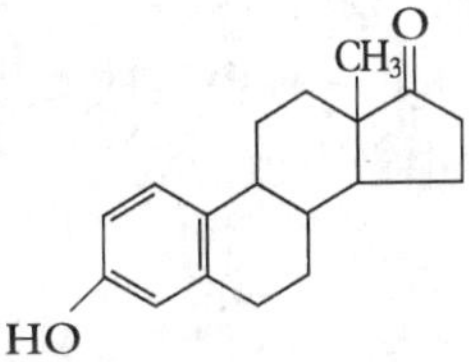

雌酮

人类历史上一个重大的革命性发展之一，就是在1960年全球范围内推广使用避孕药片。女性口服避孕药片的基本原理就是利用化学药品的特点去模仿导致怀孕的激素分泌过程，从而阻止排卵。在怀孕期间，妇女由于激素分泌发生变化，卵巢不再生产卵子，所以药片使人体内的内分泌系统上当受骗，这样就达到了避孕的目的。尽管这些药物的详细机理以及它们对人体的长远影响还不是十分清楚，但人类已经掌握了一系列类固醇之类的激素药物来控制全球的人口增长速率。这些药物的主要成分为黄体酮和其他一些雌激素。

5 止痛药的遗憾

止痛药是人类常用的一种药物，也是药物开发中较早发展的一类药物。可以说这是一种常用的药物，绝大多数人会需要它。然而，目前所使用的有效止痛药，大多具有上瘾性。当这些药物大量使用而又使用不当时，就会有危险发生，服用过量甚至会成为杀手。这类药物确实具有极好的止痛效果，如，吗啡就是其中的一个。吗啡是从鸦片里提取的。众所周知，鸦片是从罂粟花的籽荚上提取而得的(见图7.4)。

图 7.4　罂粟花籽荚

如果在籽荚上划一条痕，就会从痕中流出一种黏稠的浆体物质，它含有二十几种称为生物碱的物质（一种含氮的有机化合物）。其中 10%左右是一种称为吗啡的物质，也是鸦片中最有效的成分。它的化学结构式为：

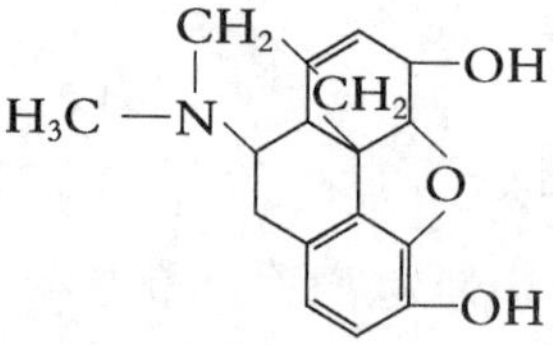

该化合物有两个极为著名的衍生物：

一个是吗啡的单甲醚衍生物——可待因。它也有极好的止痛效果，而上瘾性比吗啡好一些。它的结构式为：

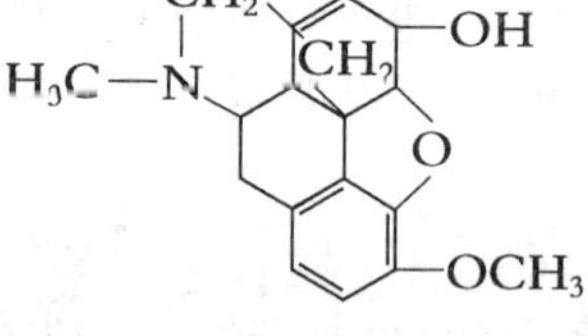

另一个是吗啡的二乙酰衍生物——海洛因。它比吗啡更容易上瘾，因此已无药用价值，在社会上已成为主要的毒品。它的结构式为：

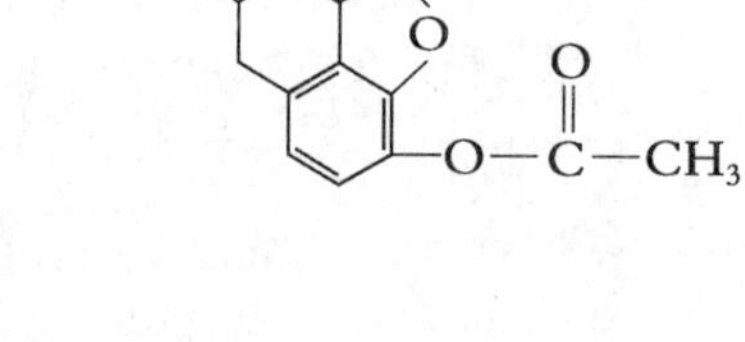

为什么会上瘾呢?

1973年梭罗门·斯尼德等发现,人的大脑和脊柱神经上有许多特殊的部位,止痛药、麻醉药剂乃至毒品的分子正好进入这种位置。正如钥匙插入锁中一样,把传递疼痛的神经给锁住了,于是疼痛感就消失。1975年约翰·赫杰斯等又发现,脊椎动物自身会产生这类物质,他们称它为enkephalin。当人们处于一种疼痛状态时,就会产生一些麻醉物质去占据那些特殊位置,以减轻疼痛。如果经常使用外来的类似药物,就会引起自身产生这类物质能力的降低或丧失。一旦停用这些药物,人就会感到浑身不舒服,非得再用药不可,这就是上瘾的机理。根据这种说法,人们又合成出一些止痛的药物如可卡因(cocaine):

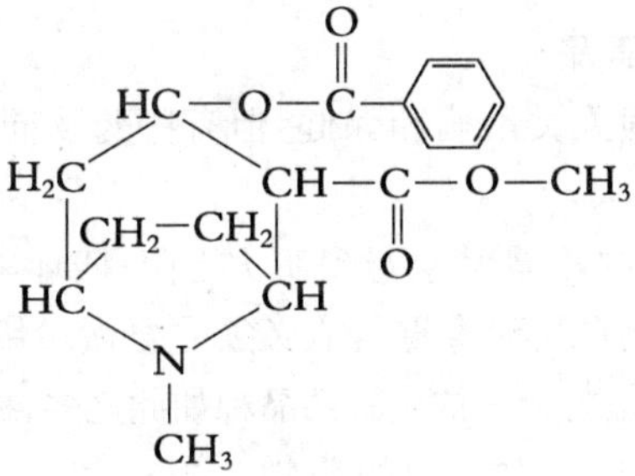

还有普鲁卡因(procaine):

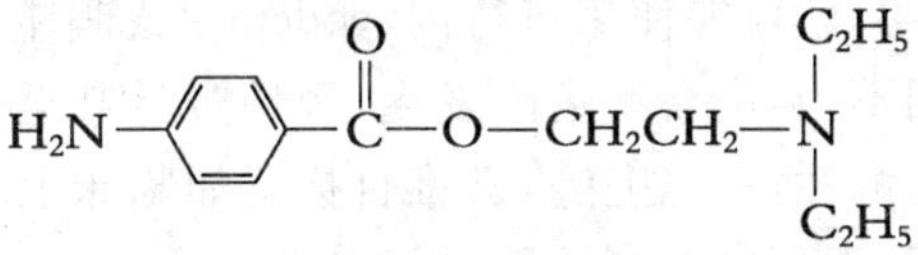

遗憾的是当代的化学家们始终没有合成出一种其止痛效果如吗啡,而又没有上瘾性的止痛药物。就合成药物而言,化学家们的肩上,任重而道远。为此,人们一直偏爱着一个止痛效果不如吗啡,但却没有上瘾性的药物,那就是阿斯匹林。它虽然止痛作用比较缓和,但通用性强,不仅可以止痛还可以退热,最近更有报道说,每天小剂量服用阿斯匹林,可以防止肠癌和降低血液的稠度。更可贵的是它没有任何后遗症。目前,有人已把它作为保健药物来服用。阿斯匹林(乙酰水杨酸)是由下列路线来合成的:

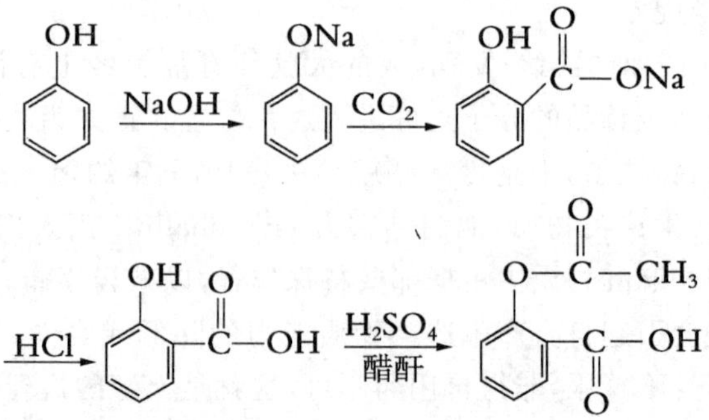

6. **慎用药物　远离毒品**

尽管合成药物可以为人类治病和保健，但有些药物同时也会带来一些副作用，因此必须谨慎使用。

在我们常用的抗生素中，链霉素会导致听力下降；四环素会造成牙齿色斑，青霉素对有些人会发生过敏，因此在注射青霉素前必须先要做过敏试验。此外，常服抗生素后，还会产生抗药性，这就是为什么抗生素的品种如此之多，换代如此之迅速的原因。

又如，止痛药是人类生活中常用的药物。当你感到头痛，就会想到阿斯匹林(aspilin)；当你去补牙或抽去牙神经时，医生就会使用奴佛卡因(novocain)。当某些更严重的疼痛来临时，就可能使用可待因(codeine)或吗啡(morphine)。大量使用这种药物，而又使用不当，就会有危险发生，服用过量甚至会成为杀手。这是因为，许多止痛药都有上瘾性，一旦上瘾，极难自拔。如临床上使用的吗啡和杜冷酊等都必须控制使用。至于那些上瘾性极强的海洛因(heroine)则是毒品，绝对不能碰见图7.5。表7.5为我国规定的毒品一览表：

表7.5　毒品一览表

毒品名称	特　　性
罂粟	草本植物，夏季开花，花瓣脱落后，露出果实，称为罂粟果。用刀割开外壳有乳白色汁液流出，为鸦片的原料
鸦片	罂粟汁经干燥并在空气中氧化后所形成的棕褐色或黑色膏状物。民间曾称“大烟”、“烟土”、“鸦片烟”等
吗啡	从鸦片中提炼出来的一种麻醉剂，为白色针状结晶或结晶状粉末。有苦味，溶于水，略溶于酒精。虽入药但须控制使用
海洛因	将吗啡和醋酐回流后制得的产品，极易上瘾且难以解脱的极毒品。民间称谓“白粉”
大麻	一年生草本植物，其树脂中有一种物质称为四氢大麻酚，是一种致幻剂

续表

毒品名称	特　性
可卡因	最强的天然中枢神经兴奋剂，呈白色晶体状、无臭、味苦而麻，可从美洲大陆的“古柯”灌木中提取的
冰毒	一种兴奋剂，其成分为甲基苯丙胺，也称“安非他明”。因其原料外观为纯白结晶体，晶莹剔透，故被吸毒者和贩毒者称为“冰”
摇头丸	由冰毒而制备的毒品，会使人极度兴奋并竭力摇头。俗名“迷魂药”(ecstasy)、“摇头丸”

图 7.5　永不沾毒

此外，生活中要提倡科学服药，因为药物治病的针对性很强，所以服药必须遵照医生的指示，切勿随便盲目乱用。合成药物均有一定的保质期，过期的药物绝对不能服用，否则可能会产生严重后果．同时服用几种药物的时候，还要了解，这些药物之间会不会互相产生作用，从而造成不良后果。

7. 蛇毒的启迪——新药开发

人类需要不断地与各种疾病作斗争，特别是要对付那些威胁人类生命最甚的疾病。当今，心血管疾病是人类的第一号杀手。随着社会的进步，化学学科为确保人类能够延年益寿的另一个重大贡献则表现在新药的开发之中。无论是治病还是保健，都需要有更新更有效的药物。当前导致人类死亡的第一号疾病当数心脑血管病。该病最常见的症状就是高血压。20 世纪 80 年代开发的一个治疗高血压的新药——开博通，就是在蛇毒的启发下而研制成功的。

巴西科学家对南美颊窝毒蛇的研究引起了人们的注意。他们发现，小动物一旦被这种毒蛇咬了之后，立刻全身瘫痪而不能动弹。究其原因则是小动物被咬后血压已降到了零。

生物化学的研究表明，在蛇毒中有一种多肽物质是导致血压降到零的关键物质。化学家模拟这种多肽的结构，合成了一些化合物，经临床试验证实有极好的降压效果，于是就有了新降压药“开博通”。

小品　血压调节机制

人类维持生命需要有正常的血压，一旦出现不正常，人体内会自动进行调节。如果血压过低，体内有一种称为“血管紧张素-2”的物质就会将血压调高。但是在平常的情况下，人体内只有不能调节血压作用的“血管紧张素-1”。当血压降低时，体内的“血管紧张素转换酶”(ACE)自动将“1”转换为“2”以调高人的血压。如果血压过高，人体内还有一种“舒缓激肽”物质 就会被激活而去降低血压。人体就是靠着这种机制来维持血压的正常。

蛇毒的多肽物质内有一种“舒缓激肽潜在因子”(BPF)，它一方面可以激活“舒缓激肽”而导致降压。另一方面，它还会阻断“ACE”被激活，从而干扰了“2”的产生，使血压不能升高。正所谓“双管齐下”，难怪小动物被咬之后，血压骤然降到零。

化学于药物的密切关系，还表现在对祖国传统医学的研究中。许多有特效的中药，至今我们尚未能探明它们的奥秘所在。

例如，人参于人体的功效已是无可置疑的了，但究竟是什么关键组分在起作用呢？是否如有些文章所指出的那种人参皂甙 ？不是。因为在人参叶子内的那种人参皂甙比人参本身还多。而类似人参的中草药在我国又不胜其数，再如在云南老年人群中有一种常发病——“老慢支”，即所谓的“老年慢性支气管炎”。当地人对付这种病有一个特别的处方，那就是用当地泡桐树的树皮煮水喝。这泡桐树皮里究竟有什么东西如此有效？如果能把这个秘密揭开的话，就可以化学的方式去合成出这些有效成分，而不必去扒树皮。可见化学研究工作还任重而道远。

思　考　题

1. 为什么说化学可以帮助人类延年益寿？

2. 人体的主要化学成分是什么?

3. 为什么说人体生命活动的基础是化学反应?

4. 何为微量生命元素?

5. 人体生命活动中的微量生命元素有哪些?

6. 请说说碘和硒元素对人体的重要作用?

7. 钙元素对人体有什么重要的作用?

8. 磷元素对人体生命活动有什么重要的作用?

9. 钠元素对人体生命活动有什么重要的作用?

10. 人体需要哪些重要的维生素?

11. 合成药物对人的平均年龄的增长有什么关系?

12. 为什么说在新药的开发中化学承担了主要的责任?

附录1　元素周期表及元素名称

元素周期表是元素周期律的具体表现形式

元素周期表可以帮助我们更深入地了解元素周期律的内容和实质。随着科学的发展,元素周期表的内容不断补充和改进,其表现形式相应地也有一定程度的改善和变更。

最初门捷列夫(Д. И. Менделеев,1834—1907)以元素的相对原子质量和化学相似性为根据,按相对原子质量大小排列成元素周期表。表中列出了当时已经知道的63种元素,校正了某些元素的相对原子质量并预测了几种元素的存在。随着科学的发展,现代的元素周期表已经更加完善,并出现了多种形式。但通用的是短式(附表1.1)和长式(见插页)两种形式,短式是以门捷列夫发表的元素周期表为基础形成的;长式是以维尔纳(A. Werner,1866—1919)根据门捷列夫创建的元素周期表形式为基础形成的。

短式或长式的元素周期表,每一横列组成一个周期,每一竖行组成一个族。

短式的元素周期表的特点是分9个族,从0族到Ⅷ族。除0族和Ⅷ族外,各族(Ⅰ族至Ⅶ族)再分为主族(A)和副族(B)。这种表在格式上比较紧凑,并且便于对主、副族进行比较。但是把主、副族放在同一格里,而它们的性质却有明显的差异。

长式的元素周期表的特点是把每一个周期排成一列。把ⅢB、ⅣB、ⅤB、ⅥB、Ⅷ族同列为过渡元素,还有的把Ⅷ族和所有的副族都列为过渡元素。第六周期的镧系元素和第七周期的锕系元素仍以镧和锕为代表列入表里。这样每一种元素(除镧系和锕系)只占元素周期表里的一格,避免了短式的元素周期表里一格放置两个元素的缺点。在这种表里,金属元素和非金属元素的分区也比短式的元素周期表明显。

有些元素族在习惯上还有特殊的名称。例如:ⅠA族元素通称为碱金属元素,ⅡA族元素通称为碱土金属元素,ⅦA族元素称为卤素,0族元素称为惰性元素。元素周期表里57号到71号元素通称镧系元素。钪(Sc)、钇(Y)和镧系元素通称为稀土元素。89号到103号元素通称为锕系元素。

附表1.2为元素的符号及名称等,元素的符号按原子序数排列。元素的汉文名称,用汉语拼音和同音字注音。我国对元素符号的读音,习惯上按英文字母发音。英文名称和元素符号不符时,在括号内注出拉丁文名称,以表明元素符号的来源。

附表 1.1　元素周期表(短式)

周期＼族	Ⅰ A　B	Ⅱ A　B	Ⅲ B　A	Ⅳ B　A	Ⅴ B　A	Ⅵ B　A	Ⅶ B　A	Ⅷ	0
1	1 H 氢								2 He 氦
2	3 Li 锂	4 Be 铍	5 B 硼	6 C 碳	7 N 氮	8 O 氧	9 F 氟		10 Ne 氖
3	11 Na 钠	12 Mg 镁	13 Al 铝	14 Si 硅	15 P 磷	16 S 硫	17 Cl 氯		18 Ar 氩
4	19 K 钾 29 Cu 铜	20 Ca 钙 30 Zn 锌	21 Sc 钪 31 Ga 镓	22 Ti 钛 32 Ge 锗	23 V 钒 33 As 砷	24 Cr 铬 34 Se 硒	25 Mn 锰 35 Br 溴	26　27　28 Fe 铁 Co 钴 Ni 镍	36 Kr 氪
5	37 Rb 铷 47 Ag 银	38 Sr 锶 48 Cd 镉	39 Y 钇 49 In 铟	40 Zr 锆 50 Sn 锡	41 Nb 铌 51 Sb 锑	42 Mo 钼 52 Te 碲	43 Tc 锝 53 I 碘	44　45　46 Ru 钌 Rh 铑 Pd 钯	54 Xe 氙
6	55 Cs 铯 79 Au 金	56 Ba 钡 80 Hg 汞	57—71 La—Lu 镧系　81 Tl 铊	72 Hf 铪 82 Pb 铅	73 Ta 钽 83 Bi 铋	74 W 钨 84 Po 钋	75 Re 铼 85 At 砹	76　77　78 Os 锇 Ir 铱 Pt 铂	86 Rn 氡
7	87 Fr 钫	88 Ra 镭	89—103 锕系	104	105	106			

57—71 镧系元素	57 La 镧	58 Ce 铈	59 Pr 镨	60 Nd 钕	61 Pm 钷	62 Sm 钐	63 Eu 铕	64 Gd 钆	65 Tb 铽	66 Dy 镝	67 Ho 钬	68 Er 铒	69 Tm 铥	70 Yb 镱	71 Lu 镥
89—103 锕系元素	89 Ac 锕	90 Th 钍	91 Pa 镤	92 U 铀	93 Np 镎	94 Pu 钚	95 Am 镅	96 Cm 锔	97 Bk 锫	98 Cf 锎	99 Es 锿	100 Fm 镄	101 Md 钔	102 No 锘	103 Lw 铹

相对原子质量录自1993年国际相对原子质量表，以$^{12}C=12.0000$为基准。相对原子质量数值加方括号者是放射性元素的半衰期最长的同位素的质量数。附表1.2中还列出了元素的主要化合价。

附表1.2 元素的符号、名称、读音、相对原子质量、主要化合价及英文名称

原子序数	元素符号	元素名称	读音		相对原子质量	主要化合价	英文名称（拉丁名）
			汉语拼音	同音字			
1	H	氢	qīng	轻	1.00794	1	Hydrogen
2	He	氦	hài	亥	4.002602	0	Helium
3	Li	锂	lǐ	里	6.941	1	Lithium
4	Be	铍	pí	皮	9.012182	2	Beryllium
5	B	硼	péng	朋	10.811	3	Boron
6	C	碳	tàn	炭	12.011	2,4	Carbon
7	N	氮	dàn	淡	14.00674	1,3,5	Nitrogen
8	O	氧	yǎng	养	15.9994	2	Oxygen
9	F	氟	fú	弗	18.998403	1	Fluorine
10	Ne	氖	nǎi	乃	20.1797	0	Neon
11	Na	钠	nà	纳	22.989768	1	Sodium(Natrium)
12	Mg	镁	měi	美	24.3050	2	Magnesium
13	Al	铝	lǚ	吕	26.981539	3	Aluminium
14	Si	硅	guī	归	28.0855	4	Silicon
15	P	磷	lín	邻	30.973762	3,5	Phosphorus
16	S	硫	liú	流	32.066	2,4,6	Sulfur,Sulphur
17	Cl	氯	lǜ	绿	35.4527	1,3,5,7	Chlorine
18	Ar	氩	yà	亚	39.948	0	Argon
19	K	钾	jiǎ	甲	39.0983	1	Potassium(Kalium)
20	Ca	钙	gài	盖	40.078	2	Calcium
21	Sc	钪	kàng	抗	44.95591	3	Scandium
22	Ti	钛	tài	太	47.867	3,4	Titanium
23	V	钒	fán	凡	50.9415	3,5	Vanadium
24	Cr	铬	gè	各	51.9961	2,3,6	Chromium
25	Mn	锰	měng	猛	54.93805	2,3,4,6,7	Manganese
26	Fe	铁	tiě	帖	55.845	2,3,6	Iron(Ferrum)
27	Co	钴	gǔ	古	58.9332	2,3	Cobalt
28	Ni	镍	niè	聂	58.6934	2,3	Nickel
29	Cu	铜	tóng	同	63.546	1,2	Copper(Cuprum)
30	Zn	锌	xīn	辛	65.39	2	Zinc

续表

原子序数	元素符号	元素名称	读音		相对原子质量	主要化合价	英文名称（拉丁名）
			汉语拼音	同音字			
31	Ga	镓	jiā	家	69.723	2,3	Gallium
32	Ge	锗	zhě	者	72.61	4	Germanium
33	As	砷	shēn	申	74.92159	3,5	Arsenic
34	Se	硒	xī	西	78.96	2,4,6	Selenium
35	Br	溴	xiù	秀	79.904	1,3,5,7	Bromine
36	Kr	氪	kè	克	83.80	0	Krypton
37	Rb	铷	rú	如	85.4678	1	Rubidium
38	Sr	锶	sī	思	87.62	2	Strontium
39	Y	钇	yǐ	乙	88.90585	3	Yttrium
40	Zr	锆	gào	告	91.224	4	Zirconium
41	Nb	铌	ní	尼	92.90638	3,5	Niobium
42	Mo	钼	mù	目	95.94	3,4,6	Molybdenum
43	Tc	锝	dé	得	[99]	6,7	Technetium
44	Ru	钌	liǎo	了	101.07	3,4,6,8	Ruthenium
45	Rh	铑	lǎo	老	102.9055	3	Rhodium
46	Pd	钯	bǎ	把	106.42	2,4	Palladium
47	Ag	银	yín	吟	107.8682	1	Silver(Argentum)
48	Cd	镉	gé	隔	112.411	2	Cadmium
49	In	铟	yīn	因	114.818	3	Indium
50	Sn	锡	xī	西	118.710	2,4	Tin(Stannum)
51	Sb	锑	tī	梯	121.760	3,5	Antimony(Stibium)
52	Te	碲	dì	帝	127.60	2,4,6	Tellurium
53	I	碘	diǎn	典	126.90447	1,3,5,7	Iodine
54	Xe	氙	xiān	仙	131.29	0	Xenon
55	Cs	铯	sè	色	132.90543	1	Caesium
56	Ba	钡	bèi	贝	137.327	2	Barium
57	La	镧	lán	栏	138.9055	3	Lanthanum
58	Ce	铈	shì	市	140.115	3,4	Cerium
59	Pr	镨	pǔ	普	140.90765	3	Praseodymium
60	Nd	钕	nǚ	女	144.24	3	Neodymium
61	Pm	钷	pǒ	叵	[147]	3	Promethium
62	Sm	钐	shān	衫	150.36	2,3	Samarium
63	Eu	铕	yǒu	有	151.965	2,3	Europium

续表

原子序数	元素符号	元素名称	读音		相对原子质量	主要化合价	英文名称（拉丁名）
			汉语拼音	同音字			
64	Gd	钆	gá	嘎	157.25	3	Gadolinium
65	Tb	铽	tè	特	158.92534	3	Terbium
66	Dy	镝	dì	滴	162.50	3	Dysprosium
67	Ho	钬	huǒ	火	164.93032	3	Holmium
68	Er	铒	ěr	耳	167.26	3	Erbium
69	Tm	铥	diū	丢	168.93421	3	Thulium
70	Yb	镱	yì	意	173.04	2,3	Ytterbium
71	Lu	镥	lǔ	鲁	174.967	3	Lutetium
72	Hf	铪	hā	哈	178.49	4	Hafnium
73	Ta	钽	tǎn	坦	180.9479	5	Tantalum
74	W	钨	wū	乌	183.84	6	Tungsten(Wolfram)
75	Re	铼	lái	来	186.207	……	Rhenium
76	Os	锇	é	鹅	190.23	2,3,4,8	Osmium
77	Ir	铱	yī	衣	192.217	3,4	Iridium
78	Pt	铂	bó	博	195.08	2,4	Platinum
79	Au	金	jīn	今	196.96654	1,3	Gold(Aurum)
80	Hg	汞	gǒng	拱	200.59	1,2	Mercury(Hydrargyrum)
81	Tl	铊	tā	他	204.3833	1,3	Thallium
82	Pb	铅	qiān	千	207.2	2,4	Lead(Plumbum)
83	Bi	铋	bì	必	208.98037	3,5	Bismuth
84	Po	钋	pō	泼	[209]	……	Polonium
85	At	砹	ài	艾	[210]	1,3,5,7	Astatine
86	Rn	氡	dōng	冬	[222]	0	Radon
87	Fr	钫	fāng	方	[223]	1	Francium
88	Ra	镭	léi	雷	226.0254	2	Radium
89	Ac	锕	ā	阿	227.0278	……	Aceinium
90	Th	钍	tǔ	土	232.0381	4	Thorium
91	Pa	镤	pú	仆	231.0359	……	Protactinium
92	U	铀	yóu	由	238.0289	4,6	Uranium
93	Np	镎	ná	拿	237.0482	4,5,6	Neptunium
94	Pu	钚	bù	不	[244]	3,4,5,6	Plutonium
95	Am	镅	méi	眉	[243]	3,4,5,6	Americium
96	Cm	锔	jú	局	[247]	3	Curium

续表

原子序数	元素符号	元素名称	读音		相对原子质量	主要化合价	英文名称（拉丁名）
			汉语拼音	同音字			
97	Bk	锫	péi	陪	[247]	3,4	Berkclium
98	Cf	锎	kāi	开	[251]	……	Californium
99	Es	锿	āi	哀	[252]	……	Einsteimum
100	Fm	镄	fèi	费	[257]	……	Fermium
101	Md	钔	mén	门	[258]	……	Mendelevium
102	No	锘	nuò	诺	[259]	……	Nobelium
103	Lr	铹	láo	劳	[260]	……	Lawrencium
104	Rf	𬬻	lù	卢	[261]		
105	Db	𬭊			[262]		
106	Sg	𬭳			[263]		

附录 2　诺贝尔奖及化学奖得主名单

1. 诺贝尔和诺贝尔奖

诺贝尔科学奖是当今全球最高的荣誉奖，它是根据瑞典化学家 Alfred Nobel 的遗嘱而设立的。诺贝尔 1833 年生于瑞典斯德哥尔摩，父亲是一位热心于发明创造的人，诺贝尔从小受其父影响，也对科技发明产生了兴趣。1862 年诺贝尔对意大利化学家苏雷多的硝化甘油有爆炸特性的试验感兴趣，就正式开始了对炸药的研究，并取得了专利权。由于当时矿山开采矿石以及修路、炸洞等的需要，硝化炸药很快就实现了工业生产。然而在 1864 年 9 月，诺贝尔实验室发生事故，5 人死于非命，其中包括诺贝尔的弟弟。政府不再允许他们在市内进行生产，于是诺贝尔将工厂搬到了船上。1865 年重建新厂，在硝化炸药广泛被全世界采用的同时，各种恶性爆炸事故也不断发生，人们对此多有非议，包括发现硝化甘油的苏雷多也自感受到良心谴责。然而诺贝尔力排众议，认为一定可以找到解决的办法，经过他不懈的努力，采用甲醇溶解或多孔硅藻土吸附等办法首先解决了运输安全问题。1865 年又发明了由雷酸汞 $Hg(ON:C)_2$ 制成的雷管。1875 年诺贝尔在使用硝化纤维酒精溶液的克罗酊敷抹伤口后，突然想到硝化程度较低的硝化棉是可以溶于酒精的，那么也可以加入到硝化甘油之中。于是凌晨 4 点就进行了实验，终于发明了安全的胶质炸药，并立即得到了广泛的应用。诺贝尔一生曾获 351 项专利，终身未娶。1896 年 12 月 10 日在法国逝世。他立下遗嘱，将全部可变换现金的财产约 1 000 多万美元捐出，以奖励在科学上有突出成就的科学家。

瑞典政府根据诺贝尔的遗嘱，在全世界范围内设立了 5 项奖金，它们是物理、化学、生理和医学、文学以及和平。分别由瑞典皇家自然科学院、皇家卡罗琳医学院、瑞典科学院和挪威议会的诺贝尔委员会等主持评选。1968 年后又增设经济奖，由瑞典中央银行提供。诺贝尔奖的金额逐年增加，1901 年是 41 800 美元，到 1988 年已增加到 392 000 美元，1998 年就高达 97.8 万美元。评选过程极为严格和保密。以化学奖为例，每年的评选首先由瑞典皇家科学院，选举 5 名化学家组成化学奖委员会，同时皇家科学院还规定了有提名资格的人，如瑞典的院士、物理奖和化学奖委员会委员、已获诺贝尔奖的得主，以及由皇家科学院选举出来的外籍科学家等。然后根据提名由化学奖委员会推荐候选人，再送选举小组审定，最后由皇家科学院全体会议通过。颁奖的日子就选在诺贝尔逝世的日子，即每年的 12 月 10 日。

2. 诺贝尔化学奖得主名单——化学发展的里程碑

1901	J. H. Van't Hoff	(1852—1911)	化学动力学渗透压	荷
1902	E. Fischer	(1852—1911)	糖结构　肽　嘌呤	德
1903	S. A. Arrhenius	(1859—1927)	电离　动力学　免疫化学	瑞典
1904	W. Ramsay	(1852—1916)	发现氩　氦　氙　氪　氖	英
1905	A. von Baeyer	(1835—1917)	染料　合成靛蓝	德
1906	H. Moissan	(1852—1907)	制备氟　电炉　金刚石	德
1907	E. Buchner	(1860—1917)	酒化酶	德
1908	E. Rutherford	(1871—1937)	原子核模型　放射性 α、β 射线	英
1909	W. Ostwald	(1853—1932)	化学平衡　反应速度　催化剂	德
1910	O. Wallach	(1847—1931)	萜类　α-萜品醇结构　脂环	德
1911	M. S. Curie	(1867—1934)	钋　镭	波→法
1912	F. A. V. Grignard	(1871—1935)	Grignard 试剂	法
	P. Sabatier	(1854—1941)	催化氢化	法
1913	A. Werner	(1866—1919)	络合物配位理论	法→瑞士
1914	T. W. Richards	(1868—1928)	测相对原子质量　发现铅同位素	美
1915	R. Willstatter	(1872—1942)	叶绿素　色素	德
1918	F. Haber	(1868—1934)	合成氨	德
1920	W. H. Nernst	(1864—1941)	热力学第三定律　化学热力学	德
1921	F. Soddy	(1877—1956)	同位素　40 多种	英
1922	F. W. Aston	(1877—1950)	质谱仪　相对原子质量　同位素	英
1923	F. Progl	(1869—1930)	天平　有机微量定量分析	奥地利
1925	R. Zsigmondy	(1865—1929)	超显微镜　胶体金　胶体化学	德
1926	T. Svedberg	(1884—1971)	超速离心机　悬浮液　胶体化学	瑞典
1927	H. O. Wieland	(1877—1957)	胆酸	德
1928	A. O. R. Windaus	(1876—1959)	甾族　维生素化学	德
1929	A. Harden	(1865—1940)	酒精发酵　酶　辅酶	英
	H. Euler—Chelpin	(1873—1964)	酒精发酵　酶　辅酶	英
1930	H. Fischer	(1881—1945)	合成铁血红素　叶绿素结构	德
1931	C. Bosch	(1874—1940)	合成氨工厂　高压合成硝酸　甲醇	德

	F. Bergius	(1884—1949)	高压化学	德
1932	I. Langmuir	(1881—1957)	表面化学　热离子发射	美
1934	H. C. Urey	(1893—1981)	发现重氢　重水	美
1935	F. Joliot—Curie	(1900—1958)	合成新放射性元素 Si　N　P　Fe　At	法
	I. Joliot—Curie	(1897—1956)	(同上)	法
1936	P. J. W. Debye	(1884—1966)	偶极矩　X 射线粉末法	荷→美
1937	W. N. Hawotrh	(1883—1950)	糖环状　合成 VC	英
	P. Karrer	(1889—1971)	胡萝卜素 VA　VB_2　VE　VK　VA_2	瑞士
1938	R. Kuhn	(1900—1967)	合成 VA 核黄素(VB_2)胡萝卜素	奥→德
1939	A. F. J. Butenandt	(1903—　)	性激素	德
	L. Ruzicka	(1887—1976)	麝香酮　香猫酮　萜　性激素	南→瑞士
1943	C. Hevesy	(1885—1966)	同位素示踪　发现 Hf	匈→瑞典
1944	O. Hahn	(1879—1968)	发现原子核裂变	德
1945	A. I. Virtanen	(1895—1973)	农业化学　营养学　保鲜法	荷
1946	J. B. Summer	(1887—1955)	近代酶化学　酶晶体　病毒核蛋白	美
	J. H. Northrop	(1891—　)	胰和胰凝乳蛋白酶　病毒蛋白酶	美
	W. M. Stanley	(1904—1971)	病毒核蛋白　病毒自我复制	美
1947	R. Robinson	(1886—1975)	合成青霉素、马钱子碱	英
1948	A. W. K. Tiselius	(1902—1971)	电泳分析氨基酸　肽	瑞典
1949	W. F. Griauque	(1895—　)	热力学第三定律　低温化学	美
1950	O. P. H. Diels	(1876—1953)	二烯合成法	德
	K. Alder	(1902—1958)	(同上)	德
1951	E. M. McMillan	(1907—　)	发现超铀元素 93,94	美
	G. T. Seaborg	(1912—　)	合成 95→103 元素	美
1952	A. J. P. Martin	(1910—　)	分配色谱　纸色谱	英
	R. L. M. Synge	(1914—　)	(同上)	英
1953	H. Staudinger	(1881—1965)	高分子化学	德
1954	L. C. Pauling	(1901—　)	化学键本质　血红蛋白螺旋结构	美
1955	V. Du Vigneaud	(1901—1978)	人工合成多肽	美
1956	C. N. Hinshelwood	(1893—1967)	快速反应	英
	H. H. Cemenof	(1896—　)	链反应	苏
1957	A. R. Todd	(1907—　)	合成核苷	英
1958	F. Sanger	(1918—　)	胰岛素结构	英
1959	J. Heyrovsky	(1890—1967)	极谱学	捷克
1960	W. F. Libby	(1908—　)	^{14}C 测定地质年代	美
1961	M. Calvin	(1911—　)	光合作用	美
1962	J. C. Kendrew	(1917—　)	血红蛋白三级结构	英

	M. F. Perutz	(1914—)	(同上)	英
1963	K. Ziegler	(1898—1973)	低压聚乙烯	德
	G. Natta	(1903—1979)	定向聚合　聚丙烯	意
1964	D. M. C. Hodgkin	(1910—)	X射线确定青霉素 VB_{12} 结构	英
1965	R. B. Woodward	(1917—1979)	有机合成	美
1966	R. S. Mulliken	(1896—)	分子轨道理论	美
1967	M. Eigen	(1927—)	高速反应	德
	R. G. W. Norrish	(1897—)	(同上)	英
	G. Porter	(1918—)	(同上)	英
1968	L. Onsager	(1903—)	不可逆过程热力学	美
1969	O. Hassel	(1897—)	立体化学	挪威
	D. H. R. Barton	(1920—)	(同上)	英
1970	L. F. Leloir	(1906—)	糖代谢	阿根廷
1971	G. Herzberg	(1904—)	自由基光谱	加
1972	C. B. Anfinsen	(1906—)	核糖核酸酶结构	美
	S. Moore	(1913—)	(同上)	美
	W. H. Stein	(1911—)	(同上)	美
1973	E. O. Fischer	(1918—)	有机金属化物	德
	G. Willkinson	(1921—)	(同上)	英
1974	P. J. Flory	(1910—)	高分子化学	美
1975	J. W. Comforth	(1917—)	酶的立体专一性	澳
	V. Prelog	(1906—)	立体化学	南→瑞士
1976	W. N. Lipscomb	(1919—)	硼烷化学	美
1977	I. Prigogine	(1917—)	非平衡不可逆过程热力学	比
1978	P. D. Mitchell	(1920—)	细胞膜在生物能转移中作用	英
1979	G. Wittig	(1897—)	Wittig 试剂	德
	H. Brown	(1912—)	金属有机　硼氢化物	英→美
1980	P. Berg	(1926—)	遗传工程开拓者	美
	F. Sanger	(1918—)	重组 DNA　测定 DNA 结构	英
	W. Gilbert	(1930—)	测定 DNA 顺序	美
1981	福田谦一	(1918—)	前沿轨道理论	日
	R. Hoffmann	(1937—)	分子轨道对称守恒	美
1982	A. Klug	(1926—)	X射线与电子显微镜研究病毒	英
1983	H. Taube	(1915—)	无机氧化还原机理	加→美
1984	B. Merifield	(1921—)	快速自动合成蛋白质	美
1985	H A. Hauptman	(1917—)	数学计算直接法阐明晶体结构	美
	J. Karl	(1918—)	(同上)	美

1986	J. C. Polanyi	(1929—)	分子反应动力学	德→加
	D. R. Herschback	(1932—)	(同上)	美
	李远哲	(1936—)	(同上)	中→美
1987	J. M. Lehn	(1939—)	宿主容许　分子识别研究	法
	D. J. Cram	(1919—)	(同上)	美
	C. J. Pedersen	(1904—)	(同上)发明冠醚	美
1988	H. Michel		揭示光合作用原初过程奥秘	德
	J. Deisonhofer		(同上)	德
	R. Huber		(同上)	德
1989	T. R. Cech		核酸性酶的发现	美
	S. Altman		(同上)	美
1990	E. J. Corey		创立有机合成新理论	美
1991	R. R. Emst	(1933—)	高分辨核磁共振	瑞士
1992	R. A. Marcus		电子转移过程理论	美
1993	K. B. Mullis		多聚酶链式反应	美
	M. Smith		(同上)	加
1994	Gorgie Olah		液体超强酸及正碳离子化学	匈→美
1995	P. Crutzen		平流层臭氧化学	荷
	M. Molina		(同上)	墨
	F. S. Rowland		(同上)	美
1996	R. F. Curl		发现碳的球状结构	美
	R. E. Smalley		(同上)	美
	H. Kroto		(同上)	美
1997	P. Poyer		生物能量学	美
	J. Walker		(同上)	美
	J. C. Skou		(同上)	丹麦
1998	John A. Pople		量子力学:从头计算	英
	Walter Kohn		量子力学:密度泛函理论	美
1999	A. Zewail		飞秒波谱研究反应过度态	埃及
2000	A. J. Heeger		导电高聚物	美
	A. G. McDiarmid		(同上)	美
	Shirakawa		(同上)	日
2001	W. S. Knowles		手性催化氢化	美
	Noyori		手性催化氢化	日
	K. B. Sharpless		手性催化氧化	美
2002	J. B. Fenn		生物大分子	美
	Tanaka		(同上)	日

	K. Wuthrich	（同上）	瑞士
2003	P. Agre	细胞膜通道	美
	R. Mackinnon	（同上）	美
2004	A. Ciechanover	泛素调节的蛋白质降解	以色列
	A. Hershko	（同上）	以色列
	I. Rose	（同上）	美
2005	Y. Chauvin	烯烃复分解反应	法
	R. H. Grubbs	（同上）	美
	R. R. Schrock	（同上）	美
2006	R. D. Konnlerg	核转录分子基础	美

参 考 文 献

1. 唐有祺,王夔主编. 化学与社会. 北京:高等教育出版社,1997

2. 王明华,周永秋等. 化学与现代文明. 杭州:浙江大学出版社,1998

3. Mark M. Jones, John T. Netterville *et al*. Chemistry, Man and Society. Philadedephia: Saunders College, 1980

4. John W. Hill. Chemistry for Changing Times. New York: MaCmillan Publishing Company, 1988

后　记

《化学与人类》课程已经走完了12个春秋，近万名学生选修了这门课。这是一门同学们喜欢的选修课，喜欢的理由大致有下列几点。

1. 这门课的体系是全新的，它完全不同于传统的化学课，它不是以化学的专业体系为纲，而是以人类社会的热点问题为纲，化学知识穿插其中，从教材的目录中就可看出，除第一章介绍化学学科之外，余下就是化学和各个热点问题的关系，如第二章的能源、第三章的粮食、第四章的环境、第五章的材料和第七章的人类健康。非化学专业，特别是社会科学专业的同学非常容易接受这样的体系，因为社会热点问题也是他们关注的问题。

2. 这门课讲解的内容大多是生活中发生的化学现象，这就让大家有一种亲切感，更因为了解了其中的化学原理，对这些现象能从知其然到知其所以然，又有了一种满足感。

3. 社会上出现的突发事件，媒体上报道的新闻，只要和化学有关，立刻就会在课堂上有所反应，如，二恶英事件、四川天然气井喷事件、美朝核争论问题、苏丹红、三氯生、不粘锅等等，同学们在第一时间就可了解其中的化学知识。

4. 比知识学习更为重要的是，同学们认为在学习知识的同时，他们学到了思维方法。大家认为这种收获是终生受用的。例如，在讲授如何提高汽油辛烷值时，我让学生走一回再发现道路，也就是说，让同学们当一回科学家，当一回工程师，换位思考去提出一个方案来。课堂上讨论热烈，课后回味多多，"从原因入手"的思维方法从此就扎根在同学们的脑袋里。

第三版就是在总结了10年的课堂教学的基础上，对第二版作了较大的修改，增加了一些可读性较强的内容，版面也活泼了一些，我希望能有更多的同学在选修了这门课程后能喜欢上化学。

10年来，这门课和这本教材也获得了许多荣誉，如复旦大学优秀课程一等奖、上海市优秀教材二等奖、优秀课程三等奖、全国优秀教材二等奖；这门课也上过中央电视台和上海教育电视台，更有许多媒体的报道，但最让我动心的还是复旦大学王生洪校长亲临课堂整整听了两节《化学与人类》的课之后，在给我的一封信中说，听我的课“似饮一杯甘露”。同学们的欢迎，领导的鼓励促使我必须将这门课开得更好，也希望这第三版教材能为复旦大学的通识教育作出一些贡献。

刘旦初

2007 年 3 月 10 日

图书在版编目(CIP)数据

化学与人类(第三版)/刘旦初. —3 版. —上海: 复旦大学出版社,2007.8(2021.12 重印)
ISBN 978-7-309-05561-0

Ⅰ. 化… Ⅱ. 刘… Ⅲ. 化学-关系-社会生活-普及读物 Ⅳ. 06-05

中国版本图书馆 CIP 数据核字(2007)第 081687 号

化学与人类(第三版)
刘旦初
责任编辑/秦金妹

复旦大学出版社有限公司出版发行
上海市国权路 579 号 邮编: 200433
网址: fupnet@fudanpress.com http://www.fudanpress.com
门市零售: 86-21-65102580 团体订购: 86-21-65104505
出版部电话: 86-21-65642845
大丰市科星印刷有限责任公司

开本 787×960 1/16 印张 22 字数 407 千
2021 年 12 月第 3 版第 9 次印刷
印数 16 801—18 400

ISBN 978-7-309-05561-0/O·398
定价: 49.00 元

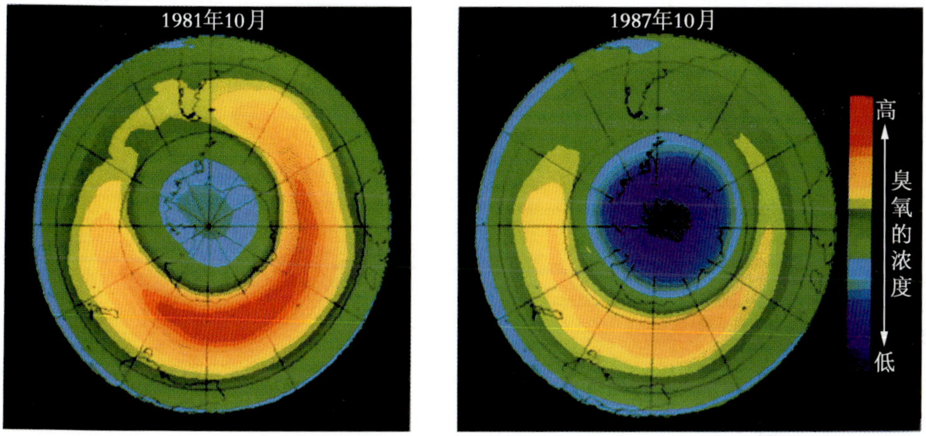

图 4.19 南极上空的臭氧层的变化

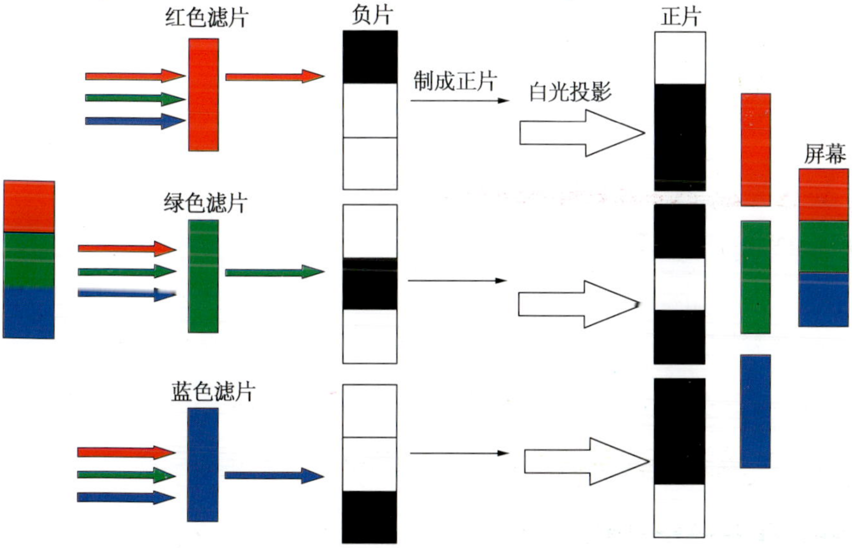

图 6.5 加色法原理示意图

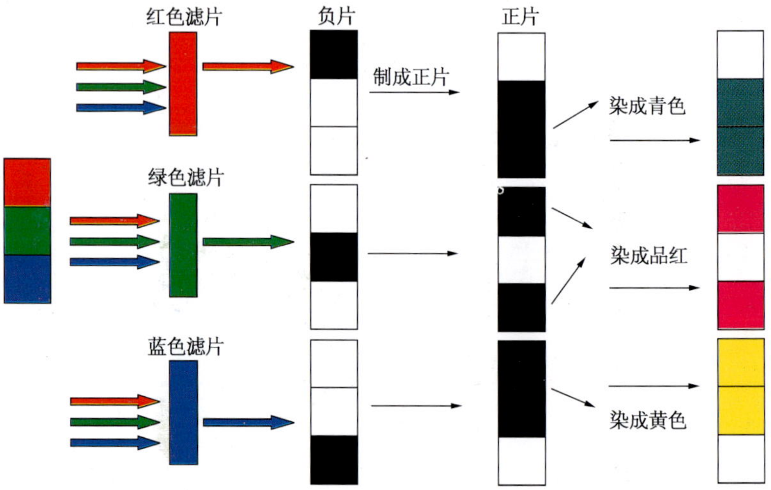

图 6.6　减色法原理示意图

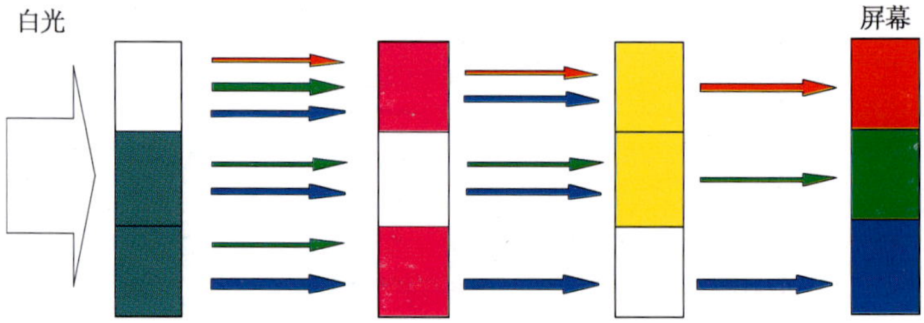

图 6.8　减色法成像示意图

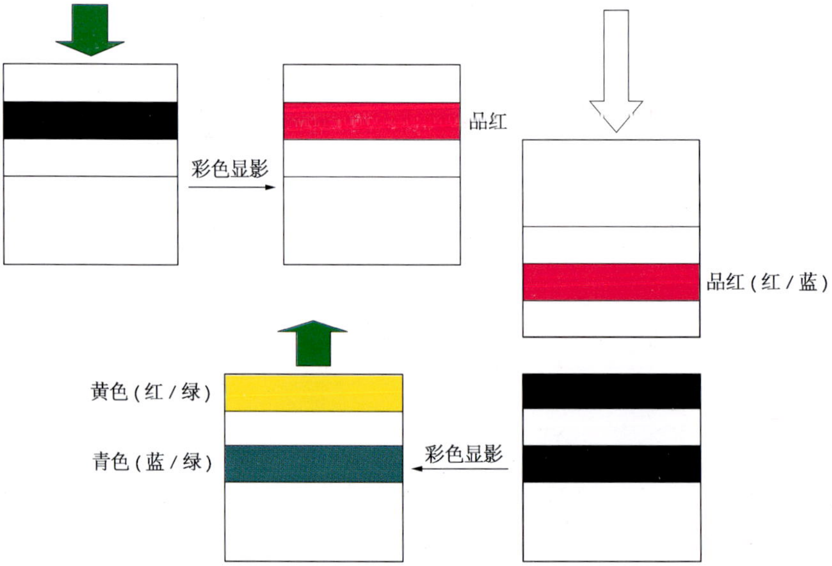

图 6.10　彩照冲洗过程示意图